Christian Schlieder

Autodesk® Inventor® 2013

Grundlagen in Theorie und Praxis

Viele praktische Übungen am
Konstruktionsobjekt 4-Takt-Motor

Christian Schlieder

Autodesk® Inventor® 2013

Grundlagen in Theorie und Praxis

Viele praktische Übungen am Konstruktionsobjekt 4-Takt-Motor

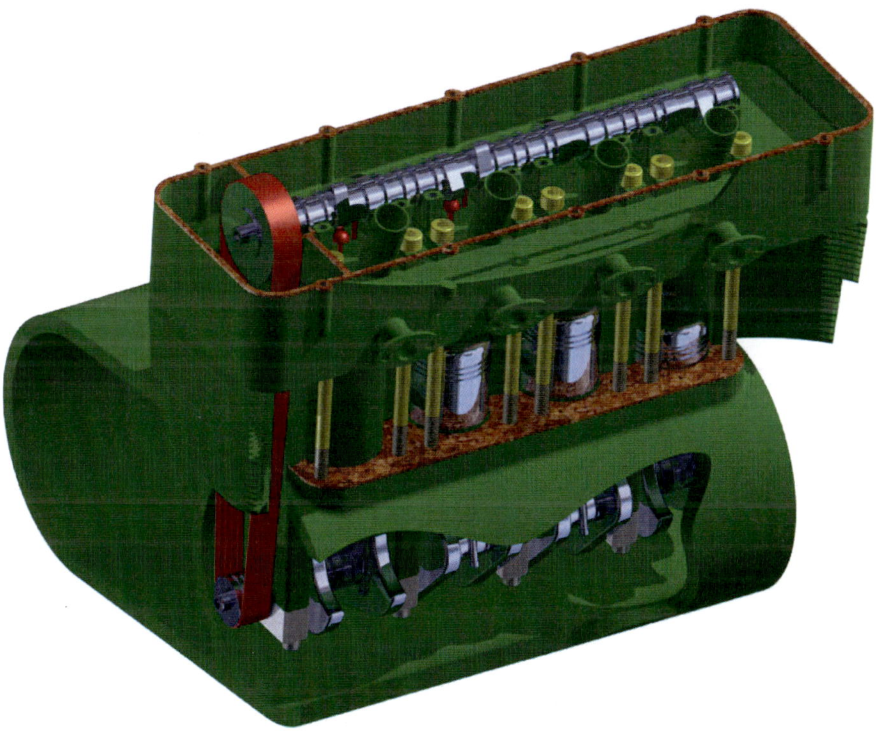

Weiterführende Literatur

Autodesk® Inventor®
Aufbaukurs
Konstruktion

ISBN: 9783848203680
12,95 Eur

Autodesk® Inventor®
Das
Grundlagenkompendium

ISBN: 9783842366572
29,90 Eur

Autodesk® AutoCAD®
Das
Grundlagenkompendium

ISBN: 9783842373594
29,90 Eur

Frontal-Schulung

Frontal-Schulungen können in Ihrer Firma oder in unseren Räumlichkeiten in Berlin stattfinden. Jeder Teilnehmer erhält eigene Schulungsunterlagen, die Schritt für Schritt abgearbeitet werden. Der Trainer klärt Fragen direkt und ausführlich an den einzelnen Arbeitsplätzen, wodurch eine intensive und individuelle Betreuung möglich ist.

Gern senden wir Ihnen einen Kostenvoranschlag.

Kostenlose Videos auf www.YouTube.com

Viele Übungen aus unseren Büchern stehen kostenlos als Videos auf der folgenden Website zur Verfügung:

http://www.youtube.com/user/DerCADTrainer

ISBN

9783848207763

IMPRESSUM

Dipl.- Ing. Christian Schlieder
www.Ingenieurbuero-Schlieder.de
Fax: +49 (0) 3212 - 1122290

HERSTELLUNG UND VERLAG

Books on Demand GmbH, Norderstedt
www.BoD.de

INHALTSVERZEICHNIS

1 Der Umgang mit dem Buch

1.1 Zielgruppe und Aufbau des Buches

Sie halten ein Übungsbuch für das Programm ***Autodesk® Inventor® 2013*** in Händen. Dieses Buch richtet sich an alle interessierten Personen, welche den Umgang mit dieser Software grundlegend erlernen möchten. Nach dem Programmaufbau werden die Bereiche ***2D-Skizze***, ***3D-Modellierung***, ***Baugruppe*** (Zusammenfügen), ***Zeichnungserstellung*** (***Ansichten platzieren***, ***Mit Anmerkung versehen***) und ***Präsentation*** ausführlich behandelt. Viele wichtige Befehle des Programms werden erläutert und in kleinen Schritten praktisch gefestigt. Als Übungsbeispiel wird ein Viertaktmotor dienen. Die einzelnen Komponenten werden schrittweise erzeugt und später in einer Hauptbaugruppe miteinander verbunden. Zusätzlich gibt es zu jedem Bauteil theoretische Hintergrundinformationen, welche dem Leser Aufbau und Funktion eines Viertaktmotors näherbringen sollen.

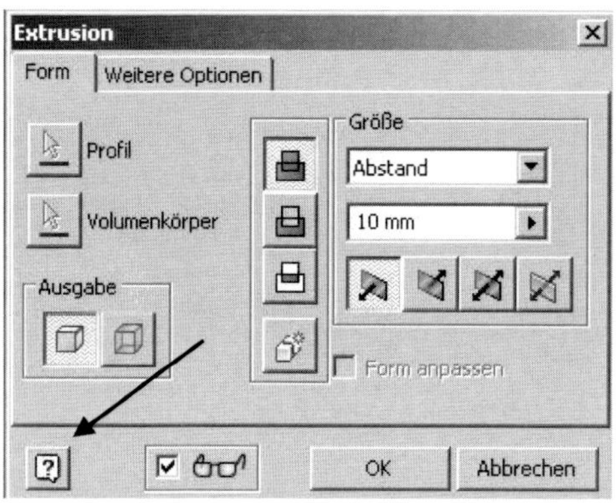

Das Programm beinhaltet eine umfassende Hilfedatei. Zusätzlich zu den Hilfen und Anmerkungen in diesem Buch kann diese zur Klärung offener Fragen verwendet werden. Achten Sie auf das kleine ***Fragezeichen*** in den Befehlen des 3D-Bereiches. Hier gelangen Sie automatisch in den entsprechenden Bereich der Hilfe. Bei manchen Befehlen (zum Beispiel im 2D-Bereich) ist dieser Button nicht verfügbar (alternativ Taste ***F1***).

Bitte beachten Sie, dass die Hilfedatei automatisch auf das Internet zugreift, sofern das Programm eine Zugriffsberechtigung auf eine vorhandene Internetleitung besitzt. Sollten Sie keinen Zugang zum Internet besitzen, können Sie eine vollständige Hilfedatei kostenlos von der Autodesk-Website laden (http://www.autodesk.com/inventor-2013-help-download-deu).

1.2 Digitales Zubehör zum Buch

Für einige Übungen aus diesem Buch benötigen Sie vorgefertigte Übungsdateien, welche Sie von der folgenden Website kostenlos auf Ihren PC laden können. Erzeugen Sie dazu auf Ihrem PC an geeigneter Stelle einen Übungsordner ***Übung-Inventor-2013*** und darin einen weiteren Ordner ***Download*** und entpacken Sie den geladenen Ordner dorthinein.

- ***http://www.Ingenieurbuero-Schlieder.de***

2 Programmaufbau und Programmverwaltung

2.1 Das Willkommen-Fenster

Autodesk® Inventor® 2013 wurde in der Programmbedienung für den Anwender optimiert. Die Symbole und Befehle sind in logische Cluster (Multifunktionsleisten) unterteilt, um Befehle schnell finden zu können. Ebenso sind zahlreiche Einführungen, Lernprogramme und Demo-Animationen enthalten.

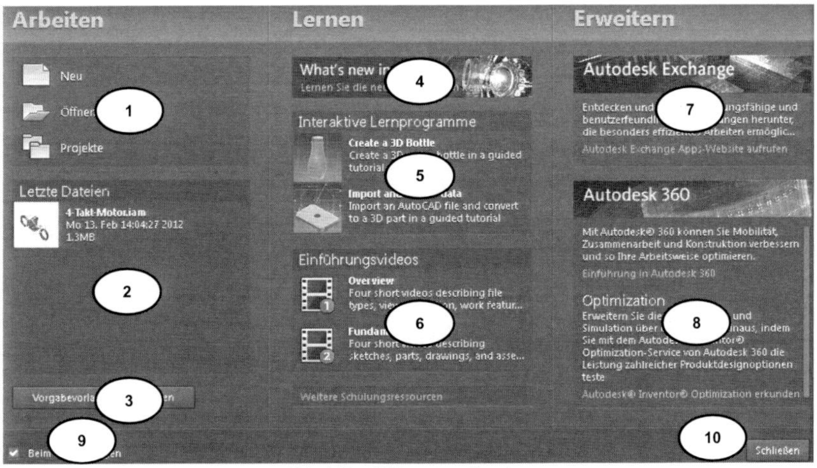

Abb. 1 Das Willkommen-Fenster

OPTIONEN

1) Dateien erzeugen/ öffnen, Projektverwaltung
2) Zuletzt verwendete Dateien
3) Konfigurieren der Vorlagen
4) Neue Funktionen der Version 2013
5) Interaktive Lernprogramme
6) Lern- und Demo-Videos
7) Autodesk®-App-Website
8) Einführung in Autodesk® 360
9) Willkommen-Fenster ein-/ ausschalten
10) Willkommen-Fenster schließen

Das Programm startet in der Grundeinstellung mit einem ***Willkommen-Fenster*** (Abb. 1). Dieses Fenster bietet einige Möglichkeiten, Dateien und Projekte zu verwalten, Vorgaben zu definieren und das Programm zu erlernen (alternativ finden Sie alle Befehle aus diesem Fenster auch im Register ***Erste Schritte***). Im unteren Bereich dieses Fensters kann festgelegt werden, ob das Startfenster generell beim Programmstart geöffnet werden soll.

2.1.1 Kontrollieren der Grundeinstellungen

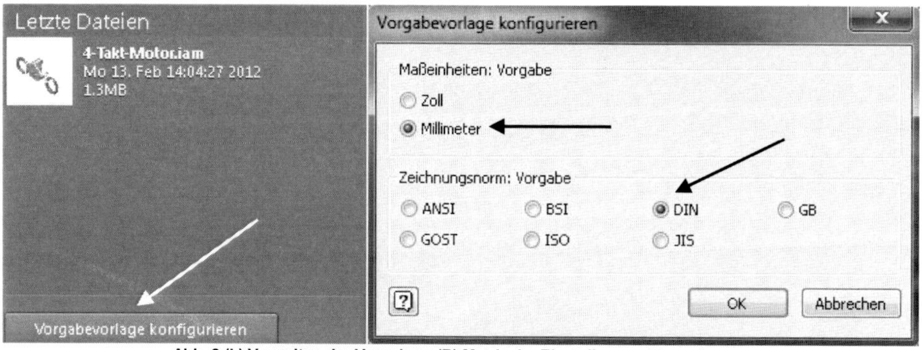

Abb. 2 (L) Verwalten der Vorgaben; (R) Metrische Einstellungen übernehmen

Starten Sie den Befehl Vorgabevorlage konfigurieren ***Vorgabevorlage konfigurieren*** (Abb. 2 L) und übernehmen die in Abb. 2 R dargestellte Konfiguration. Diese bleibt in der folgenden Arbeit mit dem Programm voreingestellt. Nachträgliche Änderungen sind jederzeit im Register ***Erste Schritte*** möglich.

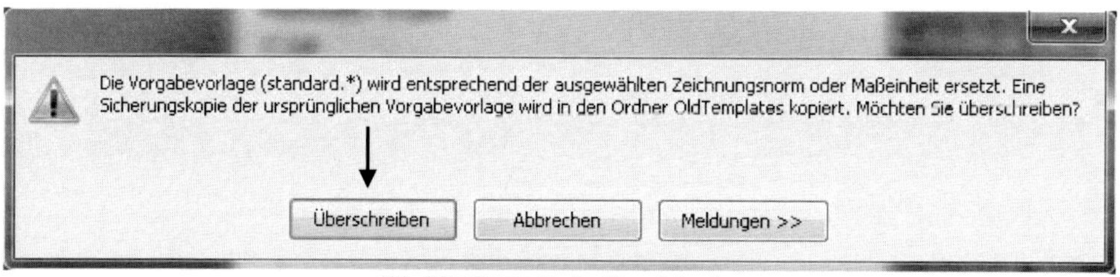

Abb. 3 Bestätigen Sie das Hinweisfenster

Nachdem die Änderungen mit OK ***OK*** bestätigt wurden, erscheint ein neues Hinweisfenster welches mit Überschreiben ***Überschreiben*** bestätigt werden muss. Die neuen Einstellungen werden jetzt in die Vorlagedatei ***Standard.**** übernommen.

2.2 Register und Befehlsgruppen

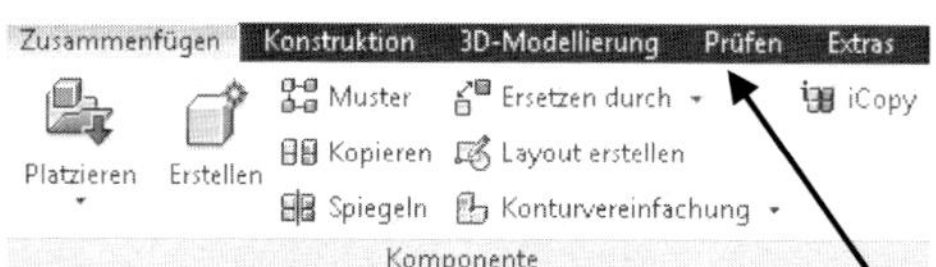

Abb. 4 Die Registerkarten

Das Programm arbeitet je nach Arbeitsbereich mit verschiedenen ***Registern***. Jedes Register beinhaltet unterschiedliche Befehlsgruppen, in denen Befehle in einer logischen Anordnung übersichtlich zusammengefasst wurden.

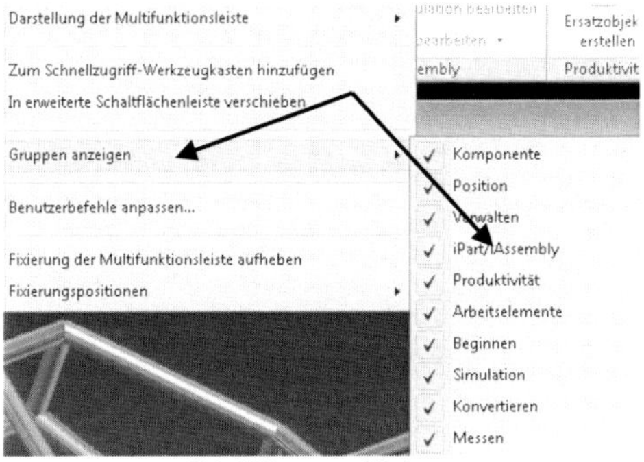

Abb. 5 Gruppen aktivieren

Standardmäßig sind nicht alle Befehlsgruppen in den einzelnen Registern aktiviert. Dies muss manuell nachgeholt werden. Bitte beachten Sie, dass die Einblendung aller Befehlsgruppen (je Register) die Übersichtlichkeit beeinträchtigen kann.

Je nach Größe Ihres Monitors werden die einzelnen Befehlsgruppen unter Umständen nur zum Teil dargestellt.

Um Gruppen ein- oder auszublenden klicken Sie mit der ***rechten Maustaste*** auf eine beliebige Stelle innerhalb einer Befehlsgruppe (zum Beispiel wie in Abb. 5 durch einen Pfeil markiert) und wählen anschließend die Option ***Gruppenanzeigen***.

Es öffnet sich ein weiteres Fenster, in welchem die verschiedenen Gruppen mit einem Häkchen versehen werden können. Die Befehlsgruppen können jederzeit ein- oder ausgeblendet werden.

2.3 Die ersten drei Register im Überblick

2.3.1 Das Register ERSTE SCHRITTE im Überblick

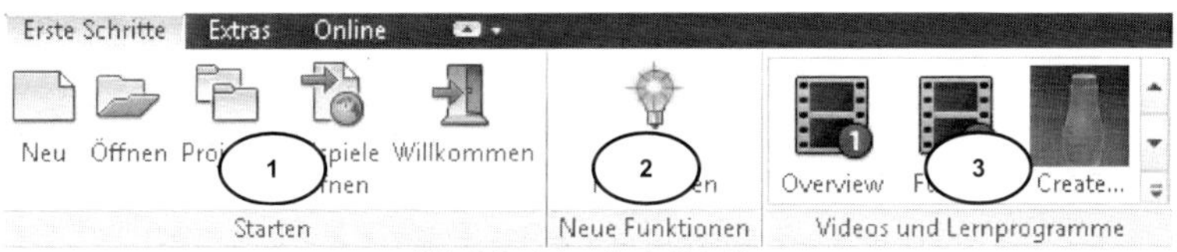

Abb. 6 Register: Erste Schritte

OPTIONEN

---

1) Datei- und Projektverwaltung, Beispieldateien, Willkommen-Fenster aktivieren
2) Neue Funktionen der Programmversion 2013
3) Lern- und Demo-Videos

2.3.2 Das Register EXTRAS im Überblick

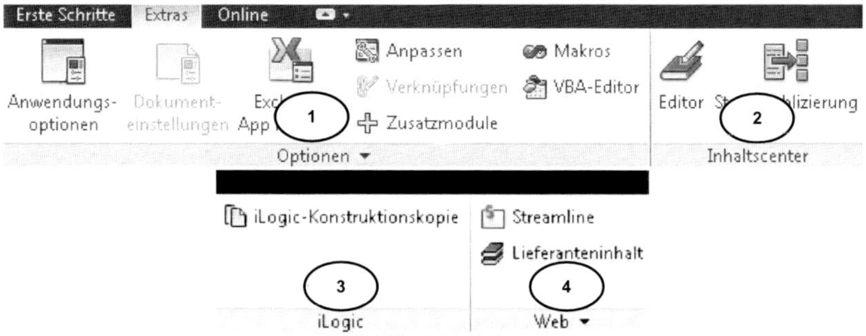

Abb. 7 Register: Extras

OPTIONEN

1) Programm- und Dokumenteinstellungen bearbeiten, Autodesk®-Apps öffnen, Erstellen und Bearbeiten von Modulen oder Makros
2) Erzeugen und Bearbeiten von Daten für ein eigenes Inhaltscenter
3) Erzeugen der Kopie eines Bauteils als iLogic-Komponente
4) Verwalten der Onlineoptionen für das Autodesk-Portal, Lieferantendaten oder ein firmeninternes Intranet

2.3.3 Das Register ONLINE im Überblick

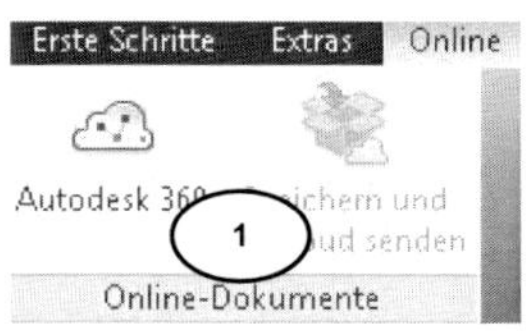

Abb. 8 Register: Online

OPTIONEN

1) Plant und verwaltet Komponenten auf einem Onlineserver und bietet dem Hersteller dieser Komponenten die Möglichkeit, ein Produkt von der Planung bis zur Fertigung transparent darzustellen (diese Daten können dann den Kunden zur Verfügung gestellt werden).

3 Die ersten Schritte im Programm

3.1 Ein neues Projekt erstellen

Abb. 9 Der Befehl: Projekte

Nachdem Sie im Register ***Erste Schritte*** einiges über die neuen Funktionen der Programmversion 2013 kennengelernt und sich eine Übersicht über die verfügbaren Videos und Lernprogramme verschafft haben ist es an der Zeit, die Arbeit für das bevorstehende Projekt vorzubereiten. Mit ***Inventor***® sollte grundsätzlich in Projekten gearbeitet werden. Dies vereinfacht die Koordination zusammenhängender Dateien und Einstellungen. Gewöhnen Sie sich von Anfang an ein sauberes Arbeiten mit dem Programm in Projekten (auch bei kleineren Übungen) an. Diese Grundordnung wird Ihnen später bei der Arbeit mit großen Projekten eine große Hilfe sein.

Wenn Sie in ***Inventor***® ein Projekt anlegen, wird eine Projektdatei (****.ipj***) erzeugt, welche alle zum Projekt gehörenden Daten speichert. Sie haben später die Möglichkeit, mittels Befehl ***Pack and Go*** ein gesamtes Projekt samt allen referenzierten Dateien zu archivieren oder zu exportieren. Ein komplettes Projekt kann damit auf anderen Computern (mit installiertem ***Inventor***® 2013) geöffnet und weiterbearbeitet werden.

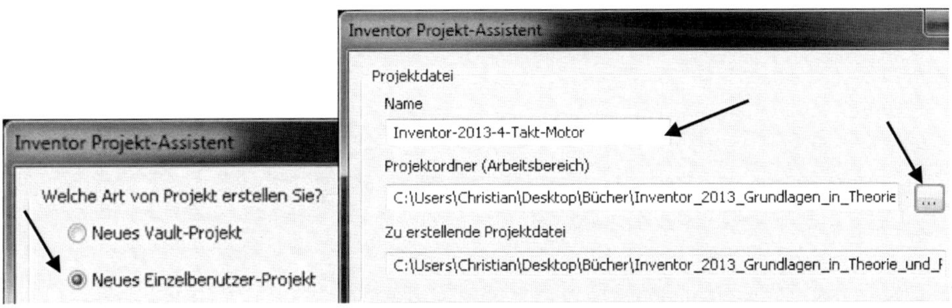

Abb. 10 Ein neues Einzelbenutzer-Projekt erzeugen

Starten Sie im Register ***Erste Schritte*** in der Befehlsgruppe ***Starten*** den Befehl ***Projekte*** (Abb. 9). Erzeugen Sie ein neues ***Einzelbenutzer-Projekt*** mit der Bezeichnung ***Inventor-2013-4-Takt-Motor*** und speichern dieses im von Ihnen erzeugten Projektordner ***Übung-Inventor-2013*** (nicht in den Ordner ***Download***!).

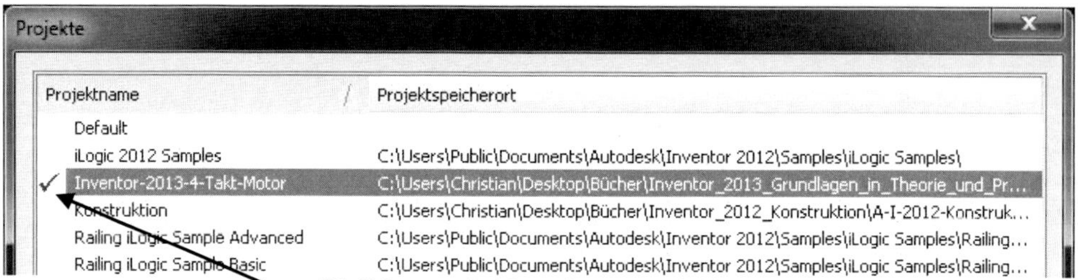

Abb. 11 Das neue Projekt wurde erzeugt und aktiviert

- ***Projekte***
- Neu ***Neu***
- Option: ***Einzelbenutzer-Projekt***
- Weiter ***Weiter***
- Name: ***Inventor-2013-4-Takt-Motor***
- ... Projektordner: Projektordner ***Übung-Inventor-2013*** wählen
- Fertig stellen ***Fertig stellen***
- Fertig ***Fertig***

HINWEIS: Achten Sie darauf, das neue Projekt nach Fertigstellung zu aktivieren (das kleine Häkchen im Befehlsfenster Projekte sollte in der entsprechenden Zeile stehen, siehe Abb. 11).

3.2 Bearbeiten der Anwendungsoptionen

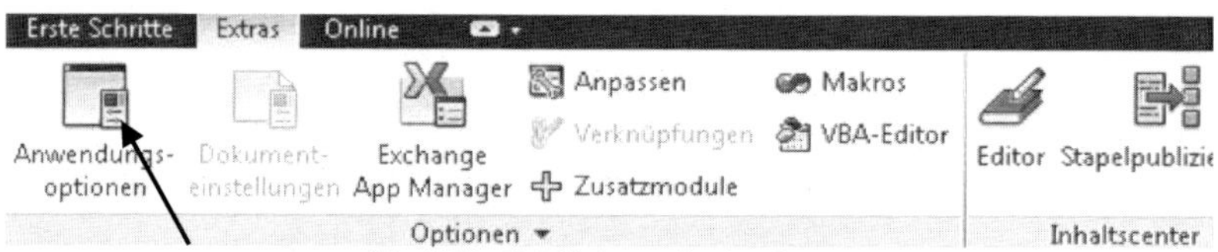

Abb. 12 Der Befehl: Anwendungsoptionen

Wechseln Sie ins Register ***Extras*** und starten in der Befehlsgruppe ***Optionen*** den Befehl ***Anwendungsoptionen***. In diesem Bereich sollen im folgenden Schritt die optischen Darstellungen des Programms geändert sowie der Speicherpfad für das aktuelle Projekt kontrolliert werden.

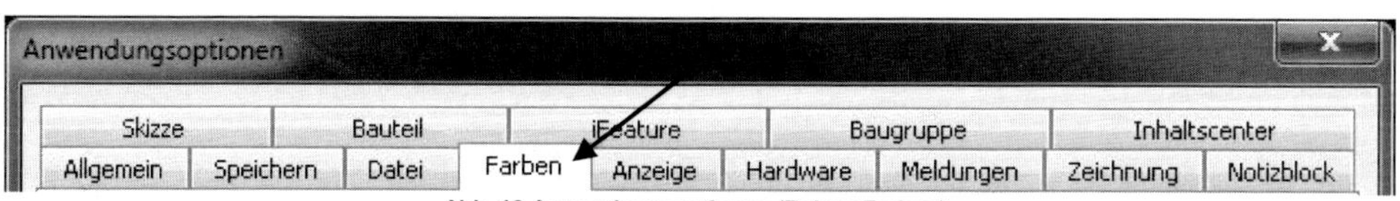

Abb. 13 Anwendungsoptionen (Reiter: Farben)

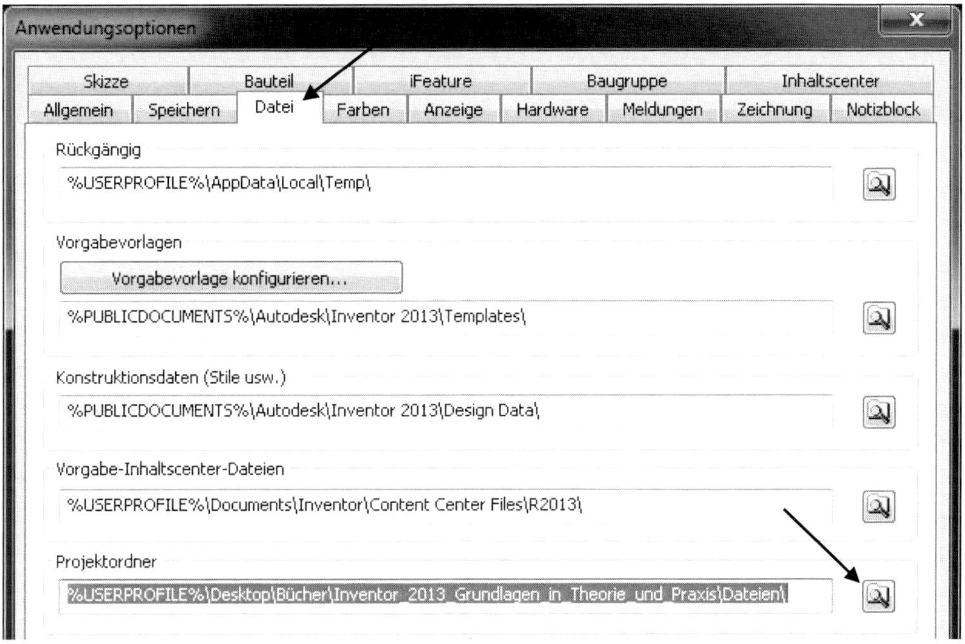

Abb. 14 Anwendungsoptionen (Reiter: Datei)

Aktivieren Sie den Reiter ***Farben***. Im unteren Bereich befinden sich verschiedene Möglichkeiten der Voreinstellung für die Farbauswahl, um die optische Darstellung für die Arbeitsbereiche ***Skizze***, ***Bauteil***, ***Baugruppe***, ***Zeichnung*** und ***Präsentation*** zu ändern. Testen Sie die verschiedenen Einstellungen und wählen dann eine persönliche Darstellung aus. Eine Vorschau zeigt die jeweilige Zusammenstellung. Wenn Sie die Option Konstruktion ***Konstruktion*** aktivieren, wird Ihnen eine Vorschau für die Arbeit im ***3D-Bereich*** angezeigt (Modell, Baugruppe, Präsentation).

Mit der Option Zeichnung ***Zeichnung*** erscheint die Vorschau für den ***2D-Bereich*** (2D-Skizze, Zeichnungsableitung). Wenn Sie eine passende grafische Darstellung für sich gefunden haben, beenden Sie den Befehl mit Anwenden ***Anwenden***.

Wechseln Sie in den Reiter ***Datei***. Projektdateien werden vom Programm standardmäßig in einem internen Programmordner abgelegt. Dies soll jetzt geändert werden. Der neue Speicherort soll der eigens erzeugte Projektordner werden. In der Zeile ***Projektordner*** klicken Sie bitte auf das rechts stehende ***Ordnersymbol*** und wählen den Pfad zu Ihrem Projektordner. Bestätigen Sie dies durch Anwenden ***Anwenden*** und schließen Sie den Befehl anschließend.

4 SKIZZEN und BAUTEILE

4.1 Bauteil Ventil

4.1.1 Grundlagen zum Bauteil

Abb. 15 Das Ventil

Die Verbrennungsräume eines Viertaktmotors müssen kontinuierlich mit Frischluft (bzw. einem Frischluft-Kraftstoffgemisch) versorgt und von den verbrauchten Abgasen befreit werden. Realisiert wird dies über Frischluft- bzw. Abgaskanäle. Um diese Kanäle öffnen und schließen zu können, werden Ventile eingesetzt. Diese schließen im Ruhezustand (durch eine Druckfeder) und öffnen unter Last (Nockenwelle). Zeitpunkt und Dauer der Öffnungsvorgänge werden durch Nockenform und Drehgeschwindigkeit der Nockenwelle beeinflusst.

4.1.2 Erstellen einer neuen Datei

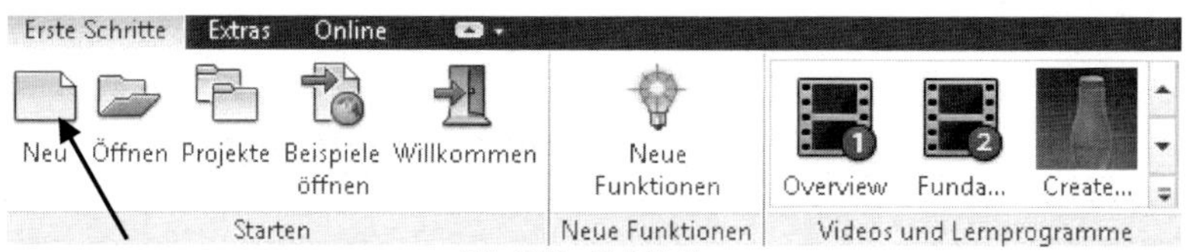

Abb. 16 Der Befehl: Neu

Um eine neue Datei zu erstellen, wechseln Sie ins Register ***Erste Schritte*** und wählen den Befehl ***Neu*** (Abb. 16). Es erscheint ein neues Fenster, in welchem bereits vorhandene Vorlagen ausgewählt werden können. Auf der linken Seite finden Sie eine Spalte mit einem Strukturbaum. Alle vorhandenen Vorlagen (***Templates***) wurden hier in Ordner unterteilt (***Englisch***, ***Metrisch***, ***Spritzguss*** oder ***Alte Vorlagen***).

Wenn Ihre Software mit den richtigen Grundeinstellungen installiert wurde (***Metrisch***), sollten sich bei aktiviertem Hauptordner (***Templates***) auf der rechten Seite die in Abb. 17 dargestellten Basisvorlagen auswählen lassen.

Wählen Sie im Bereich ***Bauteil – 2D- und 3D-Objekte erstellen*** die Vorlage ***Standard.ipt*** und erzeugen Sie auf diese Weise ein neues Bauteil.

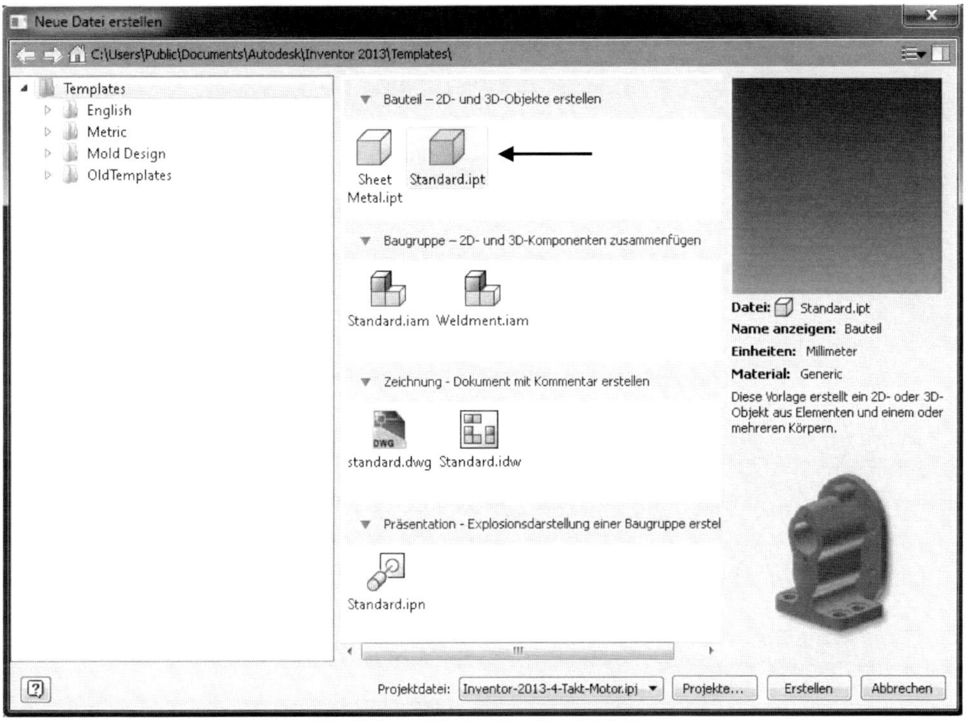

Abb. 17 Auswahlfenster: Neue Datei erstellen

- ***Neu***
- Templates
- Standard.ipt
- Erstellen ***Erstellen***

4.1.3 Erzeugen der Basisskizze

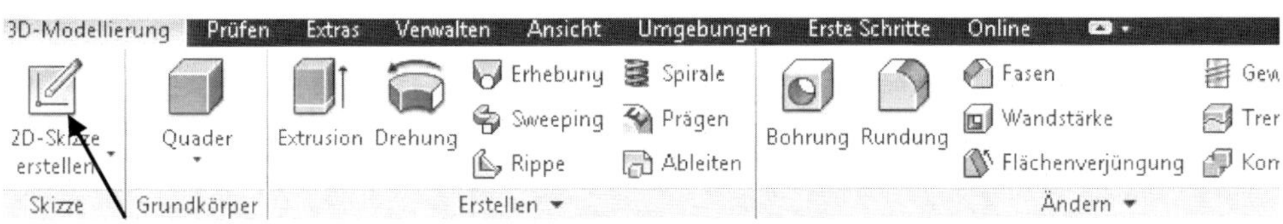

Abb. 18 Der Befehl: 2D-Skizze erstellen

Das Programm öffnet das neue Bauteil, startet im Register ***3D-Modellierung*** und erwartet weitere Befehle. Da noch keine Flächen bestehender Volumenkörper vorhanden sind, bietet das Programm drei Basisebenen an. Starten Sie den Befehl ***2D-Skizze***, erweitern Sie im ***Modellbaum*** den Ordner ***Ursprung*** und wählen dort die ***XY-Ebene*** (Abb. 19). Das Programm platziert die neue Skizze auf dieser Ebene und wechselt anschließend ins Register ***Skizze***.

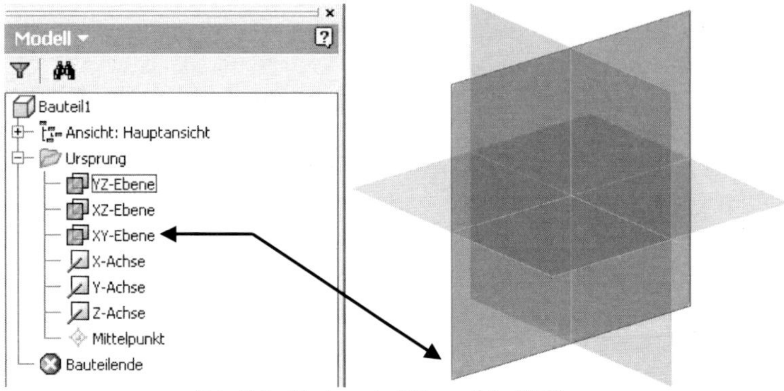

Abb. 19 Positionieren der Skizze auf der XY-Ebene

> ***HINWEIS***: In den ***Anwendungsoptionen*** (Reiter ***Bauteil***), kann definiert werden, ob die Auswahl der Skizzenebene generell erforderlich ist, oder eine der drei Ebenen als ***Standard*** definiert werden soll (Option ***Skizze beim Erstellen eines neuen Bauteils***).

4.1.4 Projizieren der drei Hauptachsen

Die neue Skizze wurde auf der ***XY-Ebene*** platziert und es kann mit dem Zeichnen der Geometrie begonnen werden. Jedes Bauteil verfügt über jeweils ***3 Achsen*** (X, Y, Z) und ***3 Ebenen*** (XY, XZ, YZ). Diese können im Zeichenbereich sichtbar gemacht werden (***rechte Maustaste*** auf die entsprechende Achse im Modellbaum > ***Sichtbarkeit***), sind dadurch allerdings physisch nicht greifbar.

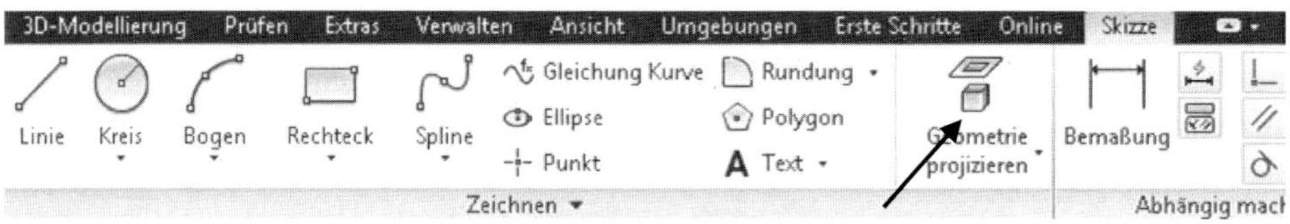

Abb. 20 Der Befehl: Geometrie projizieren

Da Sie im Skizzenbereich generell symmetrisch zum Ursprung zeichnen sollten und diese Elemente hierfür benötigt werden, muss ein anderer Weg beschritten werden. Sie starten den Befehl ***Geometrie projizieren***, wählen anschließend im Modellbaum nacheinander die 3 Achsen (X, Y, Z) und beenden den Befehl dann mit der Taste ***ESC***.

> ***HINWEIS***: Gewöhnen Sie sich diesen ersten Schritt bei jeder neuen 2D-Skizze an. Die projizierten Hauptachsen bieten Ihnen die Möglichkeit, symmetrisch zu zeichnen und sich stets auf den Koordinatenursprung beziehen zu können. Dies vereinfacht den späteren Umgang mit den Bauteilen in einer Baugruppe.

4.1.5 Anmerkungen zu den Steuerungstools

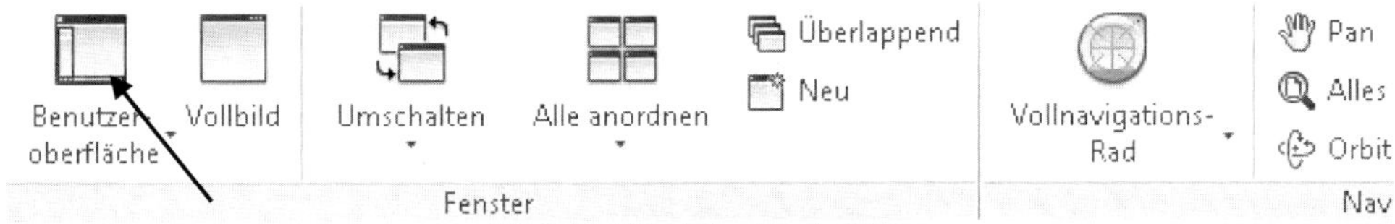

Abb. 21 Der Befehl: Benutzeroberfläche

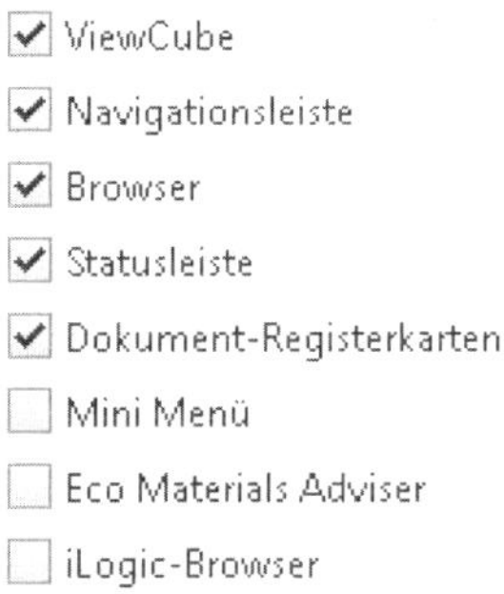

Abb. 22 Verwalten der Benutzeroberfläche

Das Programm verfügt über verschiedene Tools, welche es dem Anwender ermöglichen häufig verwendete Befehle schnell starten zu können. seln Sie ins Register ***Ansicht*** und starten Sie in der Befehlsgruppe ***Fenster*** den Befehl ***Benutzeroberfläche*** (Abb. 21). Übernehmen Sie die Vorgaben aus Abb. 22.

Mit dem ***ViewCube*** (Abb. 23) kann der Blickwinkel auf ein Objekt verändert werden. Ein kurzer Klick mit der linken Maustaste auf eine Seite, Kante oder Ecke des Würfels wechselt in die entsprechende Ansicht. Ein ***freies Drehen*** der Ansicht, ist bei gedrückter ***linker Maustaste*** auf den Würfel (in ***Kombination*** mit der ***Mausbewegung***) möglich (alternativ Taste ***F2*** bei gedrückter ***mittlerer Maustaste***).

Abb. 23 Der ViewCube

Vollnavigationsräder (Abb. 24) kombinieren mehrere Navigationswerkzeuge miteinander. Die verschiedenen Navigationsräder können Sie durch einen Klick auf das kleine Dreieck neben dem Rad auswählen.

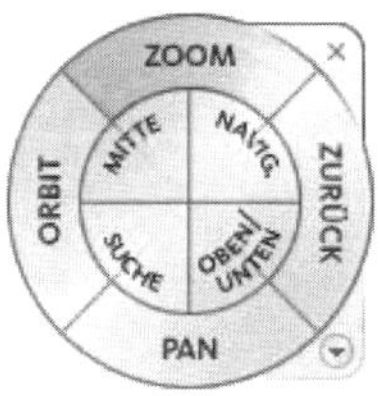

Abb. 24 Vollnavigationsräder

Abb. 25 Die Navigationsleiste

Navigationsleisten (Abb. 25) beinhalten verschiedene Anzeige- und Navigationsbefehle und bieten ebenfalls eine schnelle Befehlsauswahl.

Sobald Sie sich mit den Steuerungstools etwas vertraut gemacht haben, kann das Register ***Ansicht*** verlassen und in das Register ***Skizze*** zurückgekehrt werden. Achten Sie darauf, dass am ***ViewCube*** die Ansicht ***OBEN*** eingestellt ist.

4.1.6 Das Register SKIZZE im Überblick

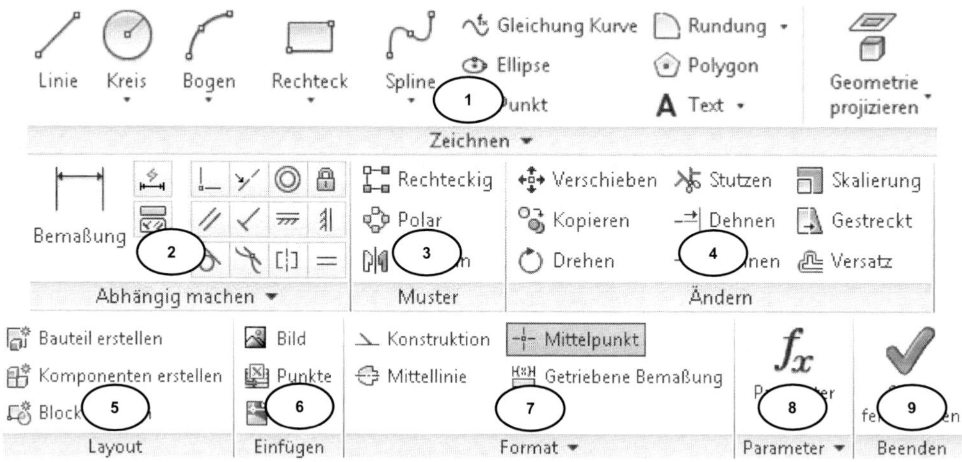

Abb. 26 Befehlsgruppen des Registers: Skizze

OPTIONEN

1) Erstellen geometrischer Elemente
2) Vorhandene Zeichenobjekte mit Maßen und Abhängigkeiten versehen
3) Rechteckige, polare oder gespiegelte Kopien erzeugen
4) Bearbeiten von vorhandenen Zeichenobjekten
5) Exportieren von Zeichenobjekten als eigenständige Bauteile, Baugruppen oder Gruppierungen
6) Importieren von Bildern, Tabellenpunkten oder AutoCAD-Zeichnungen
7) Bearbeiten der Objekteigenschaften von Linien, Punkten und Bemaßungen
8) Parametrisierungen von Bemaßungen
9) Beenden der Skizze

4.1.7 Zeichnen der Basisskizze

Das erste Bauteil soll ein einfaches Rotationsteil werden. Um die Basisskizze erzeugen zu können, verwenden wir diverse Linien- und Bogenelemente sowie einige Bearbeitungsbefehle. Geometrische Zeichenelemente können im Skizzenbereich auf zwei verschiedene Arten erzeugt werden: entweder werden die Objekte frei mit der Maus gezeichnet und anschließend mit Abhängigkeiten und Bemaßungen in Form gebracht, oder bereits während des Zeichenvorgangs durch die Eingabe von Werten definiert.

Diese zweite Option (X 0,000 mm Y 0,000 mm ***dynamische Werteeingabe***) ermöglicht es bereits während des Zeichnens, eine geometrisch definierte Kontur zu erstellen (welche allerdings jederzeit im Nachhinein korrigiert werden kann). Beide Zeichenmethoden sollen in den folgenden Übungen ausgiebig verwendet und gefestigt werden.

HINWEIS: Um die ***dynamische Werteeingabe*** verwenden zu können, muss in den ***Anwendungsoptionen*** im Reiter ***Skizze*** die Option ***Exponierte Anzeige*** aktiviert sein!

4.1.8 Arbeiten mit der dynamischen Werteeingabe

Die ersten beiden Linien sollen mit der ***dynamischen Werteeingabe*** erzeugt werden. Starten Sie den Befehl ***Linie*** und wechseln mit der Tabulatortaste (***TAB***) in das Eingabefeld der X-Koordinate des ersten Linienpunktes.

Nach der Werteingabe [*] gelangen Sie durch erneutes Drücken der Taste ***TAB*** in das Eingabefeld der Y-Koordinate. Die Taste ***ENTER*** bestätigt die Eingabe. Nachdem der erste Punkt platziert wurde, gelangen Sie in den Eingabebereich des zweiten Punktes. Um die Position dieses Punktes zu definieren, ist die Vorgabe eines Längenwertes und eines Winkels erforderlich.

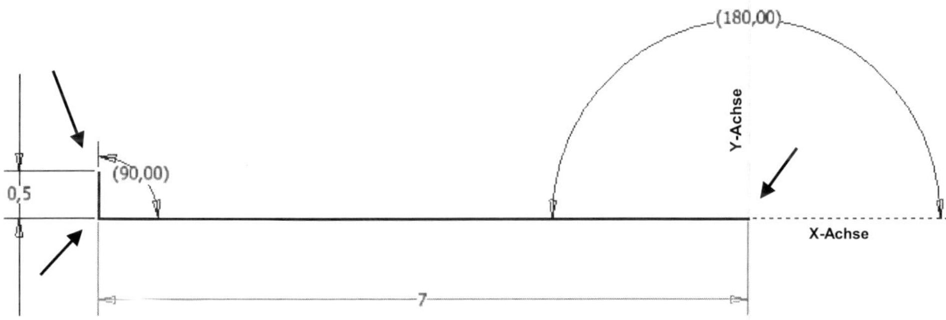

Abb. 27 Erzeugen der ersten beiden Linien über die dynamische Werteeingabe

- ***Linie***
- 1. Punkt: ***TAB*** > [0] > ***TAB*** > [0]
- ***ENTER***
- 2. Punkt: [7] > ***TAB*** > [180] > ***ENTER***
- 3. Punkt: [0,5] > ***TAB*** > [90] > ***ENTER***
- ***ESC***

HINWEIS: Die Eingaben für den ersten Punkt (0; 0) stellen die X- und Y-Koordinaten dar. Die Eingaben für die beiden folgenden Punkte (7; 180 / 0,5; 90), stellen Linienlänge und Winkel der Linie (in Bezug auf das BKS) dar.

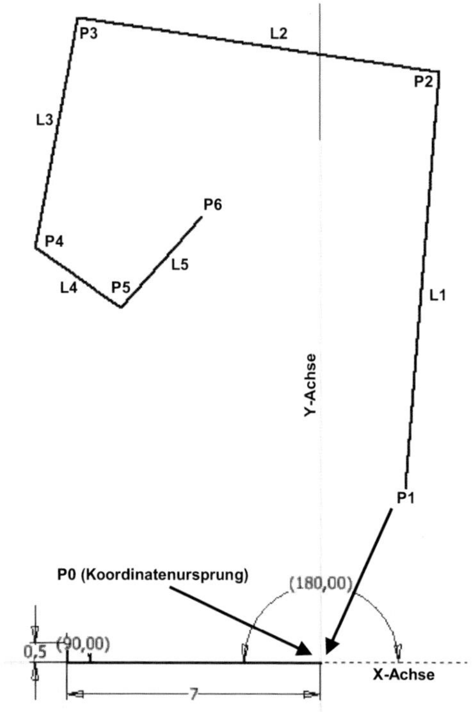

Abb. 28 Freies Zeichnen der Linien

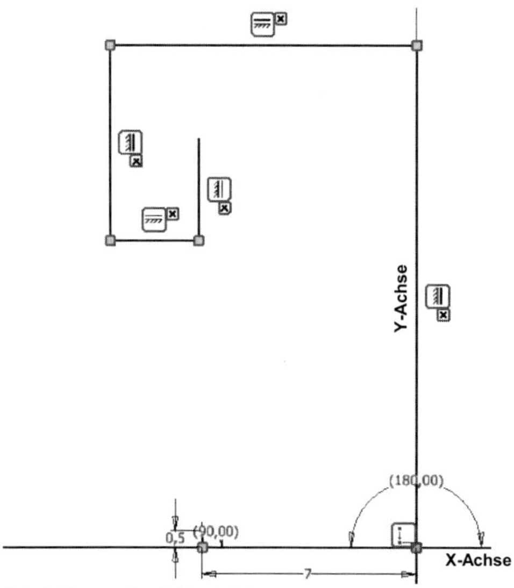

Abb. 29 Setzen der Abhängigkeiten

Die folgenden Linien sollen frei mit der linken Maustaste gezeichnet und anschließend mit Maßen und Abhängigkeiten versehen werden. Verwenden Sie den Befehl ⁄ ***Linie***, um die in Abb. 28 dargestellten fünf Linien (L1..5) als eine zusammenhängende Kontur zu erzeugen.

- ⁄ ***Linie***
- 5 Linien (L1 .. L5) zeichnen > ***ESC***

Achten Sie darauf, die Linien sowie in Abb. 28 dargestellt zu zeichnen. Alle Linien sollen leicht schräg dargestellt werden. Im Anschluss daran sollen diese Linien mit Abhängigkeiten begradigt werden. Die notwendigen Befehle hierzu finden Sie in der Befehlsgruppe ***Abhängig machen***.

Starten Sie mit dem Befehl ***Koinzident***, um den Punkt ***P1*** auf den Koordinatenursprung (P0) zu platzieren.

- ***Koinzident***
- ***P1*** wählen, ***P0*** wählen > ***ESC***

Verwenden Sie die Befehle ***Vertikal*** und ***Horizontal***, um die Lage der Linien L1 .. L5 auszurichten.

- ***Vertikal***
- Linien ***L1***, ***L3*** und ***L5*** wählen > ***ESC***
- ***Horizontal***
- Linien ***L2*** und ***L4*** wählen > ***ESC***

Das Ergebnis sollte dann wie in Abb. 29 dargestellt aussehen.

HINWEIS: Alle Abhängigkeiten können Sie mit ***F8*** ein- und mit ***F9*** wieder ausblenden. Um eine Abhängigkeit zu löschen, markieren Sie diese und drücken die Taste ***ENTF***.

4.1.9 Bemaßen von Zeichenelementen

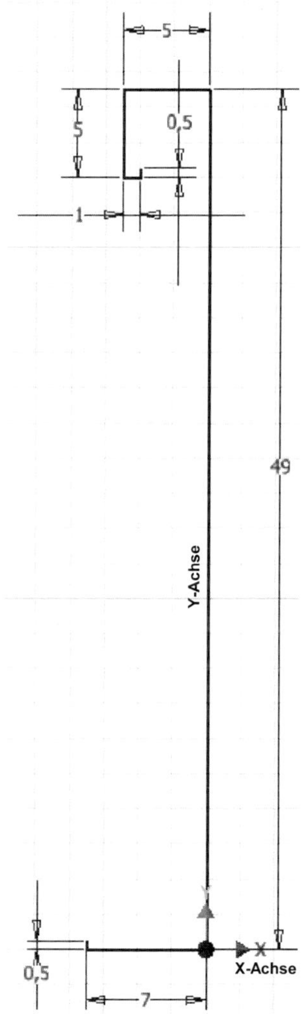

Abb. 30 Bemaßen der Linien

Die ersten beiden Linien, welche mit dynamischer Werteeingabe gezeichnet wurden, sind bereits bemaßt (sofern in der Befehlsgruppe ***Abhängig machen*** im unteren Bereich die Option ***Beständige Bemaßung*** aktiviert ist). Die restlichen Linien (L1 .. L5) sind bereits mit Abhängigkeiten versehen, müssen in der Länge allerdings noch festgelegt werden.

Um eine Linie zu bemaßen, kann die Linie direkt mit der linken Maustaste angeklickt und das Maß anschließend mit der linken Maustaste platziert werden, oder es werden die Eckpunkte (Startpunkt, Endpunkt) der Linie nacheinander als Bemaßungsreferenz gewählt.

Kurz vor dem Ablegen eines Maßes haben Sie die Möglichkeit, mit der ***rechten Maustaste*** weitere Optionen der Bemaßung zu wählen. Je nach Lage der Linie im Raum kann ein Maß ***horizontal***, ***vertikal*** oder zum Objekt ***ausgerichtet*** erzeugt werden. Wenn Sie die Maustaste in die entsprechende Richtung ziehen, kann auch auf diesem Wege (ohne die Verwendung der rechten Maustaste) die Option (horizontal oder vertikal) aktiviert werden.

Starten Sie den Befehl ***Allgemeine Bemaßung*** und bemaßen Sie die fünf Linien wie in Abb. 30 dargestellt.

- ***Allgemeine Bemaßung***
- Linie ***L1*** wählen > Maß ablegen > [49] > ***ENTER***
- Linie ***L2*** wählen > Maß ablegen > [5] > ***ENTER***
- Linie ***L3*** wählen > Maß ablegen > [5] > ***ENTER***
- Linie ***L4*** wählen > Maß ablegen > [1] > ***ENTER***
- Linie ***L5*** wählen > Maß ablegen > [0,5] > ***ENTER***
- ***ESC***

HINWEIS: Bei der Auswahl mehrerer übereinanderliegender geometrischer Elemente kann es vorkommen, dass es bei der Auswahl des gewünschten Objektes Probleme gibt (das Objekt kann nicht gegriffen werden). Hier bietet das Programm die Möglichkeit, die Auswahl zu differenzieren. Halten Sie in diesem Fall den Mauszeiger eine Weile auf das gewünschte Element und warten Sie, bis ein Auswahlmenü erscheint. Dieses zeigt alle verfügbaren geometrischen Objekte und erleichtert Ihnen eine Auswahl.

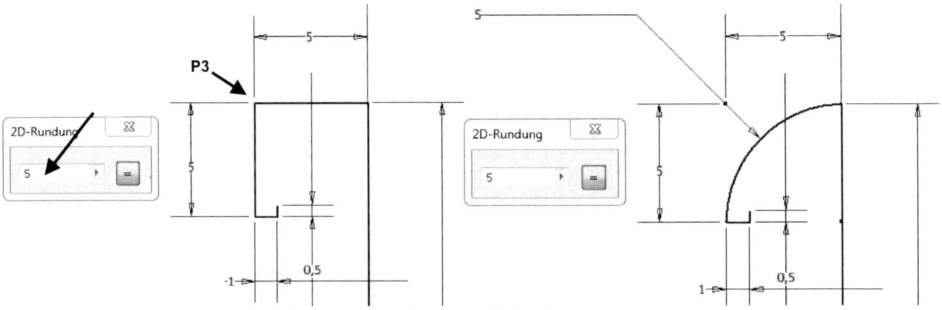

Abb. 31 (L) Ecke vor Rundung; (R) Rundung wurde erzeugt

In der folgenden Übung soll die in Abb. 31 markierte Ecke ***P3*** mittels Befehl ***Rundung*** in einem Radius von ***5 mm*** abgerundet werden.

- ***Rundung*** > Radius: [5] > Punkt ***P3*** wählen > ***ESC***

HINWEIS: Wenn Sie das ***Gleichheitszeichen*** aktivieren und nach der ersten Rundung weitere Rundungen erzeugen (ohne den Befehl zwischendurch zu beenden), sind alle folgenden Rundungen von der ersten parametrisch abhängig. Ändern Sie später das Maß der ersten Rundung, ändern sich auch alle abhängigen Rundungen.

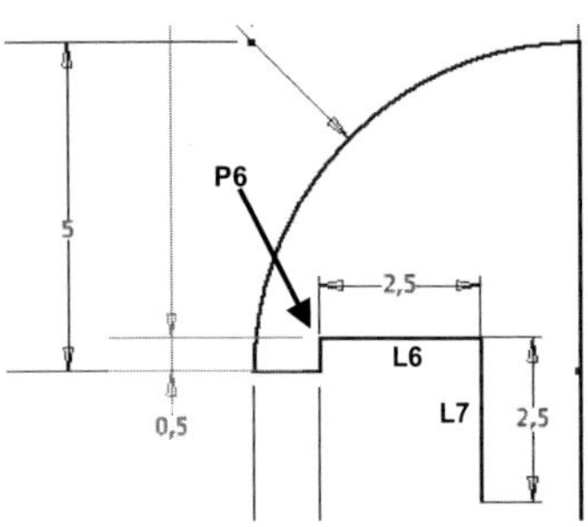

Abb. 32 Zeichnen der Linien L6,7

Starten Sie den Befehl ***Linie*** und erzeugen Sie, beginnend im Punkt ***P6*** (Abb. 32), zwei weitere Linien (L6, L7) mit den folgenden Koordinaten:

- ***Linie***
- 1. Punkt: P6 (Startpunkt der ersten Linie)
- 2. Punkt: [2,5] > ***TAB*** > [0] > ***ENTER***
- 3. Punkt: [2,5] > ***TAB*** > [90] > ***ENTER*** > ***ESC***

Achten Sie beim Setzen des dritten Punktes darauf, den Mauspfeil unterhalb des zweiten Punktes zu positionieren, bevor Sie mit [***ENTER***] bestätigen.

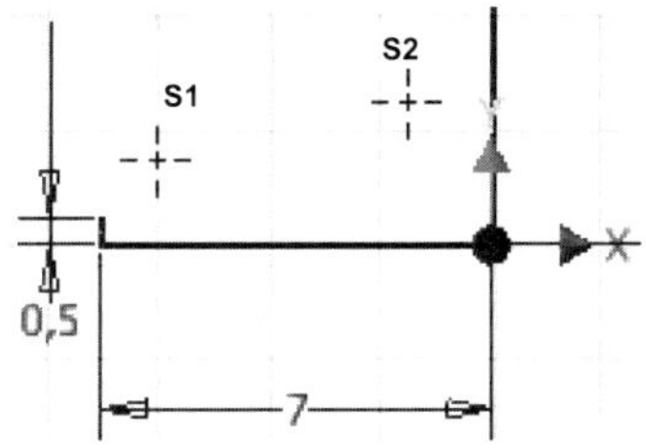

Abb. 33 Zeichnen der Punkte S1,2

Wechseln Sie jetzt zum unteren Teil des Ventils und erzeugen Sie dort zwei **_Punkte_** mit den folgenden Koordinaten:

- **_Punkt_**
- 1. Punkt: **_TAB_** > [-6] > **_TAB_** > [1,5] > **_ENTER_**
- 2. Punkt: **_TAB_** > [-1,5] > **_TAB_** > [2,5] > **_ENTER_**
- **_ESC_**

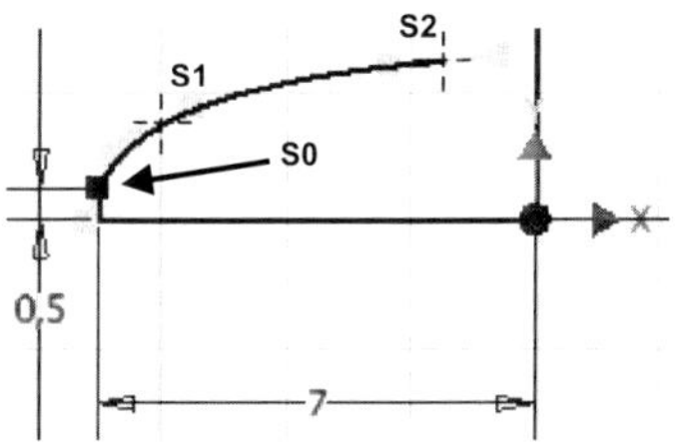

Abb. 34 Spline durch die beiden Punkte

Verbinden Sie die drei Punkte (S0, S1, S2) durch einen **_Spline_** (Interpolation). Als Startpunkt soll der in Abb. 34 markierte Punkt **_S0_** dienen.

- **_Spline_** (Interpolation)
- Nacheinander die drei Punkte (Reihenfolge: S0, S1, S2) wählen
- **_Rechte Maustaste_** > **_Erstellen_**

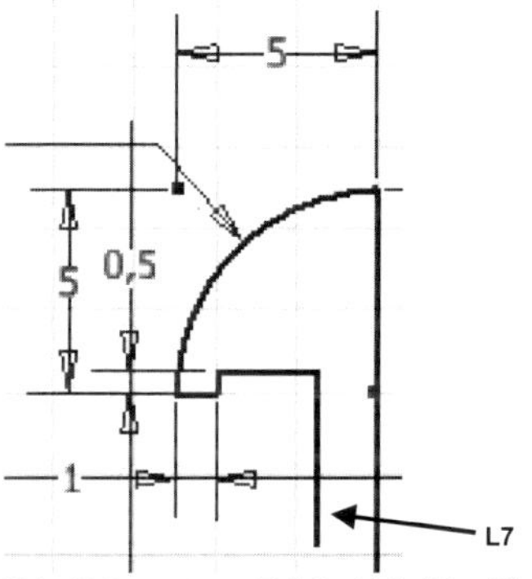

Abb. 35 Den unteren Teil der Linie L7 anklicken, um zu dehnen

Die Linie **_L7_** soll jetzt mit dem unteren Teil des Ventils verbunden werden. Da diese Linie bei aktivierter Option **_Beständige Bemaßung_** (dynamische Werteeingabe) gezeichnet wurde, besitzt sie bereits eine Bemaßung (**_2,5 mm_**), welche gelöscht werden muss. Markieren Sie die Bemaßung und löschen Sie diese mit der Taste **_ENTF_**.

Starten Sie den Befehl **_Dehnen_** (Befehlsgruppe **_Ändern_**) und klicken dann auf den unteren Teil der Linie **_L7_**. Diese sollte sich jetzt bis zum Spline im unteren Bereich des Ventils verlängern.

- **_Dehnen_**
- Unteren Bereich der Linie **_L7_** wählen (Abb. 35)
- **_ESC_**

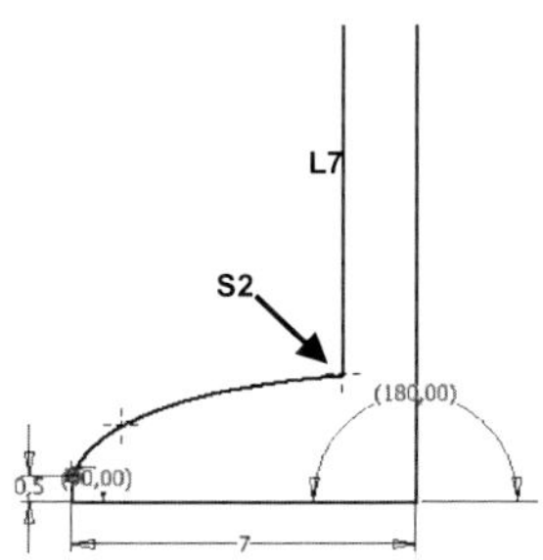

Abb. 36 Linie L7 wurde bis zum Punkt S2 verlängert

Wenn der Befehl richtig ausgeführt wurde, sollte die Linie **_L7_** jetzt präzise am Punkt **_S2_** enden. Die Skizze sollte jetzt noch einmal auf Fehler kontrolliert und anschließend durch **_Skizze fertig stellen_** beendet werden.

4.1.10 Das Register 3D-MODELLIERUNG im Überblick

Abb. 37 Befehlsgruppen des Registers: 3D-Modellierung

OPTIONEN

1) Neue Skizzen erzeugen (2D, 3D)
2) Skizzenkonturen in Volumen-/ Flächenkörper konvertieren
3) Volumen- oder Flächenkörper aus Skizzen erzeugen
4) Bearbeiten vorhandener Volumen- oder Flächenkörper
5) Volumen oder Flächenkörper mit Inventor®-Fusion bearbeiten
6) Ebenen, Achsen oder Punkte erzeugen
7) Rechteckige, runde oder gespiegelte Muster erzeugen
8) Erstellen und Bearbeiten von Flächen
9) Parameter
10) Kunststoffelemente erzeugen
11) Diverse Messwerkzeuge
12) Importieren/ Exportieren von Daten
13) Einfügen von Kabelbaumelementen
14) Importieren/ Exportieren von Bauteilen
15) Belastungsanalyse
16) Volumenkörper in Blechkörper konvertieren

4.1.11 Volumenkörper durch Drehung erzeugen

Abb. 38 Der Befehl: Drehung

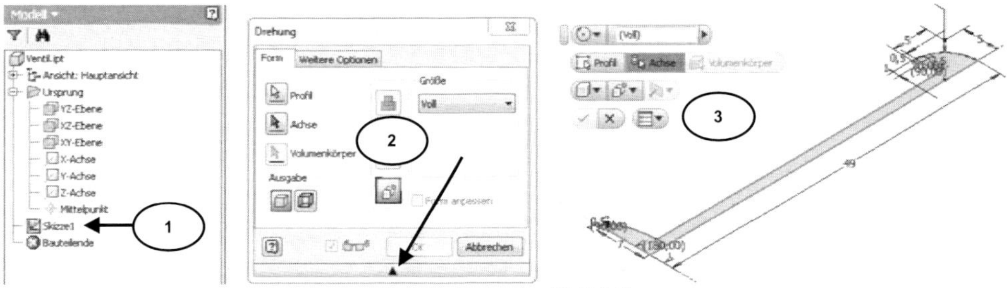

Abb. 39 Optionen eines 3D-Befehls

Sobald Sie den Skizzenbereich verlassen haben, wechselt das Programm ins Register ***3D-Modellierung***. Die Ansicht wird etwas gedreht, und es stehen Ihnen diverse Modellierungs- und Bearbeitungsbefehle zur Verfügung. Alle Skizzen des Bauteils (in unserem Beispiel ***Skizze1***) finden Sie im Modellbaum wieder (1). Skizzen können jederzeit wieder bearbeitet werden (***rechte Maustaste*** > ***Skizze bearbeiten***).

Starten Sie den Befehl ***Drehung*** (Befehlsgruppe ***Erstellen***). Das Programm öffnet zwei Eingabemasken. Die erste Eingabemaske (2) ist die klassische Variante. Diese muss erst durch einen Klick auf das kleine ***Dreieck*** (Abb. 39) geöffnet werden. Die zweite Eingabemaske (3) beinhaltet dieselben Optionen wie (2), nur in einer anderen Darstellung.

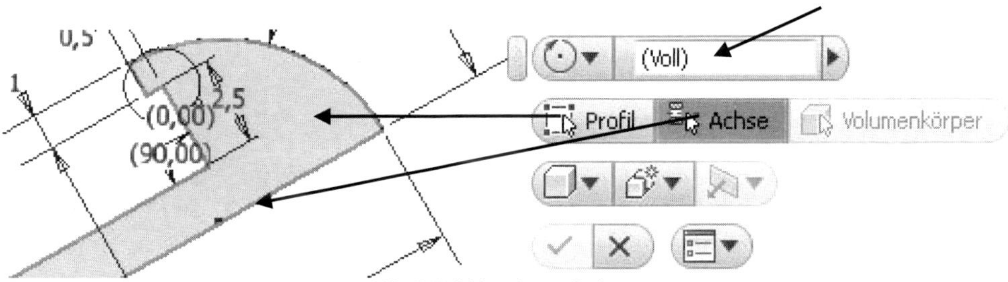

Abb. 40 Befehlsoptionen: Drehung

Das ***Profil*** wird automatisch erkannt. Als ***Achse*** wählen Sie die in Abb. 40 markierte ***Linie***. Übernehmen Sie die restlichen Einstellungen aus Abb. 40 und bestätigen den Befehl mit ***OK***.

Abb. 41 Die Kontur der Skizze wurde in einen Volumenkörper konvertiert

HINWEIS: Wenn Sie die ***Drehachse*** bereits im Skizzenbereich als ***Mittellinie*** (Befehlsgruppe ***Format***) definieren, wird diese im Befehl ***Drehung*** automatisch erkannt.

HINWEIS: Sollten Probleme bei der Auswahl des Profils auftreten, beenden Sie den Drehbefehl (***ESC***) und öffnen die ***Skizze1*** im Modellbaum (Doppelklick). Markieren Sie eine der gezeichneten Linien, wählen Sie mit der rechten Maustaste die Option ***Kontur schließen*** und folgen Sie den Anweisungen. Offene Konturen können so geschlossen werden.

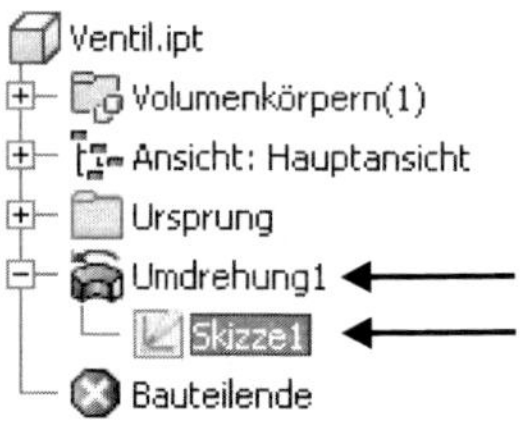

Abb. 42 Modellbaum nach Drehbefehl

Wurde ein 3D-Befehl erfolgreich ausgeführt, werden alle daran beteiligten 2D-Skizzen darin integriert. Der jeweilige 3D-Befehl kann im Modellbaum aufgeklappt (Abb. 42) und die darin enthaltene Skizze jederzeit bearbeitet werden. Um einen 3D-Befehl zu bearbeiten, führen Sie einen Doppelklick darauf aus (alternativ: ***rechte Maustaste*** > ***Bearbeiten***). Sie gelangen dann in dessen Bearbeitungsbereich.

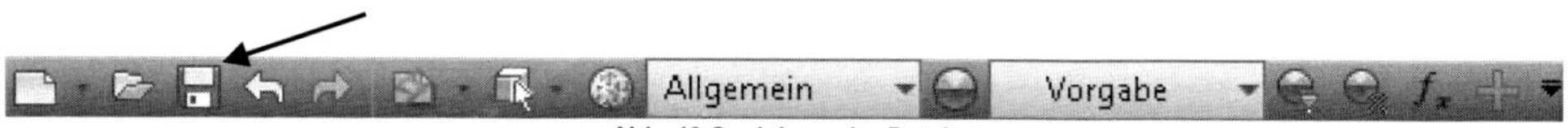

Abb. 43 Speichern der Datei

Das Bauteil ist mit dem letzten Befehl fertiggestellt worden und kann jetzt ***gespeichert*** werden. Verwenden Sie die Bezeichnung ***Ventil*** und achten Sie darauf, die Datei im Projektordner (***Übung-Inventor-2013***) zu speichern.

4.2 Bauteil Kurbelwelle-Riemenrad

4.2.1 Grundlagen zum Bauteil

Abb. 44 Riemenrad der Kurbelwelle

Kurbelwelle und Nockenwelle des Übungsmotors werden durch einen Riementrieb miteinander verbunden. Dieser besteht aus einem Keilriemen und zwei Riemenrädern (ein Riemenrad je Welle). Das Verhältnis der Außendurchmesser beider Riemenräder zueinander bestimmt das Verhältnis der Drehgeschwindigkeit der Wellen. Beide Riemenräder sind bis auf den Außendurchmesser identisch. Nachdem das erste Riemenrad konstruiert wurde, kann das zweite hiervon abgeleitet werden.

4.2.2 Erzeugen der Basisskizze

Erstellen Sie ein neues Bauteil (***Standard.ipt***) und speichern Sie dieses als ***Kurbelwelle-Riemenrad.ipt*** im Projektordner (Übung-Inventor-2013). Erzeugen Sie eine neue ***2D-Skizze*** auf der ***XY-Ebene*** und ***projizieren*** Sie die drei Achsen (X, Y, Z). In der folgenden Übung wird ohne Koordinateneingabe gezeichnet. Die Linien sollen zuerst gezeichnet und anschließend bemaßt und mit Abhängigkeiten versehen werden.

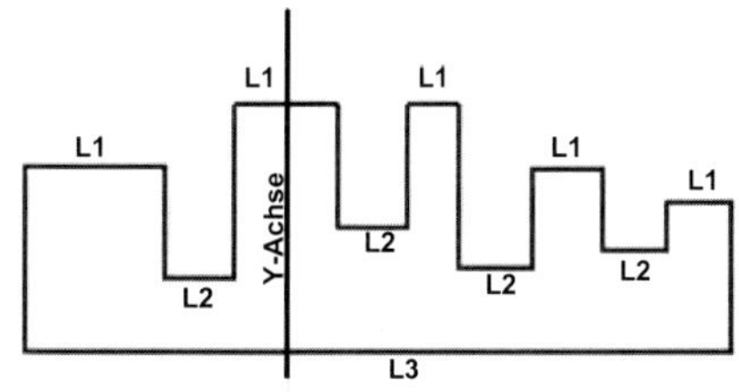

Abb. 45 Zeichnen der Basiskontur aus 20 Linien

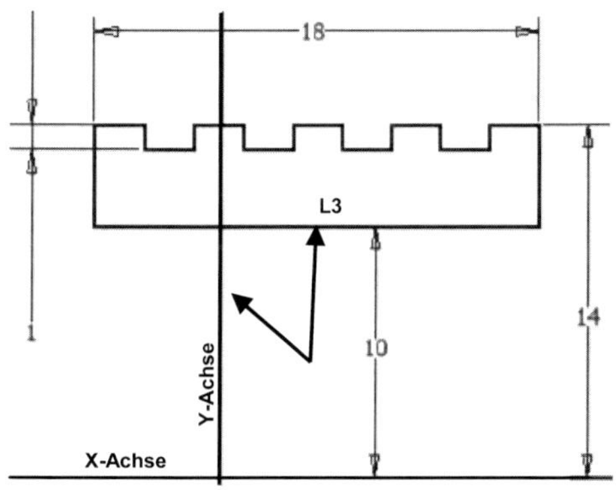

Abb. 46 Maße und Abhängigkeiten setzen

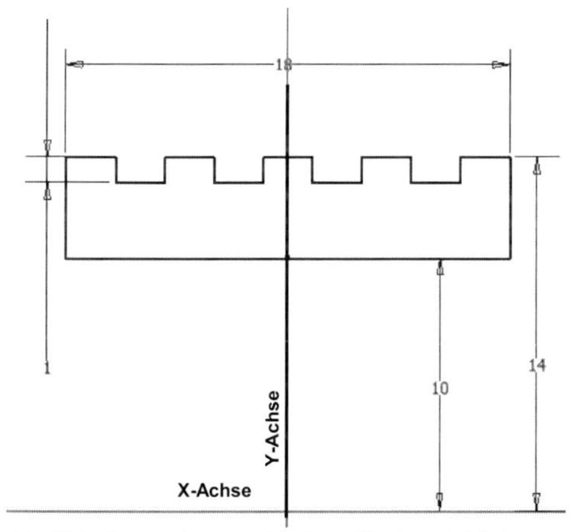

Abb. 47 Kontur wurde symmetrisch zur Y-Achse platziert

Zeichnen Sie im ersten Schritt die in Abb. 45 dargestellten 20 ⁄ ***Linien***.

Alle mit ***L1***, ***L2*** und ***L3*** bezeichneten Linien sollen danach mit der Abhängigkeit ***Horizontal*** versehen werden die restlichen Linien mit der Abhängigkeit ***Vertikal***.

Verwenden Sie die Abhängigkeit ***Kollinear***, um die Linien ***L1*** in einer Höhe anzuordnen. Wiederholen Sie den Befehl bei den Linien ***L2***. Die Abhängigkeit ***Gleich*** soll anschließend alle mit ***L1*** und ***L2*** bezeichneten Linien mit derselben Länge versehen.

Nachdem die Abhängigkeiten gesetzt wurden, können die in Abb. 46 dargestellten ***Bemaßungen*** eingefügt werden.

Alle grundlegenden Maße und Abhängigkeiten wurden bereits erzeugt, die gesamte Kontur muss allerdings noch symmetrisch zur Y-Achse positioniert werden. Starten Sie die Abhängigkeit ***Koinzident***, wählen dann den Mittelpunkt der Linie ***L3*** und anschließend die ***Y-Achse*** (Abb. 46).

Um den Mittelpunkt der Linie ***L3*** greifen zu können, fahren Sie mit dem Mauspfeil langsam über den mittleren Bereich der Linie ***L3***, bis ein ***grüner Punkt*** erscheint. Diesen wählen Sie dann.

Die Skizze ist jetzt ausreichend bemaßt und kann mit dem Befehl ***Skizze fertig stellen*** beendet werden.

4.2.3 Volumenkörper durch Drehung

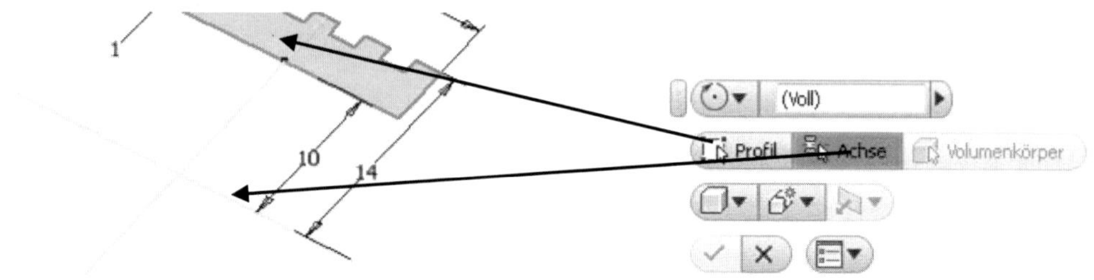

Abb. 48 Drehen der Kontur um die X-Achse

Auch die Skizze des Riemenrades soll durch eine ***Drehung*** in einen Volumenkörper konvertiert werden. Das ***Profil*** sollte automatisch erkannt werden, als ***Achse*** ist die ***X-Achse*** zu verwenden (Abb. 48). Die restlichen Einstellungen sind ebenfalls der Abbildung zu entnehmen, und der Befehl anschließend mit ***OK*** zu bestätigen.

4.2.4 Erzeugen einer Passfederaussparung

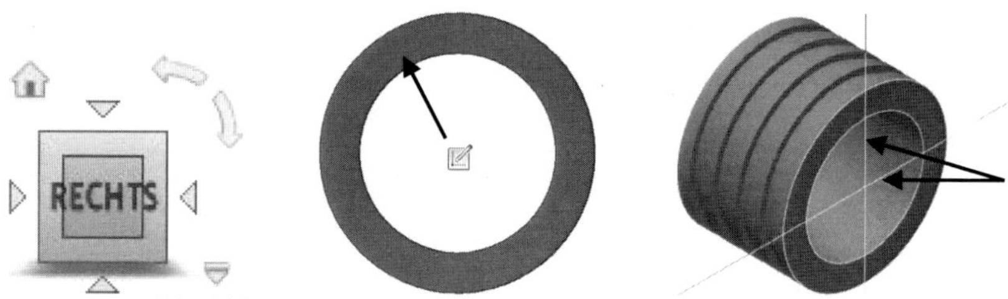

Abb. 49 (L) Ansicht RECHTS; (M) Neue 2D-Skizze; (R) Projizieren der Achsen

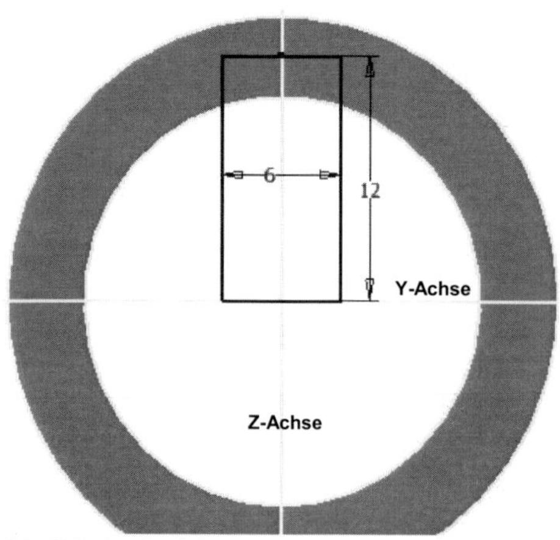

Abb. 50 Rechteck zeichnen

Die Riemenscheibe benötigt eine Passfederaussparung. Wechseln Sie am ***ViewCube*** zur Ansicht ***RECHTS*** (Abb. 49 L), erzeugen Sie auf der in Abb. 49 M markierten Fläche eine neue ***2D-Skizze*** und ***projizieren*** Sie die drei Achsen (X, Y, Z). Zeichnen Sie ein ***Rechteck*** und bemaßen Sie dieses wie in Abb. 50 dargestellt. Die untere Linie des Rechtecks soll auf der ***Y-Achse*** liegen und das Rechteck ***symmetrisch*** zur ***Z-Achse*** ausgerichtet werden. Verwenden Sie die Abhängigkeiten ***Kollinear*** und ***Symmetrisch***.

Abb. 51 Der Befehl: Extrusion

Starten Sie den Befehl ***Extrusion***. Bei der vorhergehenden Drehung war lediglich die Option ***Vereinigung*** aktiv. Jetzt stehen aufgrund des bereits vorhandenen Volumenkörpers (Rotationskörper) zwei weitere boolesche Optionen zur Verfügung. Mit der Option ***Differenz*** haben Sie die Möglichkeit, Material aus dem vorhandenen Volumenkörper herauszuschneiden. Mit der Option ***Schnittmenge*** können Sie aus dem bereits vorhandenen und dem neuen Volumenkörper der folgenden Extrusion eine Schnittmenge erzeugen.

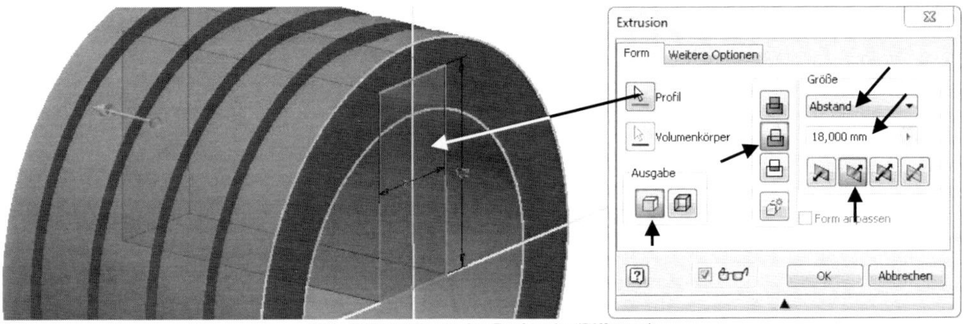

Abb. 52 Extrudieren des Rechtecks (Differenz)

In der folgenden Übung soll aus dem vorhandenen Volumenkörper Material entfernt werden. Als ***Profil*** ist das ***Rechteck*** zu wählen, als ***Option*** für die boolesche Operation die ***Differenz*** und die ***Größe*** Abstand ***Abstand*** mit einem Wert ***18 mm***. Achten Sie darauf, als ***Ausgabe*** die Option ***Volumenkörper*** zu aktivieren. In Abb. 52 wurde die ***Richtung 2*** gewählt. Das kann bei Ihnen anders sein. Wichtig ist, dass die Extrusion in das bereits vorhandene Material schneidet.

Wenn alle Einstellungen übernommen wurden, kann der Befehl mit OK ***OK*** bestätigt werden. Die Riemenscheibe der Kurbelwelle ist damit fertiggestellt und kann ***gespeichert*** werden.

> ***HINWEIS***: Sollten Sie den Befehl beendet haben und Ihnen im Nachhinein Fehler auffallen, kann die Extrusion durch Doppelklick auf ***Extrusion1*** im Modellbaum korrigiert werden (alternativ: ***rechte Maustaste*** > ***Element bearbeiten***).

4.3 Bauteil Nockenwelle-Riemenrad

4.3.1 Grundlagen zum Bauteil

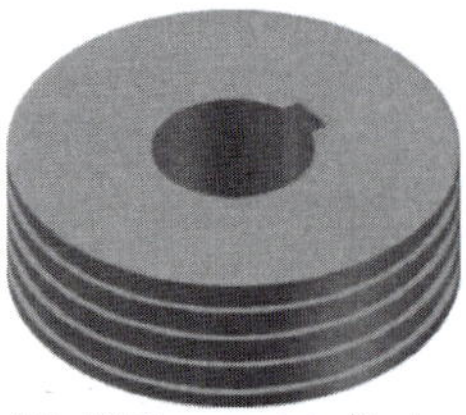

Abb. 53 Riemenrad der Nockenwelle

Das Riemenrad der Nockenwelle ist dem Riemenrad der Kurbelwelle geometrisch ähnlich, lediglich der Außendurchmesser ist größer. Um die Komponente nicht komplett neu zeichnen zu müssen, verwenden wir das bereits vorhandene Riemenrad der Kurbelwelle und ändern lediglich den Außendurchmesser im Skizzenbereich.

4.3.2 Bearbeiten vorhandener Konstruktionen

Bevor der Außendurchmesser des Riemenrades der Nockenwelle geändert wird, sollte das neue Bauteil als eigenständige Datei gespeichert werden. Öffnen Sie das ***Hauptmenü***, starten Sie den Befehl ***Speichern unter*** und verwenden Sie den Dateinamen ***Nockenwelle-Riemenrad*** sowie den ***Speicherort*** des ***Projektes*** (Übung-Inventor-2013).

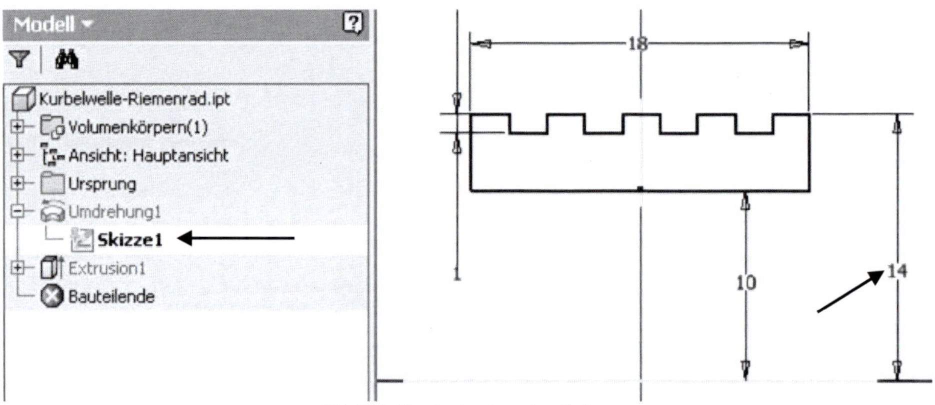

Abb. 54 Außendurchmesser bearbeiten

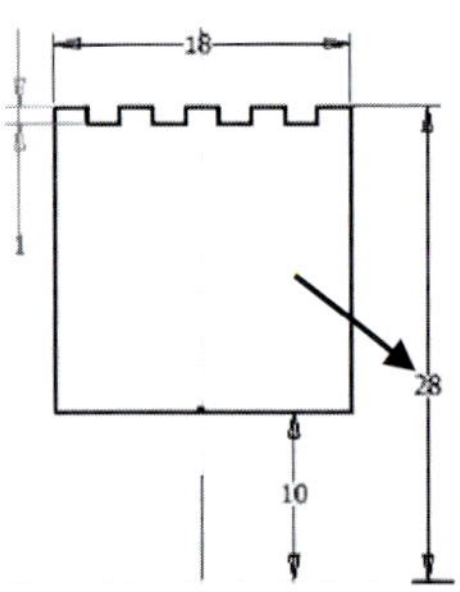

Abb. 55 Wert wurde geändert

Die neue Datei wurde gesichert, und es kann mit der Änderung des Außendurchmessers begonnen werden. Unterhalb der ***Umdrehung1*** (Modellbaum) befindet sich die ***Skizze1***, welche durch einen Doppelklick geöffnet werden muss. Das Höhenmaß des Außendurchmessers soll von ***14 mm*** auf ***28 mm*** geändert werden. Die Skizze kann anschließend beendet werden. Zurück im Modellbereich, wird sich die neue Kontur automatisch berechnen, und das Bauteil kann ***gespeichert*** und ***geschlossen*** werden.

4.4 Bauteil Zündkerze

4.4.1 Grundlagen zum Bauteil

Abb. 56 Die Zündkerze

Die Zündkerze hat die Aufgabe, das im Zylinderraum befindliche Kraftstoff-Luftgemisch zu zünden. Der hierfür nötige Zündfunken wird durch eine Zündspannung zwischen zwei Elektroden erzeugt. Eine Zündkerze besteht aus mehreren Komponenten (Gehäuse, Isolator, Anschlussbolzen, Glasschmelze, Dichtring, Mittelelektrode, Massenelektrode und weiteren). In unserem Übungsbeispiel soll die Zündkerze vereinfacht dargestellt werden.

4.4.2 Erzeugen eines Sechskanten

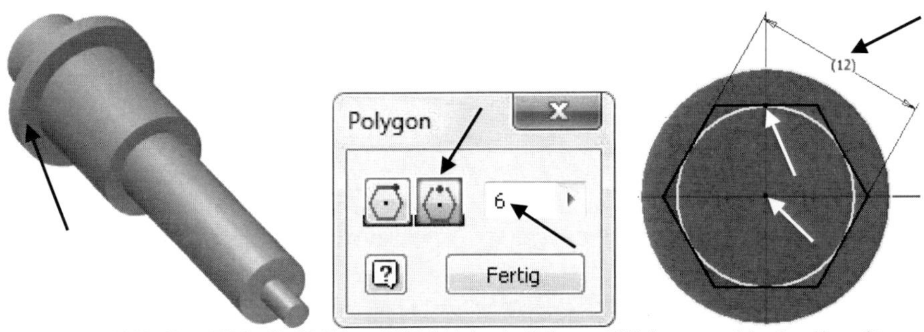

Abb. 57 (L) Markierte Fläche für 2D-Skizze; (M) Befehlsfenster Polygon; (R) Polygon gezeichnet und bemaßt

Öffnen Sie im Downloadordner die Datei ***Uebung-Zuendkerze.ipt***. Hier wurde das Grundelement der Kerze bereits erzeugt. Im ersten Schritt soll auf der in Abb. 57 L markierten Fläche eine neue ***2D-Skizze*** erstellt und die drei Achsen (X, Y, Z) ***projiziert*** werden (Modellbaum > Ordner ***Ursprung***).

Wechseln Sie am ***ViewCube*** zur Ansicht ***HINTEN*** und verwenden Sie die Taste ***F7***, um die Skizze zu schneiden. Zeichnen Sie ein ***Polygon*** (***6*** Seiten, Option ***Umschrieben***) im Mittelpunkt des Koordinatenursprungs (Abb. 57 M). Eine Bemaßung des Polygons ist während des Zeichnens nicht möglich und muss anschließend durchgeführt werden. Die Seiten sollen ***12 mm*** voneinander entfernt sein (Abb. 57 R).

HINWEIS: Mit der Taste ***F7*** können Sie eine Skizze freilegen. Wenn Sie innerhalb eines Volumenkörpers zeichnen, können Sie den Sichtbereich bis hin zur Skizze ausblenden. Diese Funktion gibt es nur im 2D-Skizzenbereich.

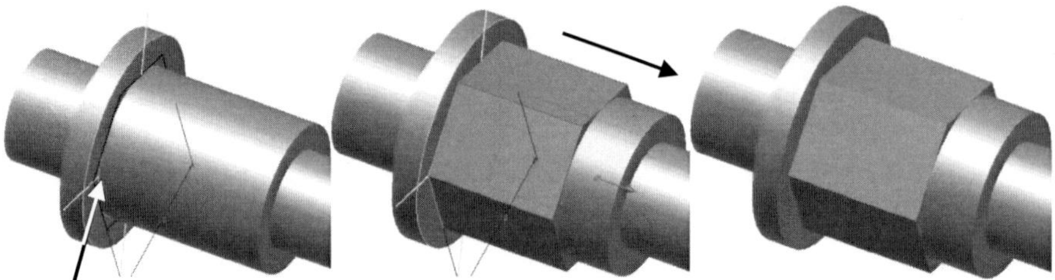

Abb. 58 (L) Auswahl des Profils; (M) Richtung der Extrusion; (R) Extrusion durchgeführt

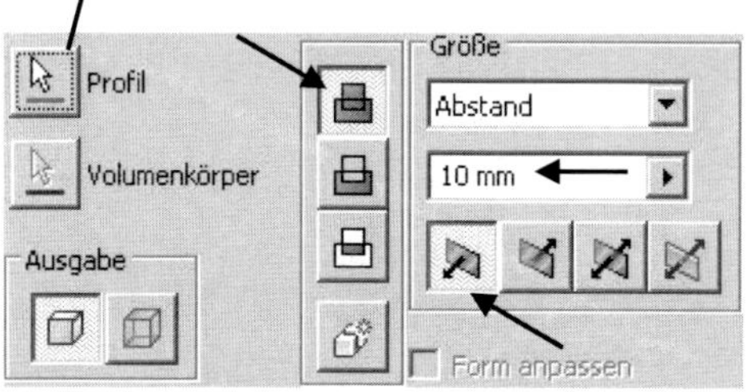

- ***Extrusion***
- Profil: Polygon
- Verfahren: Vereinigung
- Größe: Abstand (10 mm)
- Richtung: Dargestellt
- OK

4.4.3 Abrunden des Isolators

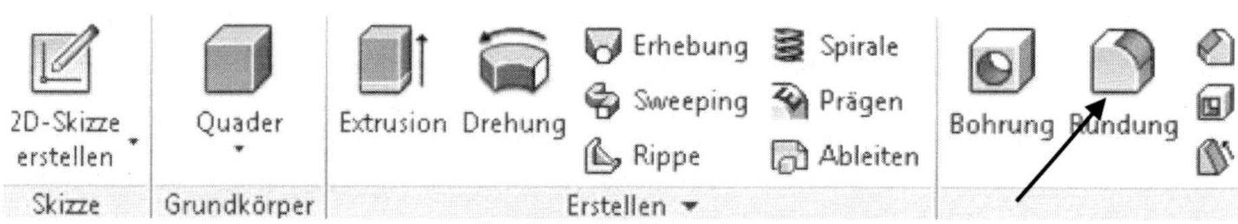

Abb. 59 Der Befehl: Rundung

Der Befehl ***Rundung*** ist sehr komplex. Sie können Kanten konstant abrunden, variable Rundungen erstellen, ganze Ecken abrunden und viele weitere Optionen wählen.

Starten Sie den Befehl (Reiter ***Konstant***) und aktivieren Sie die Option ***Kantenabrundung***. Im Eingabebereich ist in der vorhandenen ersten Zeile der ***Radius 1 mm*** einzutragen und die in Abb. 60 markierte Kante der Zündkerze zu wählen (über den links in der Zeile stehenden ***weißen Pfeil***).

Unterhalb der ersten Zeile ist im Anschluss die Option ***Hinzu: Klicken*** zu aktivieren und in der zweiten Zeile der ***Radius 0,5 mm*** einzugeben. Die dazugehörige Kante ist ebenfalls in Abb. 60 markiert.

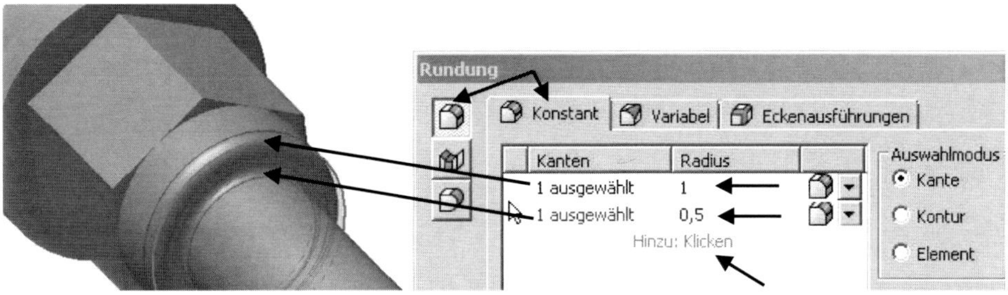

Abb. 60 Abrunden der beiden markierten Kanten

- ➢ ***Rundung***
- ➢ Option: Kantenabrundung
- ➢ Reiter: Konstant
- ➢ Radius: 1 mm (1. Zeile)
- ➢ Kante 1: Markierte Kante, 1. Zeile
- ➢ ***Hinzu: Klicken***
- ➢ Radius: 0,5 mm (2. Zeile)
- ➢ Kante 2: Markierte Kante, 2. Zeile

Der Befehl soll noch geöffnet bleiben, da eine weitere Rundung erforderlich ist. Wählen Sie die Option ***Hinzu: Klicken***, tragen Sie in der dritten Zeile den ***Radius 2 mm*** ein und wählen Sie die in Abb. 61 markierte Kante.

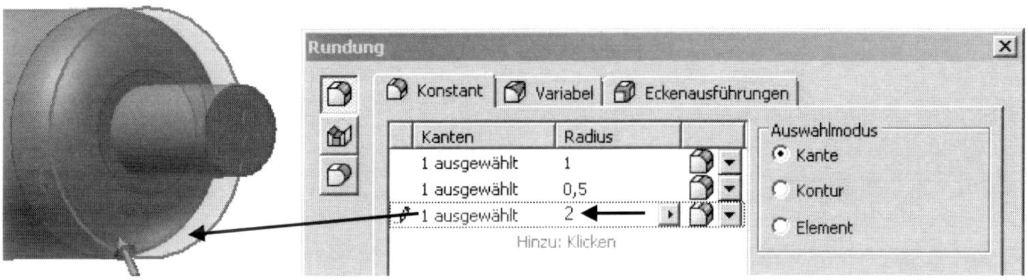

Abb. 61 Hinzufügen einer weiteren Rundung

- ➢ ***Hinzu: Klicken*** wählen
- ➢ Radius: 2 mm (3. Zeile)
- ➢ Kante 3: Markierte Kante, 3. Zeile
- ➢ OK

Der Befehl kann jetzt mit OK ***OK*** bestätigt werden.

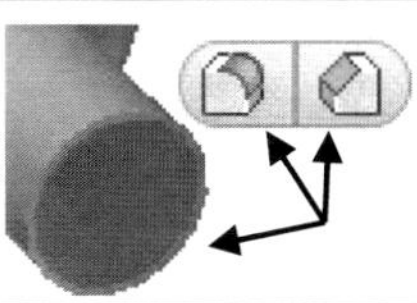

HINWEIS: Der Klick mit der linken Maustaste auf die Kante eines Volumenkörpers öffnet eine Schnellauswahl. Hier werden die beiden Befehle ***Rundung*** und ***Fase*** angeboten, welche direkt gestartet werden können.

4.4.4 Gewinde an vorhandenen Zylinderflächen erzeugen

Abb. 62 Der Befehl: Gewinde

Mit dem Befehl ***Gewinde*** können einfache (zylindrische oder kegelförmige) Volumenkörper mit einem Gewinde versehen werden. Im Register ***Position*** werden Oberfläche und Länge des Gewindes definiert, im Register ***Spezifikation*** die Gewindedaten festgelegt. Bitte beachten Sie, dass das Programm die passende Gewindegröße anhand der gewählten Zylinderfläche selbständig auswählt.

Starten Sie den Befehl und wählen Sie im Reiter ***Position*** als ***Fläche*** die in Abb. 63 markierte Zylinderfläche.

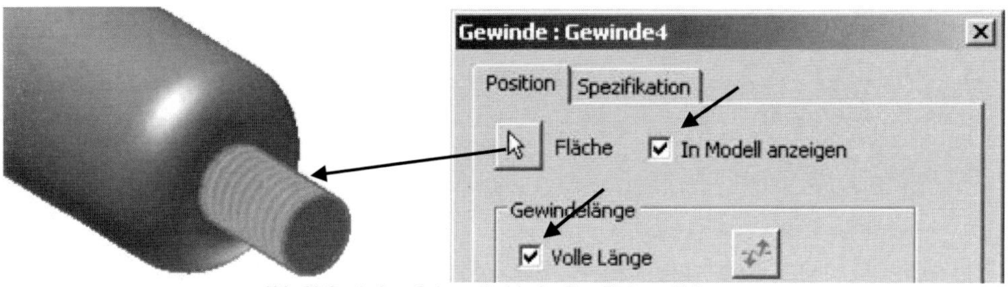

Abb. 63 Gewinde auf eine zylindrische Oberfläche aufbringen

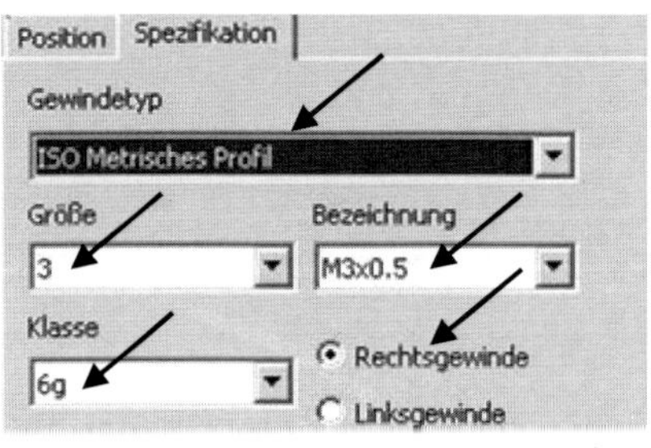

- ***Gewinde***
- Fläche: Markierte Fläche
- Gewindelänge: Volle Länge
- Gewindetyp: ISO Metrisches Profil
- Größe: 3 - Rechtsgewinde
- Bezeichnung: M3 x 0,5
- Klasse: 6g
- OK

Auf dem soeben erzeugten Gewinde soll später der Zündkerzenstecker platziert werden. Es dient lediglich zur besseren Fixierung des Steckers. Auf der entgegengesetzten Seite der Zündkerze wird ein weiteres Gewinde benötigt.

Hiermit soll die Zündkerze in den Motor geschraubt werden.

Abb. 64 Gewinde zum Einschrauben der Zündkerze erzeugen

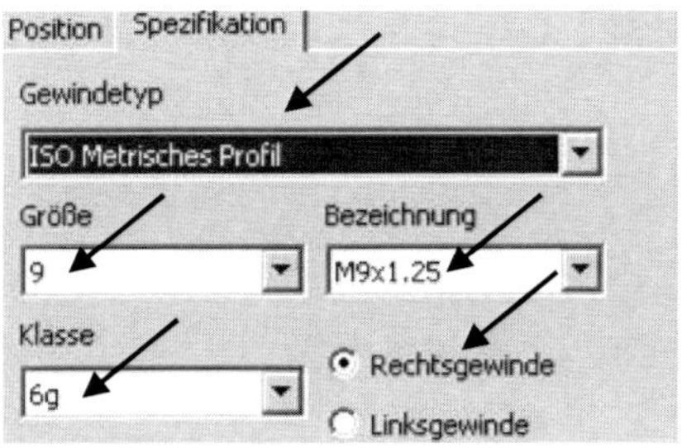

- ***Gewinde***
- Fläche: Markierte Fläche
- Gewindelänge: Volle Länge
- Gewindetyp: ISO Metrisches Profil
- Größe: 9 - Rechtsgewinde
- Bezeichnung: M9 x 1,25
- Klasse: 6g
- OK

4.4.5 Erzeugen einer Fase

Abb. 65 Der Befehl: Fasen

Mit dem Befehl ***Fase*** können Kanten gefast werden. Zur besseren Montage der Zündkerze in den Zylinderblock soll diese im Einschraub-Bereich mit einer Fase versehen werden.

Verwenden Sie die Option ***Abstand*** und einen Wert von ***1 mm***.

HINWEIS: Nachdem der Befehl ***Fase*** gestartet wurde, finden Sie an der zu bearbeitenden Kante einen kleinen ***Pfeil***. Sie haben die Möglichkeit, an diesem Pfeil zu ziehen und dadurch den Fasenwert zu ändern. Diese Option der manuellen Bearbeitung finden Sie auch bei anderen 3D-Befehlen.

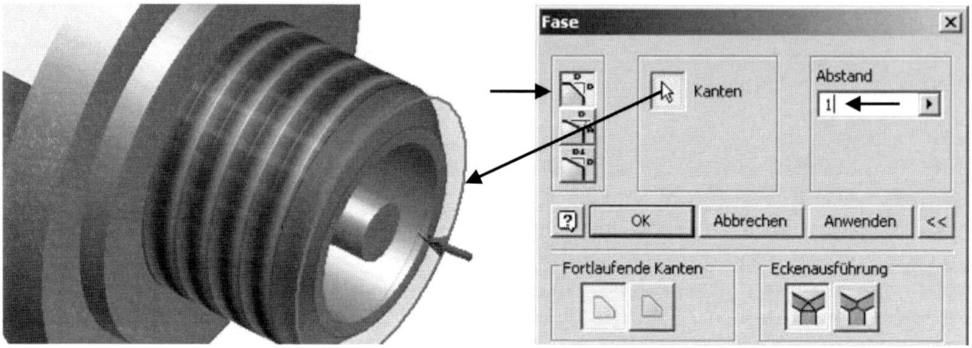

Abb. 66 Erzeugen einer Fase am Gewindeanfang

- ***Fase***
- Kante: Markierte Kante
- Option: Abstand
- Abstand: 1 mm
- OK

Speichern Sie die Datei als ***Zündkerze.ipt*** im Projektordner (nicht in den darin enthaltenen Ordner ***Download***!) und ***schließen*** die Datei anschließend.

4.5 Bauteil Kolben

4.5.1 Grundlagen zum Bauteil

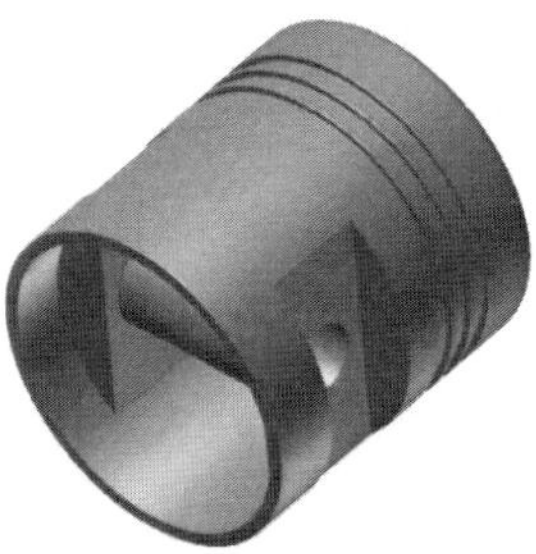

Abb. 67 Der Kolben

Ein Kolben dient zur linear beweglichen Abdichtung des Verbrennungsraumes und zur Aufnahme des bei der Verbrennung im Zylinderraum entstehenden Gasdruckes, welcher über die Pleuelstange an die Kurbelwelle weitergegeben werden soll. Ein Kolben unterliegt starken thermischen und mechanischen Beanspruchungen. Die aufgenommene Wärme soll möglichst schnell an den Zylinder und das von unten gegen den Kolben strömende Öl abgegeben werden.

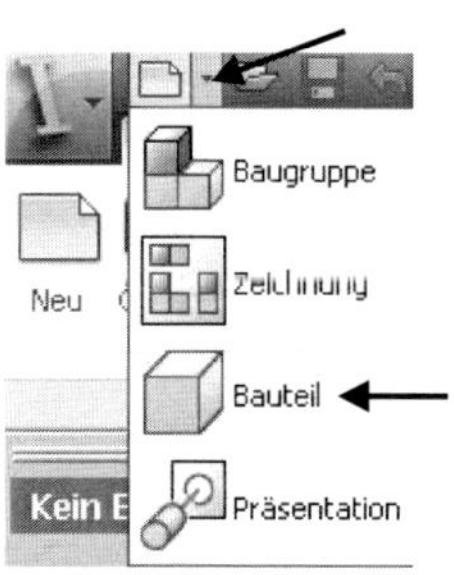

Abb. 68 Neues Bauteil

Im ersten Schritt benötigen Sie ein neues Bauteil. Das Programm ermöglicht uns, die vier Basiskomponenten (Baugruppe, Zeichnung, Bauteil, Präsentation) in dem von uns gewählten metrischen Bereich durch eine Schnellstart-Funktion zu erzeugen. Im oberen Bereich der Programmleiste finden Sie direkt neben dem Befehl ***Neu*** ein kleines ***Dreieck***. Sobald Sie dieses anwählen, erscheint ein Auswahlfenster (Abb.68). Wählen Sie dort die Option ***Bauteil***.

4.5.2 Volumenkörper durch Drehung erzeugen

Erzeugen Sie auf der ***XY-Ebene*** eine neue ***2D-Skizze*** und ***projizieren*** Sie die drei Achsen (X, Y, Z). Anschließend soll die in Abb. 69, 70 dargestellte Kontur gezeichnet und bemaßt werden. Achten Sie darauf, die Kontur an X- und Y-Achse auszurichten.

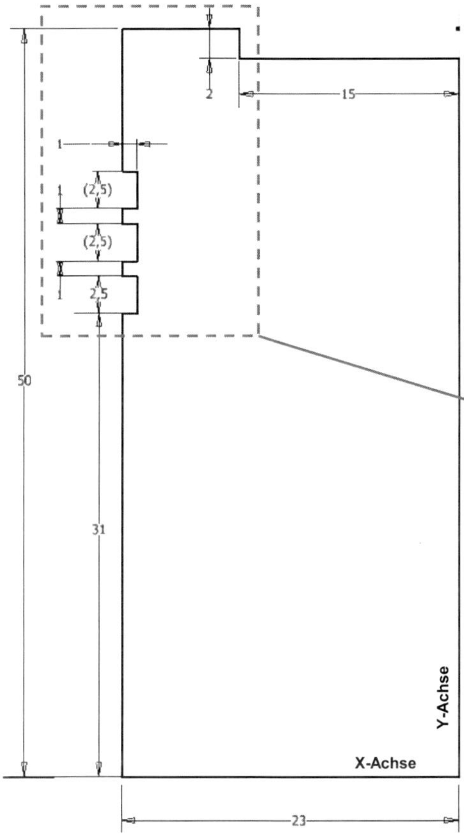

Abb. 69 Basisskizze des Kolbens (Gesamtansicht)

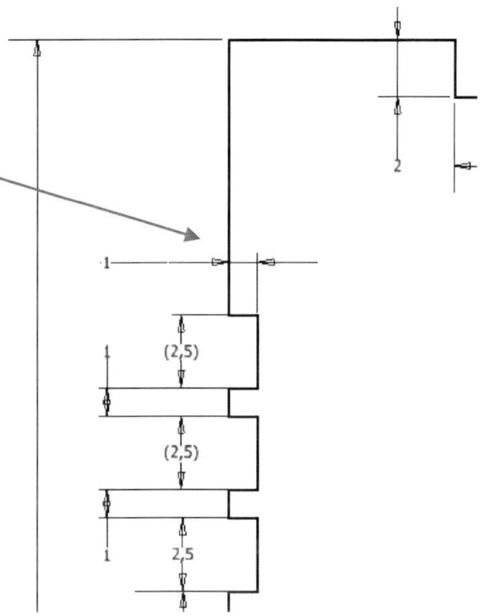

Abb. 70 Basisskizze (Auszug oben links)

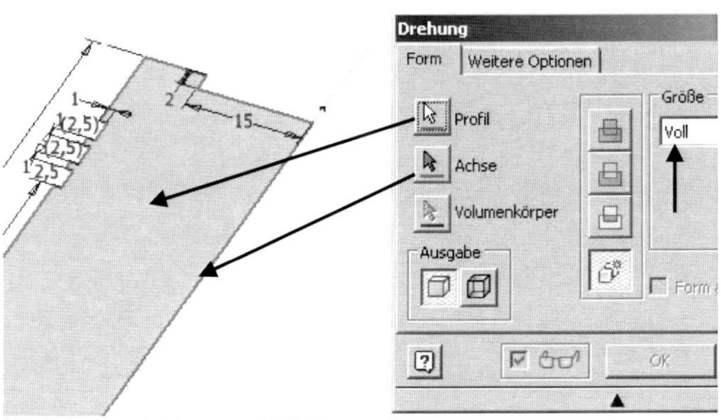

Abb. 71 Drehen der Kontur um die Y-Achse

Die Skizze kann anschließend ***beendet*** werden. Zurück im Register ***3D-Modellierung***, soll die soeben erzeugte Kontur mittels Befehl ***Drehung*** in einen Volumenkörper konvertiert werden. Als Drehachse soll die ***Y-Achse*** verwendet werden (Abb. 71).

4.5.3 Aussparungen für den Kolbenbolzen einfügen

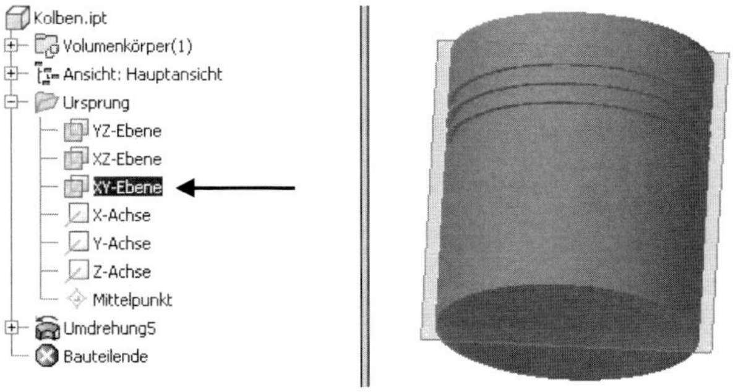

Abb. 72 Erzeugen einer neuen 2D-Skizze auf der XY-Ebene

Der Kolben soll an zwei Seiten mit Aussparungen versehen werden. Erzeugen Sie auf der ***XY-Ebene*** (Modellbaum, Ordner ***Ursprung***) eine neue ***2D-Skizze*** und ***projizieren*** Sie die drei Achsen (X, Y, Z). Mit der Taste ***F7*** ist die Skizze aufzuschneiden (Abb. 73).

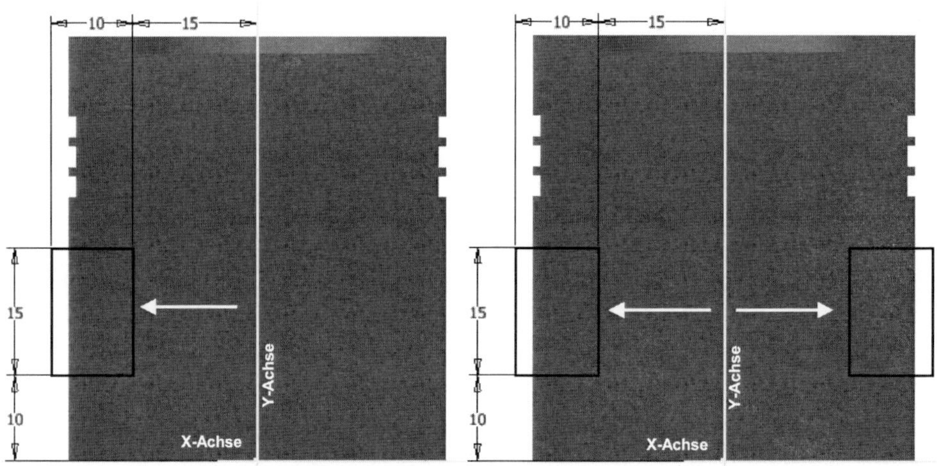

Abb. 73 (L) Zeichnen des ersten Rechtecks; (R) Spiegeln des Rechtecks an der Y-Achse

Der ***ViewCube*** sollte jetzt in der Ansicht ***VORNE*** aktiviert werden. Links neben der ***Y-Achse*** dann das in Abb. 73 dargestellte ***Rechteck*** (***10 x 15 mm***, Abstand zur ***X-Achse 10 mm***, Abstand zur Y-Achse ***15 mm***) zeichnen.

Verwenden Sie den Befehl ***Spiegeln***, um das Rechteck an der ***Y-Achse*** einmal zu spiegeln. Bei der Option ***Auswählen*** ziehen Sie bei gedrückter linker Maustaste ein Fenster über das linke Rechteck. Als ***Spiegelachse*** ist die ***Y-Achse*** zu wählen.

HINWEIS: Bevor Sie die Taste ***Fertig*** drücken/anklicken, muss unbedingt zuerst ***Anwenden*** gewählt werden, da der Spiegelbefehl ansonsten nicht ausgeführt wird!

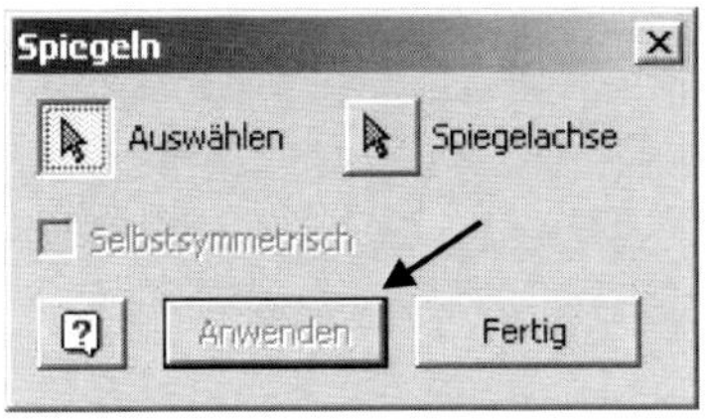

- ***Spiegeln***
- Auswählen: Rechteck (Fenster aufziehen)
- Spiegelachse: Y-Achse
- Anwenden
- Fertig

Verlassen Sie anschließend die Skizze und starten Sie den Befehl ***Extrusion***. Die beiden Rechtecke sind vom vorhandenen Volumenkörper zu subtrahieren (Differenz).

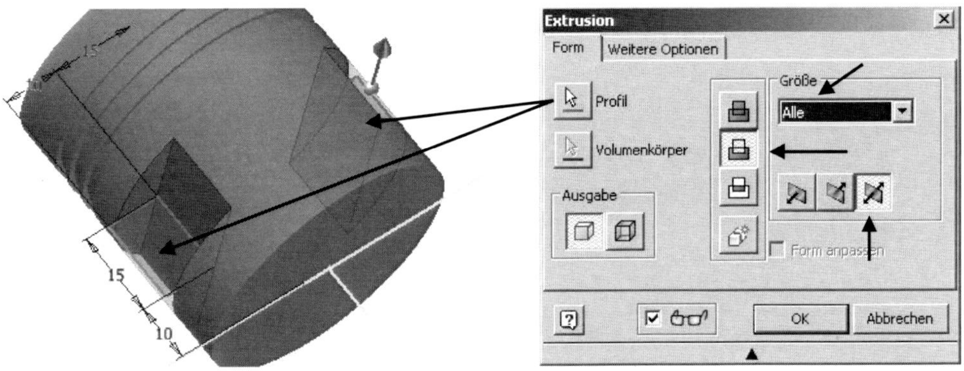

Abb. 74 Entfernen der beiden Rechtecke durch Extrusion (Differenz)

- ***Extrusion***
- Profil: Beide Rechtecke
- Verfahren: Differenz
- Größe: Alle
- Richtung: Symmetrisch
- OK

4.5.4 Einen Zylinder als Grundkörper erstellen

Abb. 75 Der Befehl: Zylinder

Seit der Programmversion 2013 stellt ***Inventor®*** im Register ***3D-Modelierung*** die Befehlsgruppe ***Grundkörper*** zur Verfügung. Hiermit können einfache geometrische Elemente (Quader, Zylinder, Kugel, Torus) mit wenigen Handgriffen erstellt werden, ohne vorher eine neue 2D-Skizze erstellen zu müssen. Starten Sie den Befehl ***Zylinder*** und wählen Sie die ***YZ-Ebene*** (Modellbaum) als Startebene.

Die Befehle in der Befehlsgruppe ***Grundkörper*** erscheinen stark vereinfacht. Das Zeichnen einer 2D-Kontur ist nicht mehr erforderlich, das Programm erwartet lediglich die Vorgabe einiger weniger Rahmenbedingungen. Im ersten Schritt wird generell die Angabe einer Startebene erwartet. Hier kann eine Ebene oder eine (planare) Fläche verwendet werden. Alle folgenden Eingaben unterscheiden sich je nach Aufbau des Grundkörpers.

Für den Zylinder muss im folgenden Schritt ein Kreismittelpunkt definiert werden. Dieser kann frei mit der linken Maustaste abgelegt oder mittels Tastatureingabe (X- und Y- Koordinaten) definiert werden. Mit der Taste ***TAB*** gelangen Sie in die beiden Eingabebereiche (X, Y), mit ***ENTER*** bestätigen Sie dies. Folgen Sie der Befehlskette und geben Sie dem Programm die Koordinaten für Kreismittelpunkt und Durchmesser vor.

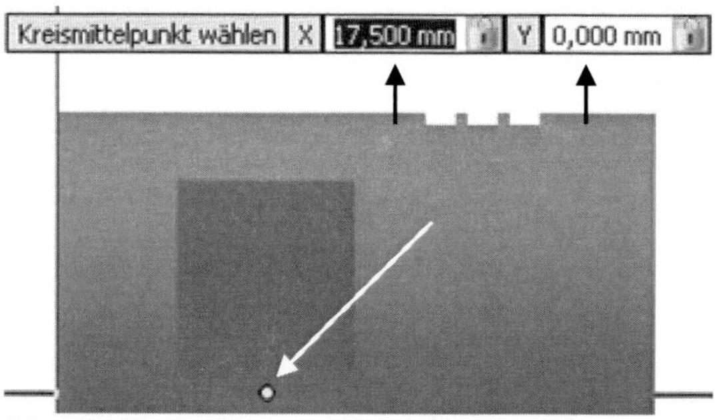

Abb. 76 Position des Zylinders mittels Tastatureingabe definieren

- ***Zylinder***
- YZ-Ebene (Modellbaum) wählen
- ***TAB***
- [17,5]
- ***TAB***
- [0]
- ***ENTER***
- [10]
- ***ENTER***

Nach der letzten Eingabe wechselt das Programm automatisch in den ***3D-Bereich***. Mit der folgenden Extrusion soll Material in Form eines Zylinders aus dem vorhandenen Volumenkörper entfernt werden (Differenz).

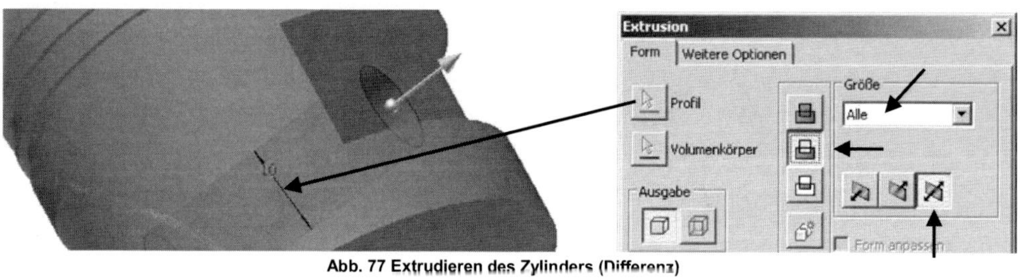

Abb. 77 Extrudieren des Zylinders (Differenz)

- Profil: Voreingestellt
- Verfahren: Differenz
- Größe: Alle
- Richtung: Symmetrisch
- OK

4.5.5 Abrunden des oberen Kolbenbereiches

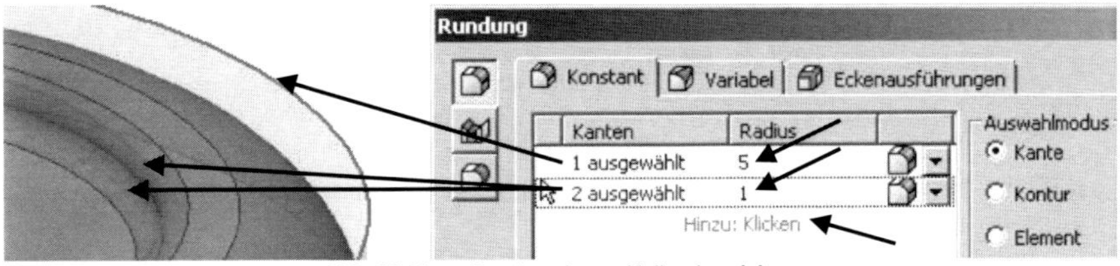

Abb. 78 Abrunden des oberen Kolbenbereiches

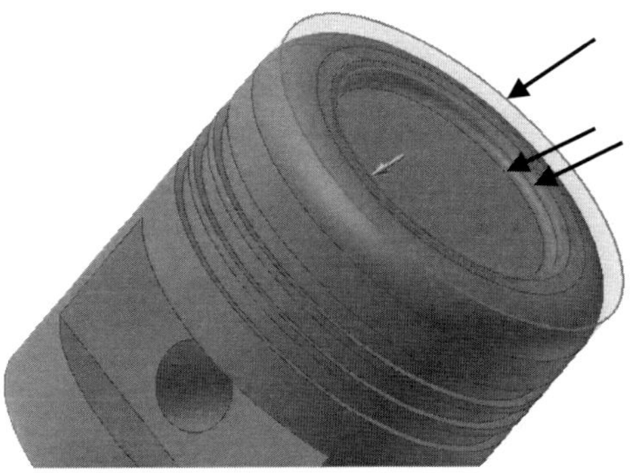

Abb. 79 Kolben (Gesamtansicht)

Der Kolben soll im oberen Bereich drei Rundungen erhalten. Verwenden Sie alle Einstellungen und Werte aus Abb. 78.

- ***Rundung***
- Erste Zeile: Radius 5 mm
- Erste Zeile: Markierte Kante wählen
- ***Hinzu: Klicken***
- Zweite Zeile: Radius 1 mm
- Zweite Zeile: Markierte Kanten wählen
- OK

Im letzten Arbeitsschritt soll der Kolben als Hohlkörper ausgeführt werden. Hierfür bietet das Programm einen speziellen Befehl.

4.5.6 Hohlkörper durch Wandstärke

Abb. 80 Der Befehl: Wandstärke

Der Befehl ***Wandstärke*** betrachtet die Außenhaut eines vorhandenen Volumenkörpers als vereinfachte Flächenkontur und fügt dieser Material (nach innen oder außen) hinzu. Es gibt die Möglichkeit, Flächen komplett zu entfernen oder verschiedenen Flächen unterschiedliche Materialstärken zu geben.

Dieser Befehl eignet sich daher hervorragend zur Generierung von z. B. Spritzgusselementen. Starten Sie den Befehl, und folgen Sie dann der Befehlskette.

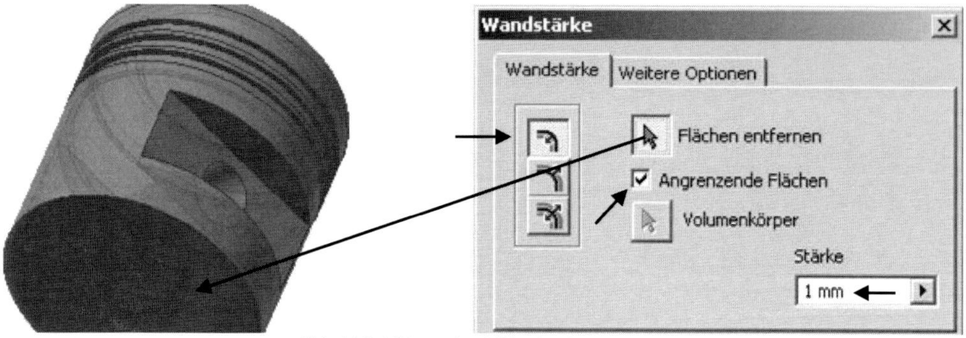

Abb. 81 Hohlkörper durch Wandstärke erzeugen

- ***Wandstärke***
- Flächen entfernen: Markierte Fläche wählen
- Stärke: 1 mm
- Angrenzende Flächen: Aktivieren
- Richtung: Innerhalb
- OK

4.5.7 Arbeitsschritte im Modellbaum verschieben

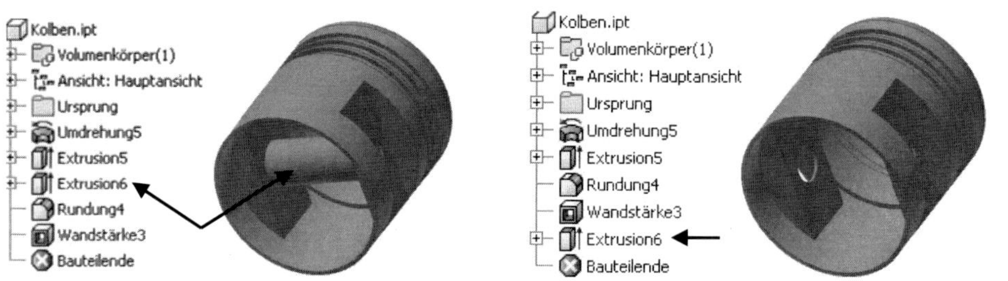

Abb. 82 (L) Ausgangszustand; (R) Extrusion6 wurde unterhalb Wandstärke verschoben

Durch den Befehl ***Wandstärke*** wurde die Bolzenbohrung (Abb. 82 L) ebenfalls mit Material versehen. Das Ergebnis ist ein unerwünschtes Rohr. Um diesen Fehler zu korrigieren, kann ein einfacher Trick angewandt werden.

Schieben Sie im Modellbaum die ***Extrusion6*** bei ***gedrückter linker Maustaste*** zwischen Befehl ***Wandstärke*** und ***Bauteilende*** (Abb. 82 R). Das Programm berechnet die neue Konstruktion und entfernt das überschüssige Material. Beachten Sie, dass nicht alle Konstruktionsschritte miteinander getauscht werden können, da in vielen Fällen Konstruktionsfehler die Folge wären. Das Programm warnt Sie in diesem Fall vorab.

Das Bauteil kann jetzt ***gespeichert*** und ***geschlossen*** werden.

4.6 Bauteil Pleuel

4.6.1 Grundlagen zum Bauteil

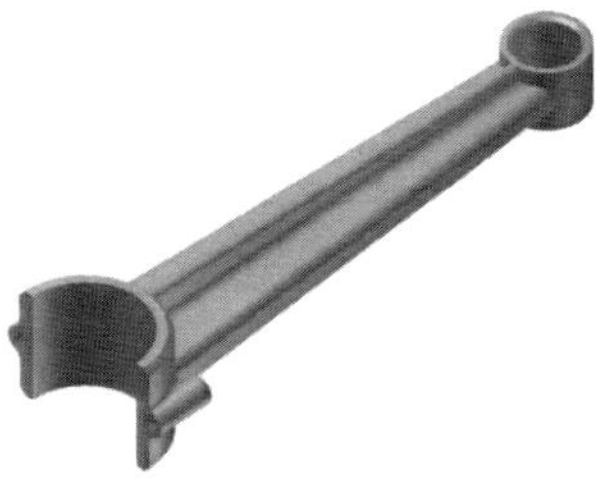

Abb. 83 Pleuel-Oberseite

Ein Pleuel hat die Aufgabe, die Bewegungsenergie des Kolbens auf die Kurbelwelle zu übertragen. Die Linearbewegung des Kolbens wird dabei in eine Drehbewegung der Kurbelwelle umgewandelt. Zur besseren Montage bestehen Pleuel oft aus einem Ober- und einem Unterteil, welche miteinander verschraubt werden. Pleuel werden oft als Gussteile erzeugt.

4.6.2 Erzeugen des Basiskörpers

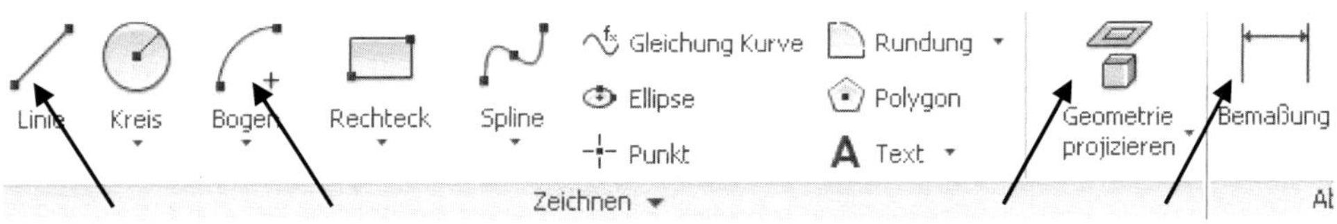

Abb. 84 Verwendete Befehle zum Zeichnen der Basiskontur

Das Pleuel wird aus zwei Teilen bestehen: Das erste Bauteil wird die untere Schale des Pleuels enthalten (Pleuel-Unterseite), das zweite Bauteil wird aus der oberen Schale, dem Schaft und der Führung des Kolbenbolzens bestehen (Pleuel-Oberseite).

Erstellen Sie ein neues ***Bauteil*** und speichern dieses als ***Pleuel-Unterseite.ipt*** im Projektordner ab. Eine neue ***2D-Skizze*** soll auf der ***XY-Ebene*** erzeugt werden. ***Projizieren*** Sie anschließend alle drei Achsen und zeichnen Sie die folgende Kontur. Verwenden Sie die Zeichenbefehle ***Linie***, ***Bogen durch Mittelpunkt*** und ***Bemaßung***.

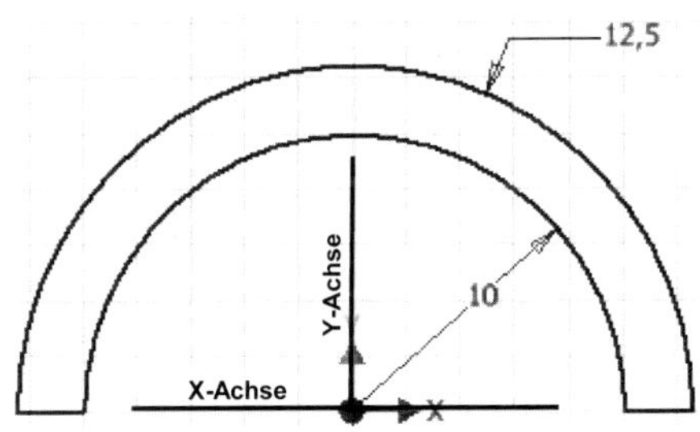

Abb. 85 Basisskizze: Pleuel-Unterseite

- ***2D-Skizze*** (auf XY-Ebene)
- ***Geometrie projizieren*** (3 Achsen)
- Dargestellte Kontur zeichnen
- ***Maße*** setzen
- Skizze prüfen (Maße, geschlossene Kontur)
- ***Skizze fertig stellen***

Zurück im 3D-Bereich, soll die neue Kontur durch den Befehl ***Extrusion*** in einen Volumenkörper konvertiert werden. Die Extrusion soll symmetrisch und in einer ***Höhe*** von ***18 mm*** erfolgen.

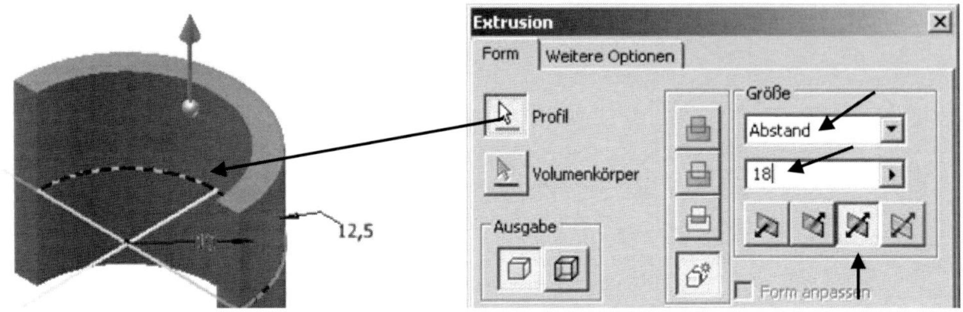

Abb. 86 Extrudieren des Basiskörpers (Vereinigung)

- ***Extrusion***
- Profil: Fläche
- Verfahren: Vereinigung
- Größe: Abstand (18 mm)
- Richtung: Symmetrisch
- OK

4.6.3 Befestigungslaschen für Schraubverbindung

Im nächsten Schritt sollen dem vorhandenen Volumenkörper zwei Befestigungslaschen hinzugefügt werden. Dahinein werden die Gewindebohrungen eingebracht.

Erzeugen Sie auf der in den Abb. 87 L markierten Fläche eine neue ***2D-Skizze***, ***projizieren*** Sie die drei Achsen und zeichnen Sie zwei ***Kreise***, wie in Abb. 87 R dargestellt.

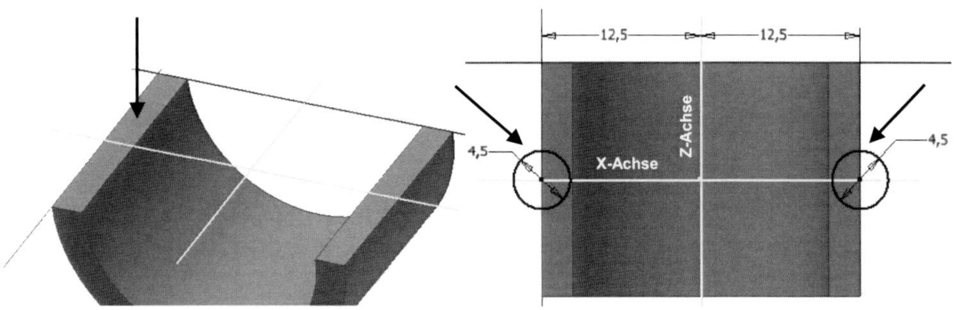

Abb. 87 (L) Auf markierter Fläche eine neue 2D-Skizze erzeugen; (R) zwei Kreise zeichnen

- ***2D-Skizze*** (auf markierter Fläche)
- ***Geometrie projizieren*** (3 Achsen)
- 2 ***Kreise*** zeichnen (D= 4,5 mm)
- ***Maße*** setzen
- ***Abhängigkeit*** setzen
- ***Skizze fertig stellen***

HINWEIS: Verwenden Sie die Abhängigkeit ***Koinzident***, um die Mittelpunkte der Kreise auf der ***X-Achse*** zu platzieren.

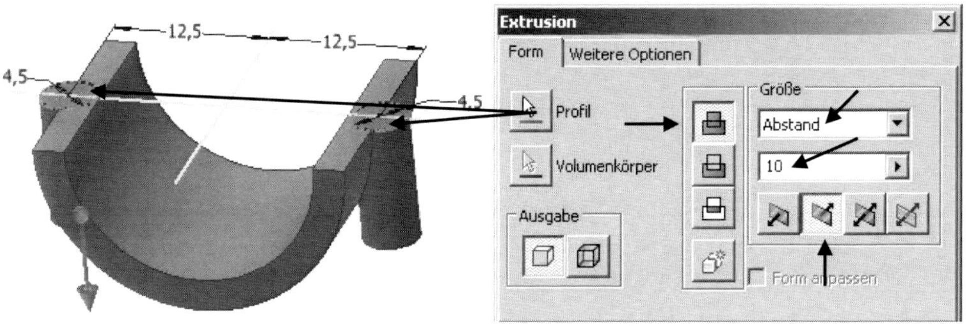

Abb. 88 Extrudieren der beiden Kreise (Vereinigung)

- ***Extrusion***
- Profil: Beide Kreise
- Verfahren: Vereinigung
- Größe: Abstand (10 mm)
- Richtung: Dargestellt
- OK

4.6.4 Bohren der ersten Lasche

Abb. 89 Der Befehl: Bohrung

Bohrungen können nach verschiedenen Platzierungstypen, in unterschiedlichen Ausführungen und mit einem zusätzlichen Gewinde versehen werden. Erstellen Sie in einer der beiden Laschen eine konzentrische Bohrung, wie in Abb. 90 dargestellt.

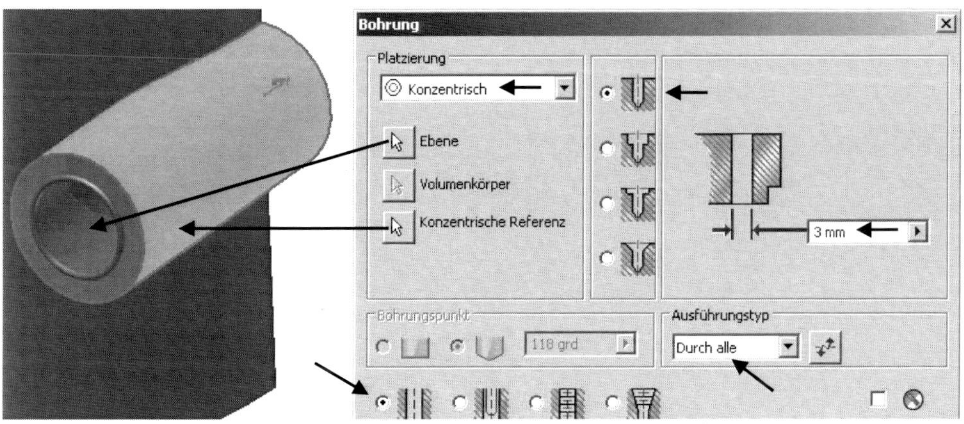

Abb. 90 Bohren der ersten Befestigungslasche (konzentrisch)

- ***Bohrung***
- Platzierung: Konzentrisch
- Ebene: Markierte Fläche (eine der beiden Laschen)
- Konzentrische Referenz: Markierte Zylinderfläche
- Typ: Bohren
- Durchmesser: 3 mm
- Ausführungstyp: Durch alle
- Gewinde: Nein (einfache Bohrung)
- OK

Die zweite Lasche kann anschließend mit identischen Werten gebohrt werden.

4.6.5 Fasen und Rundungen hinzufügen

Die untere Schale des Pleuels soll abschließend mit den Befehlen ***Fase*** und ***Rundung*** bearbeitet werden.

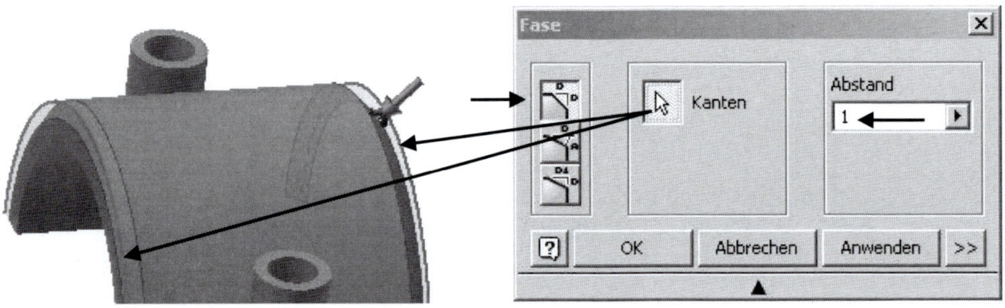

Abb. 91 Fasen an zwei Kanten erzeugen

- ***Fase***
- Kante: 2 markierte Kanten
- Option: Abstand
- Abstand: 1 mm
- OK

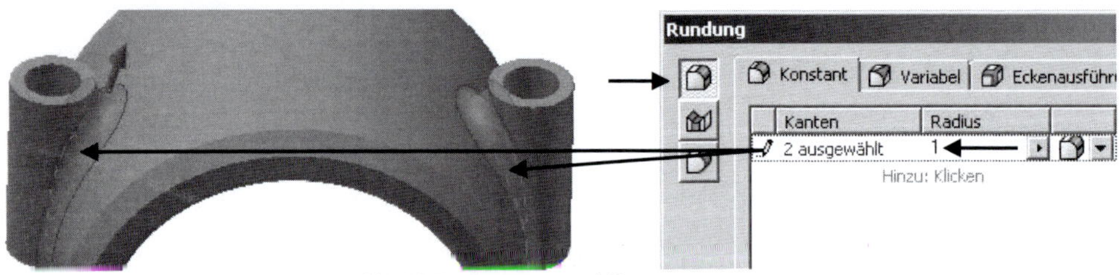

Abb. 92 Rundungen an zwei Kanten erzeugen

- ***Rundung***
- Typ: Kantenabrundung
- Option: Konstant
- Kanten: 2 markierte Kanten
- Radius: 1 mm
- OK

4.6.6 Speichern der Pleuel-Oberseite

Speichern Sie die letzten Änderungen am Bauteil ***Pleuel-Unterseite.ipt*** noch einmal. Verwenden Sie anschließend den Befehl ***Speichern unter*** (Hauptmenü), um die aktuelle Datei als Bauteil ***Pleuel-Oberseite.ipt*** zu speichern.

4.6.7 Bohrung mit Gewinde versehen

Abb. 93 Der Befehl: Gewinde

Der Befehl ***Gewinde*** ermöglicht das nachträgliche Einbringen eines Gewindes in eine bereits vorhandene Bohrung oder auf eine bereits vorhandene zylindrische/ konische Oberfläche. Das Programm passt die Gewindegröße dabei selbst an die Oberfläche an.

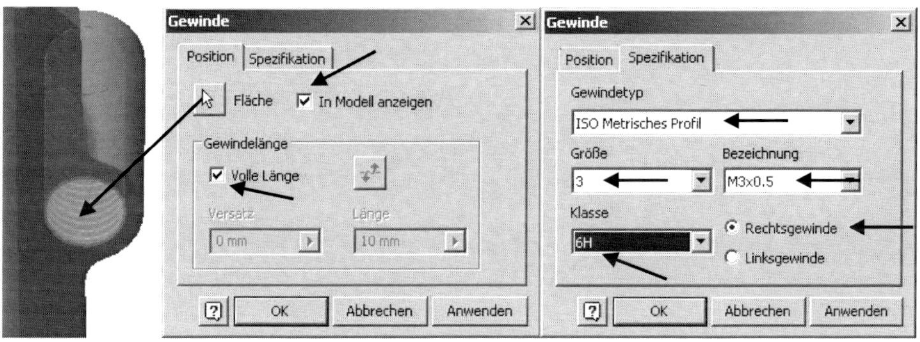

Abb. 94 Bohrung der Befestigungslasche mit Gewinde versehen

- ***Gewinde***
- Fläche: Markierte Bohrung
- Gewindelänge: Volle Länge
- Gewindetyp: ISO Metrisches Profil
- Größe: 3 - Rechtsgewinde
- Bezeichnung: M3 x 0,5
- Klasse: 6H
- OK

Wiederholen Sie dieses Vorgehen bei der zweiten Bohrung.

> ***HINWEIS***: Der Befehl ***Gewinde*** ermöglicht je Arbeitsschritt nur die Auswahl eines Gewindes. Ein Setzen mehrerer Gewinde (gleichzeitig) ist nicht möglich.

4.6.8 Versatz von Ebene

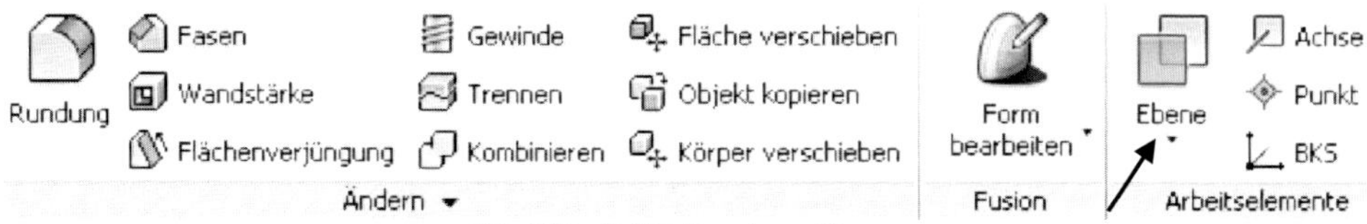

Abb. 95 Der Befehl: Versatz von Ebene

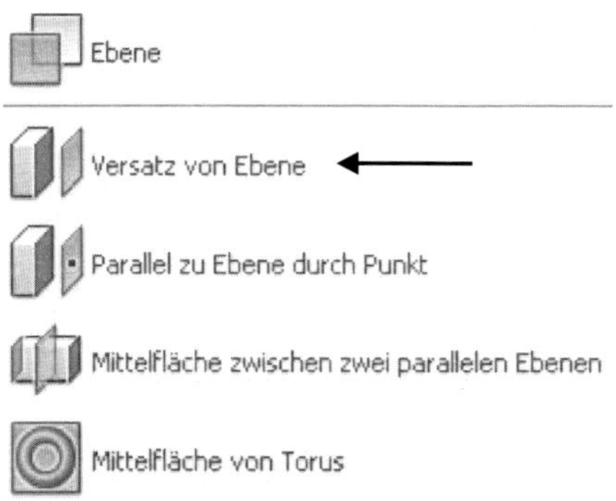

Abb. 96 Auszug einiger Befehle (Ebenen)

Für den nächsten Arbeitsschritt ist es erforderlich, vorab ein weiteres Konstruktionselement zu erzeugen. Das Programm stellt mit der Befehlsgruppe ***Arbeitselemente*** viele nützliche Befehle zur Verfügung, um Hilfsebenen, -achsen und -punkte zu erstellen.

In der folgenden Übung verwenden Sie den Befehl ***Versatz von Ebene***. Parallel zu einer Fläche des Volumenkörpers soll damit in einem definierten Abstand eine neue Ebene erzeugt werden.

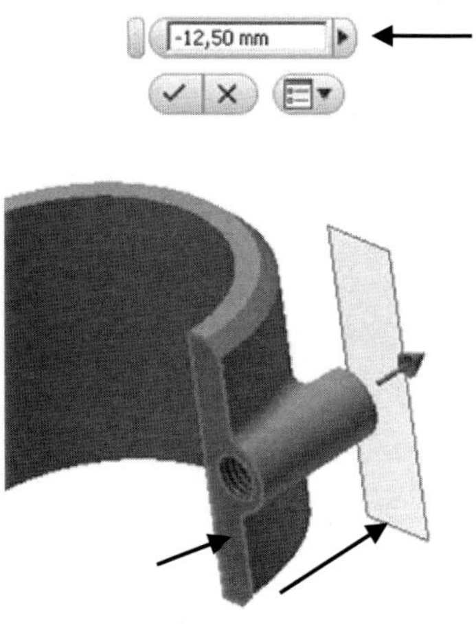

Abb. 97 Erzeugen einer Ebene mit Versatz

Starten Sie den Befehl, klicken mit der linken Maustaste auf die in Abb. 97 markierte Fläche des Volumenkörpers und ziehen Sie die neue Ebene bei gedrückter linker Maustaste in die dargestellte Richtung.

Klicken Sie dann in den Eingabebereich des Wertes für den Abstand und geben Sie den Betrag ***-12,5 mm*** ein.

Der Wert kann anschließend ***bestätigt*** werden. Die neue Ebene erscheint im Modellbaum und kann jetzt verwendet werden.

HINWEIS: Per Doppelklick auf die neu erzeugte Ebene im Modellbaum öffnet sich ein Eingabefenster, in welchem Sie den eingestellten ***Versatz*** jederzeit ***ändern*** können.

4.6.9 Unterer Pleuelschaftbereich

Erzeugen Sie auf der neuen Ebene eine **2D-Skizze**. Am **ViewCube** ist die Ansicht ***HINTEN*** zu aktivieren, darauf folgend sollen die drei Achsen ***projiziert*** (Ordner ***Ursprung***) und das in Abb. 98 dargestellte ***Rechteck*** gezeichnet werden. Das Rechteck ist symmetrisch über X- und Z-Achse anzuordnen. Verwenden Sie die Abhängigkeit ***Symmetrisch***.

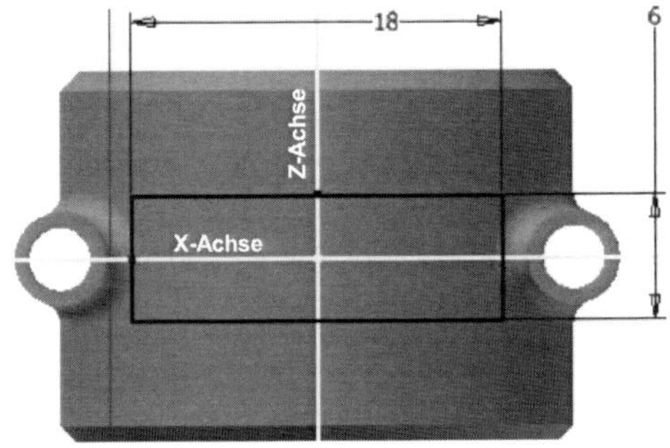

Abb. 98 Rechteck zeichnen

- Neue Ebene markieren
- Option: ***2D-Skizze erstellen*** wählen
- ViewCube-Ansicht: ***HINTEN***

- ***Geometrie projizieren*** (3 Achsen)
- ***Rechteck*** 18 x 6 mm zeichnen
- ***Maße*** setzen
- ***Abhängigkeiten*** setzen
- ***Skizze fertig stellen***

Zurück im Register ***3D-Modellierung***, soll das soeben erzeugte Rechteck ***extrudiert*** werden. Um einen sauberen Abschluss mit dem bereits vorhandenen Volumenkörper zu erhalten, verwenden Sie als ***Größe*** die Option ***Zur Nächsten***. Als ***Endezeichen*** soll die in Abb. 99 markierte Oberfläche gewählt werden.

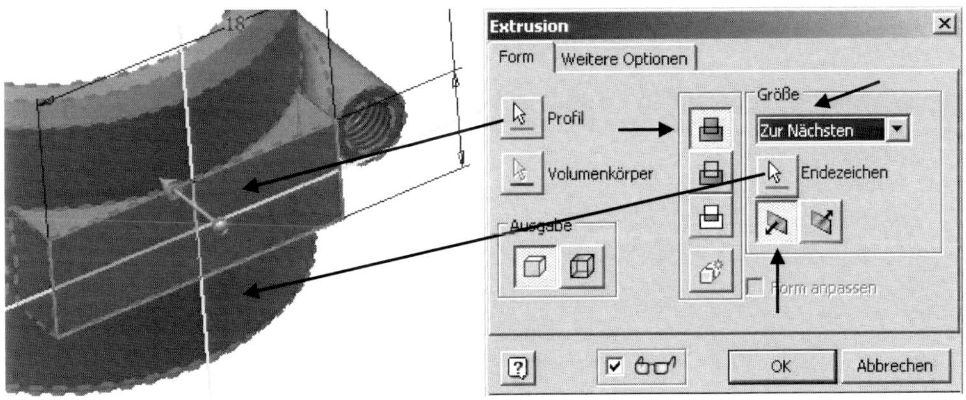

Abb. 99 Extrudieren des Rechteckes bis an den vorhandenen Volumenkörper (Vereinigung)

- ***Extrusion***
- Profil: Rechteck
- Verfahren: Vereinigung
- Größe: Zur Nächsten
- Endezeichen: Markierte Fläche
- OK

4.6.10 Oberer Pleuelschaftbereich

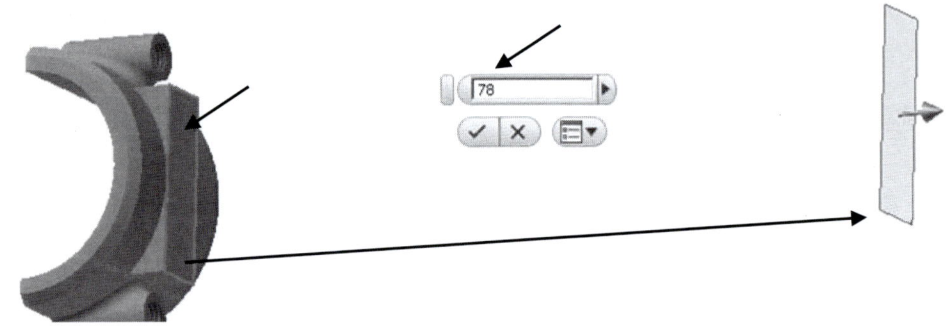

Abb. 100 Erzeugen einen neuen Ebene

Für den nächsten Arbeitsschritt wird eine weitere Ebene benötigt. Verwenden Sie auch hier den Befehl ***Versatz von Ebene***. Als Startfläche wird die in Abb. 100 markierte Oberfläche dienen. Der Abstand zu dieser Fläche soll ***78 mm*** betragen.

Auf der neu entstandenen Ebene, soll eine ***2D-Skizze*** erzeugt werden. Wechseln Sie zur Ansicht ***HINTEN*** (ViewCube), ***projizieren*** Sie die drei Achsen und zeichnen Sie ein ***Rechteck*** mit ***10 x 5 mm***, ***symmetrisch*** zu den ***Achsen X*** und ***Z***.

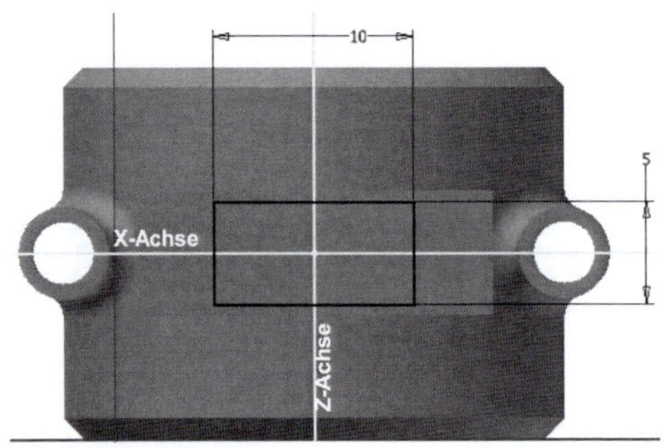

Abb. 101 Rechteck zeichnen

- Neue Ebene anklicken
- Option: ***2D-Skizze erstellen***
- ViewCube-Ansicht: ***HINTEN***

- ***Geometrie projizieren*** (3 Achsen)
- ***Rechteck*** (10 x 5 mm) zeichnen
- ***Maße*** setzen
- ***Abhängigkeiten*** setzen
- ***Skizze fertig stellen***

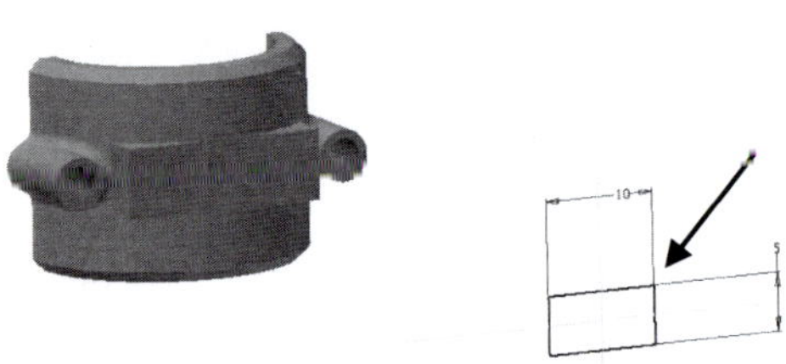

Abb. 102 Neue Skizze (Seitenansicht)

Nachdem die neue Skizze mit dem zweiten Rechteck fertiggestellt wurde, kann der obere Bereich des Pleuelschafts als Volumenkörper erzeugt werden. Aufgrund der unterschiedlichen Abmessungen beider Rechtecke wird ein weiterer Befehl benötigt.

4.6.11 Erstellen einer Erhebung

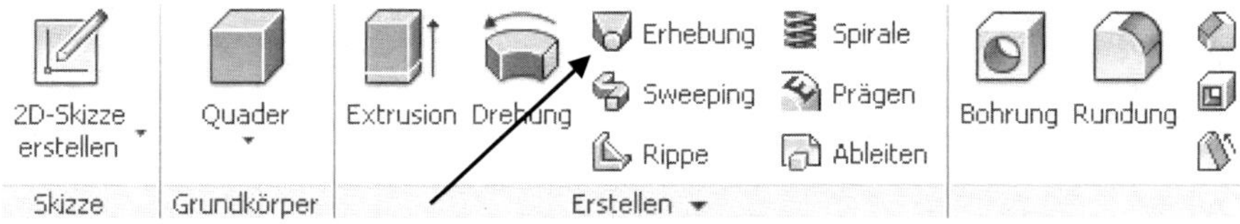

Abb. 103 Der Befehl: Erhebung

Der Befehl ***Erhebung*** ermöglicht das Erzeugen eines Volumenkörpers, als Verbindungselement mehrerer Skizzen (auch unterschiedlicher Konturen) oder zwischen zwei Oberflächen eines Volumenkörpers. Die Verbindung kann entlang eines Pfades geführt werden.

Starten Sie den Befehl und wählen Sie in der ersten Zeile (Fenster ***Schnitte***) die markierte Fläche in Abb. 104, anschließend das in der vorherigen Skizze gezeichnete Rechteck. Das Programm sollte bereits jetzt eine Vorschau der Erhebung darstellen. Weitere Änderungen in den Reitern ***Bedingungen*** und ***Übergang*** sind nicht notwendig.

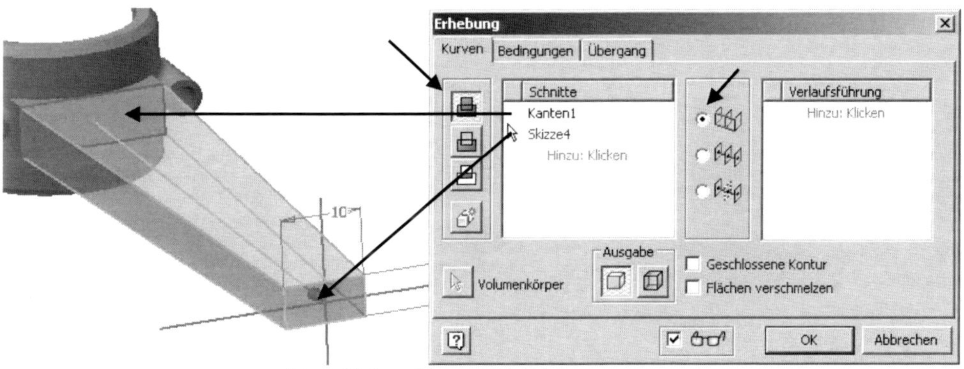

Abb. 104 Volumenkörper mittels Erhebung erzeugen

- ***Erhebung***
- Auswahl 1: Markierte Fläche
- Auswahl 2: Rechteck
- Pfad: Verlaufsführung
- OK

HINWEIS: Der Reiter ***Bedingungen*** ermöglicht eine individuelle Gestaltung des Übergangsbereiches von Erhebungselement und Anschlussfläche (wenn das Objekt an einen vorhandenen Volumenkörper anschließt). Der Reiter ***Übergang*** ermöglicht die manuelle Zuordnung einzelner Verbindungspunkte (hier muss vorab die Option ***Automatische Zuordnung*** deaktiviert werden).

4.6.12 Basiskörper des Pleuelauges

Abb. 105 Startfläche und Kreismittelpunkt des Zylinders festlegen

Die Oberseite des Pleuels soll mit einem weiteren geometrischen Element versehen werden, womit das Pleuel später durch einen Bolzen mit dem Kolben verbunden werden kann.

Starten Sie den Befehl ***Zylinder***. Als Referenzfläche kann im Modellbaum die ***XY-Ebene*** gewählt werden. Der ***Mittelpunkt*** des Kreises soll per Tastatureingabe mit den Werten ***X*** = ***0 mm*** und ***Y*** = ***90 mm*** definiert werden (Abb. 105). Der Durchmesser des Kreises muss ***14 mm*** betragen.

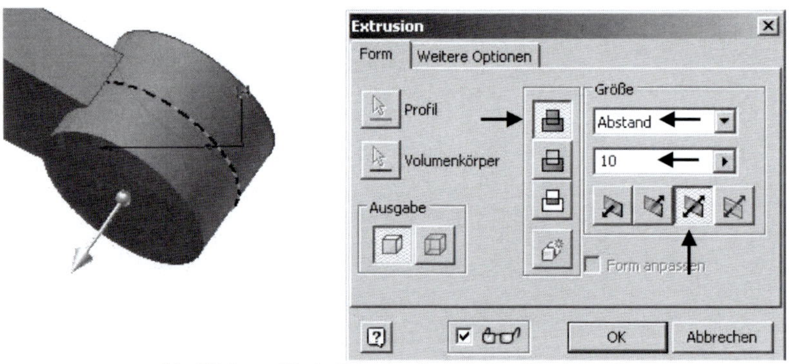

Abb. 106 Symmetrische Extrusion des Zylinders (Vereinigung)

Nachdem Position und Durchmesser des Kreises definiert wurden, wechselt das Programm automatisch zum Befehl ***Extrusion***. Ändern Sie im ersten Schritt die Richtung auf ***Symmetrisch*** und das Verfahren auf ***Vereinigung***. Im Feld ***Größe*** ist die Option ***Abstand*** mit einem Wert von ***10 mm*** einzutragen.

Das Resultat sollte wie in Abb. 106 dargestellt aussehen. Bestätigen Sie den Befehl abschließend mit OK.

4.6.13 Erzeugen einer Rippe

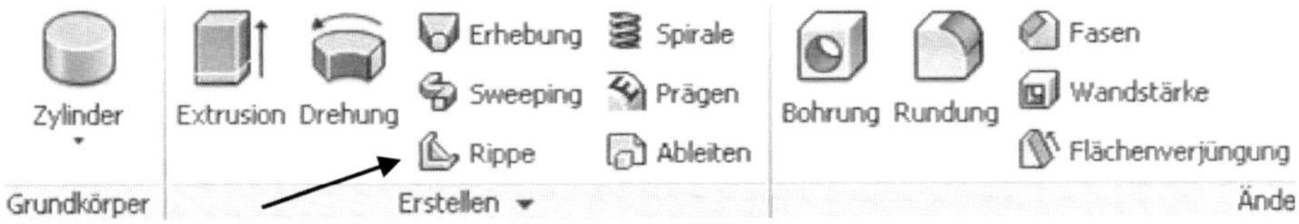

Abb. 107 Der Befehl: Rippe

Der Befehl ***Rippe*** erzeugt einen Steg (geschlossen oder offen) an einem Volumenkörper und benötigt eine 2D-Skizze mit einer offenen Linienkontur. Erzeugen Sie auf der ***YZ-Ebene*** (Ordner ***Ursprung***) im ersten Schritt eine neue ***2D-Skizze***.

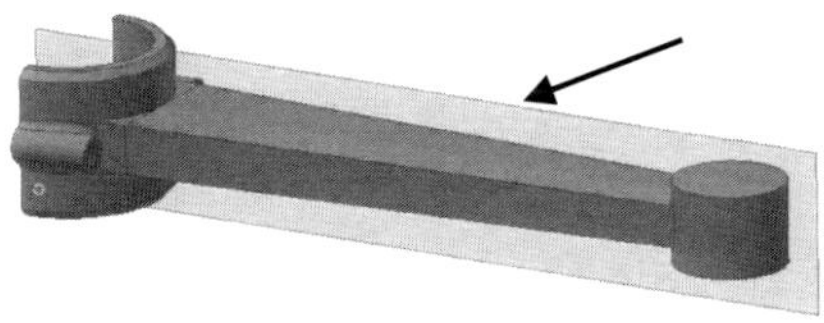
Abb. 108 Erzeugen einer neuen 2D-Skizze (YZ-Ebene)

- ***2D-Skizze***
- Ordner ***Ursprung*** aufklappen
- ***YZ-Ebene*** wählen
- Skizze mit ***F7*** aufschneiden

Wechseln Sie am ***ViewCube*** zur Ansicht ***RECHTS***, ***projizieren*** Sie die beiden in Abb. 109 - 111 markierten Kanten des Volumenkörpers und zeichnen Sie die dargestellte Linie ***L1***. Diese ist die Verbindungslinie der oberen Endpunkte (der beiden projizierten Kanten).

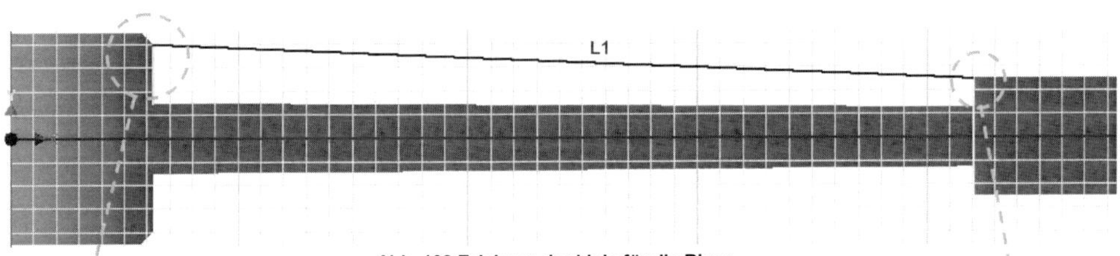

Abb. 109 Zeichnen der Linie für die Rippe

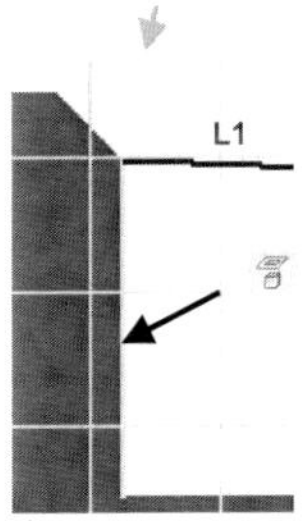

Abb. 110 Detailansicht

- ViewCube-Ansicht: ***RECHTS*** wählen
- ***YZ-Ebene*** markieren
- ***2D-Skizze erstellen***
- ***Geometrie projizieren*** (markierte Kanten in Abb. 110 und Abb. 111)
- ***Linie*** (L1) zeichnen
- ***Skizze fertig stellen***

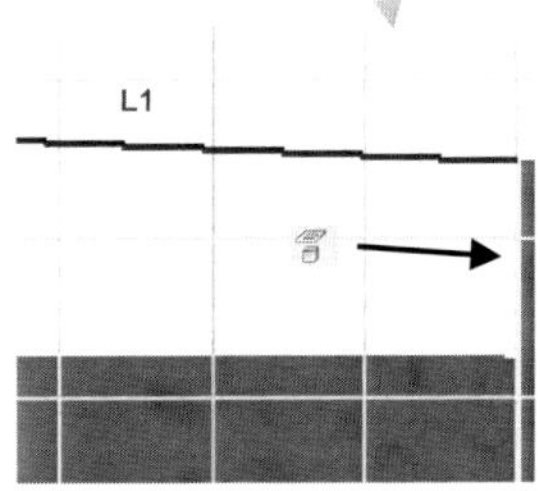

Abb. 111 Detailansicht

Starten Sie den Befehl ***Rippe*** und wählen Sie die Option ***Parallel zur Skizzierebene***.

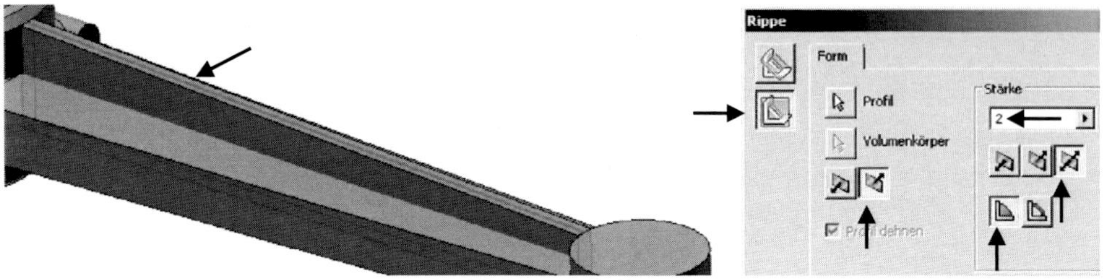

Abb. 112 Erzeugen der Rippe

- ***Rippe***
- Option: Parallel zur Skizzierebene
- Profil: Linie L1 (automatisch)
- Richtung: Richtung 2
- Starke: 2 mm
- Option: Zur Nächsten
- OK

4.6.14 Spiegeln der ersten Rippe

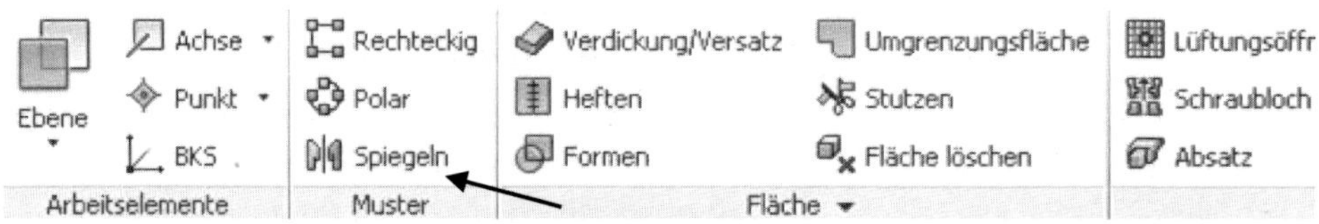

Abb. 113 Der Befehl: Spiegeln

Der Befehl ***Spiegeln*** funktioniert im 3D-Bereich ähnlich wie im 2D-Bereich. Hier können allerdings komplette 3D-Elemente an einer Ebene bzw. einer planaren Fläche gespiegelt werden.

Starten Sie den Befehl und spiegeln Sie die Rippe an der ***XY-Ebene***.

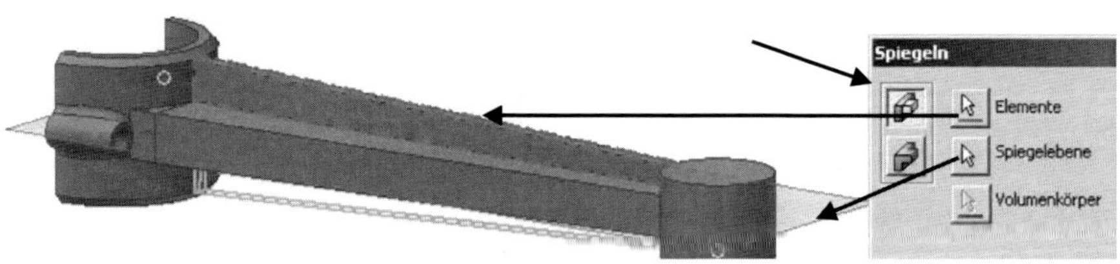

Abb. 114 Spiegeln der Rippe

- ***Spiegeln***
- Option: Einzelne Elemente spiegeln
- Elemente: Rippe (Modellbaum)
- Spiegelebene: XY-Ebene (Ordner ***Ursprung***, Modellbaum)
- OK

4.6.15 Bohren, Fasen und Runden

Wiederholen Sie die Befehle ***Bohrung***, ***Fase*** und ***Rundung***. Achten Sie beim Bohren auf eine konzentrische Platzierung und beim Fasen darauf, dass beide Seiten der Bohrung gefast werden.

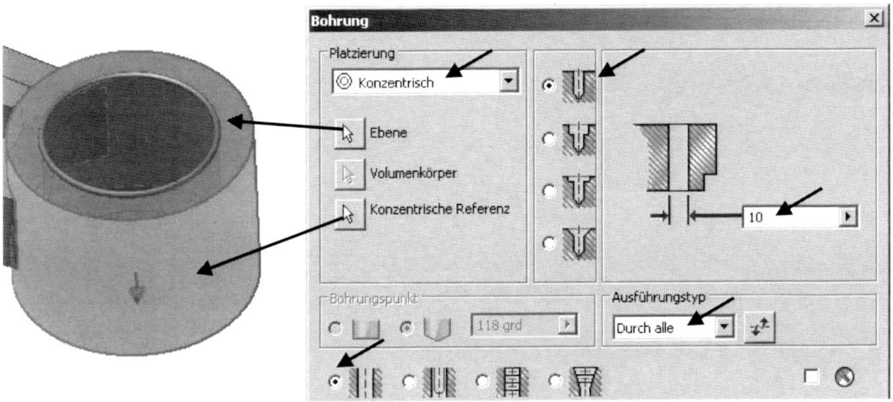

Abb. 115 Bohrung für den Kolbenbolzen erzeugen

- ***Bohrung***
- Platzierung: Konzentrisch
- Ebene: Markierte Fläche
- Konz. Referenz: Zylinderfläche
- Typ: Bohren
- Durchmesser: 10 mm
- Ausführungstyp: Durch alle
- Gewinde: Kein
- OK

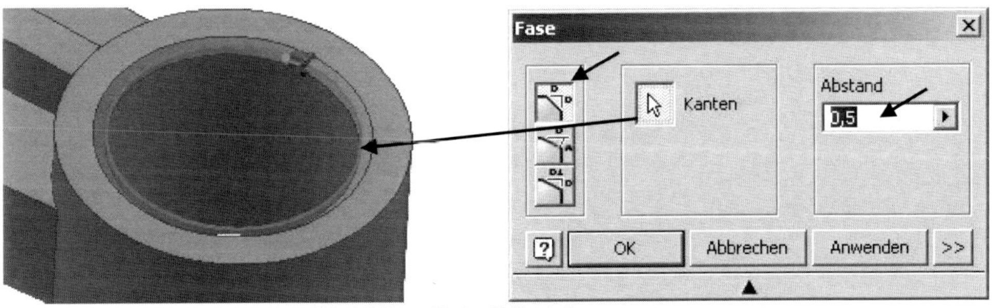

Abb. 116 Fasen für den Kolbenbolzen erzeugen

- ***Fase***
- Kante: Markierte Kante
- Abstand: 0,5 mm
- Option: Abstand
- OK

HINWEIS: Wiederholen Sie das Fasen auf der anderen Seite der Bohrung.

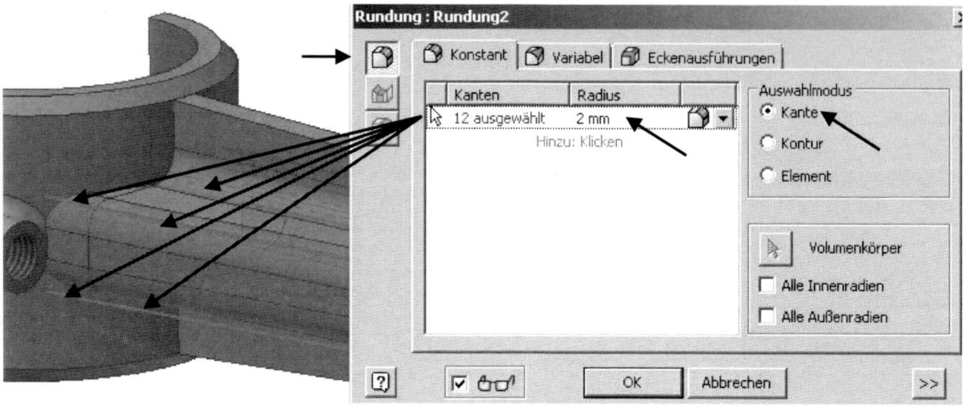

Abb. 117 Abrunden des Pleuels

- ***Rundung***
- Option: Kantenabrundung
- Register: Konstant
- Radius: 2 mm
- Kanten: 12 Kanten wählen (5 Kanten sind in Abb. 117 dargestellt)
- OK

HINWEIS: In der oberen Abbildung wurden nur fünf Kanten markiert. Insgesamt müssen 12 Kanten ausgewählt werden (restliche Kanten in der Abb. nicht sichtbar).

Das Bauteil kann im Anschluss ***gespeichert*** und ***geschlossen*** werden.

4.7 Bauteil Motorgehäuse

4.7.1 Grundlagen zum Bauteil

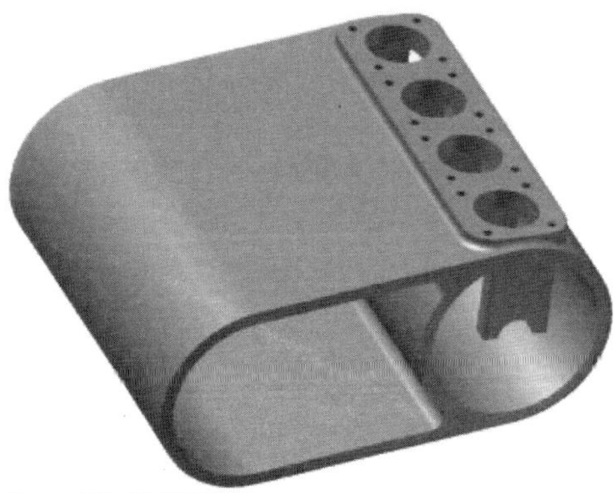
Abb. 118 Das Motorgehäuse

Das Motorgehäuse ist das Basisobjekt des Übungsmotors. Es besteht aus einem einfachen Grundkörper, welcher extrudiert wurde, einem aufgesetzten Verbindungsflansch, innenliegenden Führungen der Kurbelwelle und Bohrungen. Das Gehäuse besteht aus zwei Räumen: einem für den Kurbeltrieb, in welchem die Kurbelwelle angeordnet wird und einem für das Getriebe, welches allerdings in diesem Übungsbuch nicht erstellt wird (siehe Aufbaukurs KONSTRUKTION).

4.7.2 Volumenkörper extrudieren

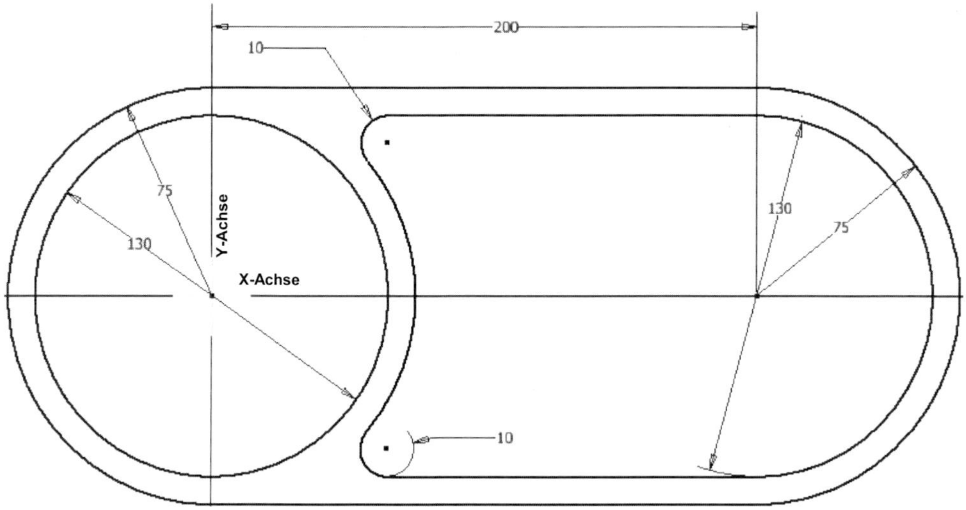

Abb. 119 Basisskizze für das Motorgehäuse zeichnen

Erzeugen Sie ein neues ***Bauteil*** und speichern Sie dieses als ***Motorgehaeuse.ipt*** im Projektordner ab. Erstellen Sie anschließend eine neue ***2D-Skizze*** auf der ***XY-Ebene***, ***projizieren*** Sie die drei Achsen und zeichnen Sie die folgende Kontur. Die Skizze kann danach wieder ***beendet*** werden.

Mit dem Befehl ***Extrusion*** soll die Kontur im Anschluss ***symmetrisch*** um ***296 mm*** extrudiert werden.

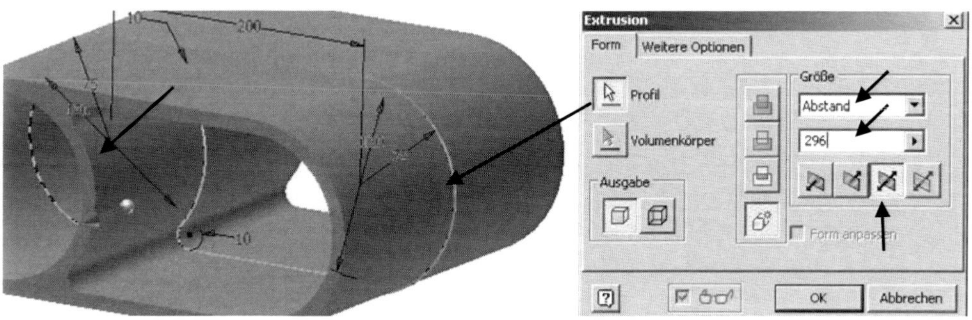

Abb. 120 Extrudieren der 2D-Kontur (Vereinigung)

- ***Extrusion***
- Profil: Kontur
- Verfahren: Vereinigung
- Größe: Abstand (296 mm)
- Richtung: Symmetrisch
- OK

4.7.3 Kurbelwellenlagerung

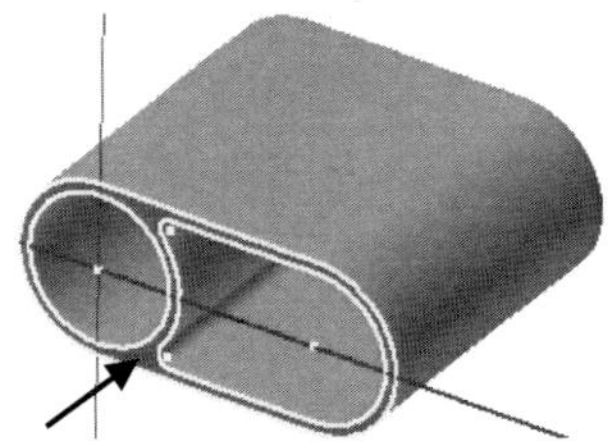

Abb. 121 Neue 2D-Skizze erzeugen

Wechseln Sie am ***ViewCube*** zur Ansicht ***OBEN*** und erzeugen Sie auf der vor Ihnen liegenden Stirnseite des Motorgehäuses eine neue ***2D-Skizze***.

Projizieren Sie die drei Achsen und die in Abb. 121 markierte Stirnfläche des Motorgehäuses und zeichnen Sie die in Abb. 122 dargestellte Kontur.

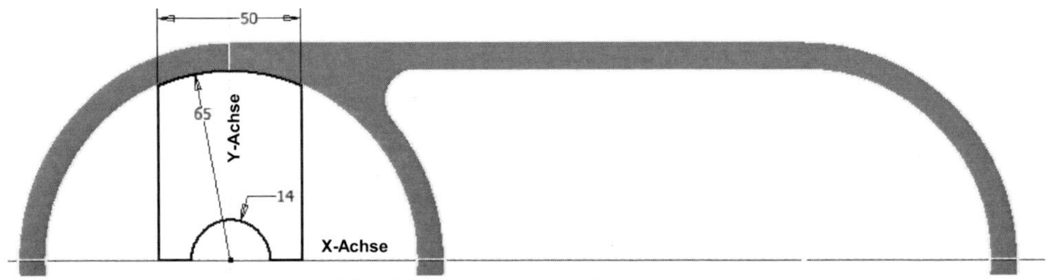

Abb. 122 Zeichnen der Kurbelwellen-Lagerung

Es ist darauf zu achten, dass die Kontur sauber mit der X-Achse abschließt und bis an das Motorgehäuse reicht. Der Mittelpunkt des Halbkreises (R = 14 mm) liegt im Koordinatenursprung. ***Beenden*** Sie dann die Skizze und ***extrudieren*** Sie die Kontur um ***16 mm*** in die in Abb. 123 dargestellte Richtung.

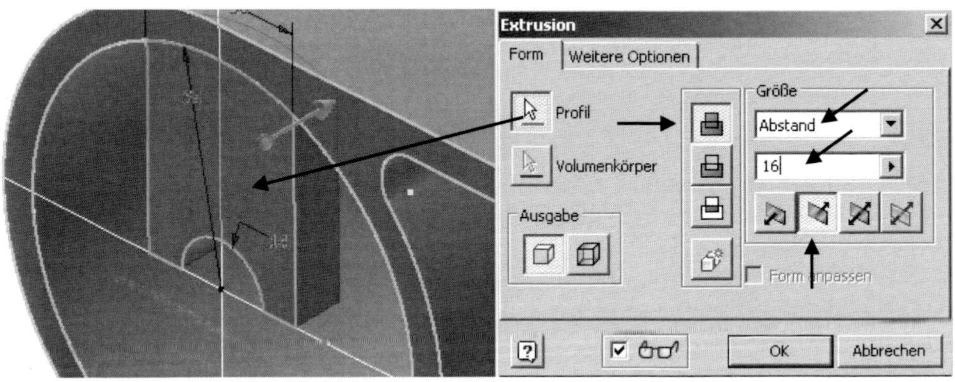

Abb. 123 Extrudieren der Lagerung in Richtung des Gehäuses (Vereinigung)

- ***Extrusion***
- Profil: Kontur
- Verfahren: Vereinigung
- Größe: Abstand (16 mm)
- Richtung: Dargestellt
- OK

4.7.4 Gewindebohrungen mit linearen Referenzen

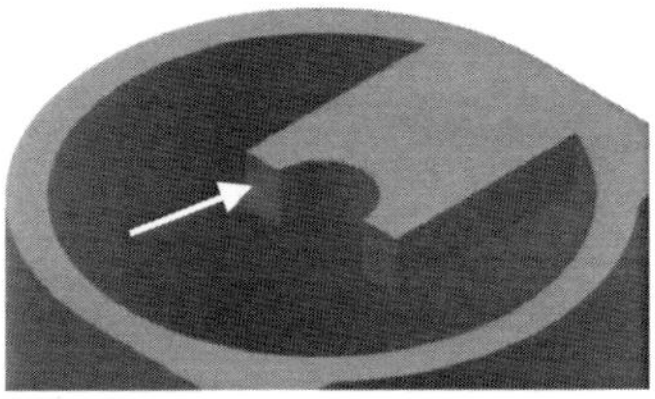

Abb. 124 Erzeugen einer Gewindebohrung

Vor dem Vervielfältigen der ersten Lagerung müssen darin zwei Gewindebohrungen eingebracht werden. Starten Sie den Befehl ***Bohrung*** und platzieren Sie die erste Gewindebohrung auf der in Abb. 124 markierten Fläche. Als ***Platzierungstyp*** verwenden Sie die Option ***Linear***.

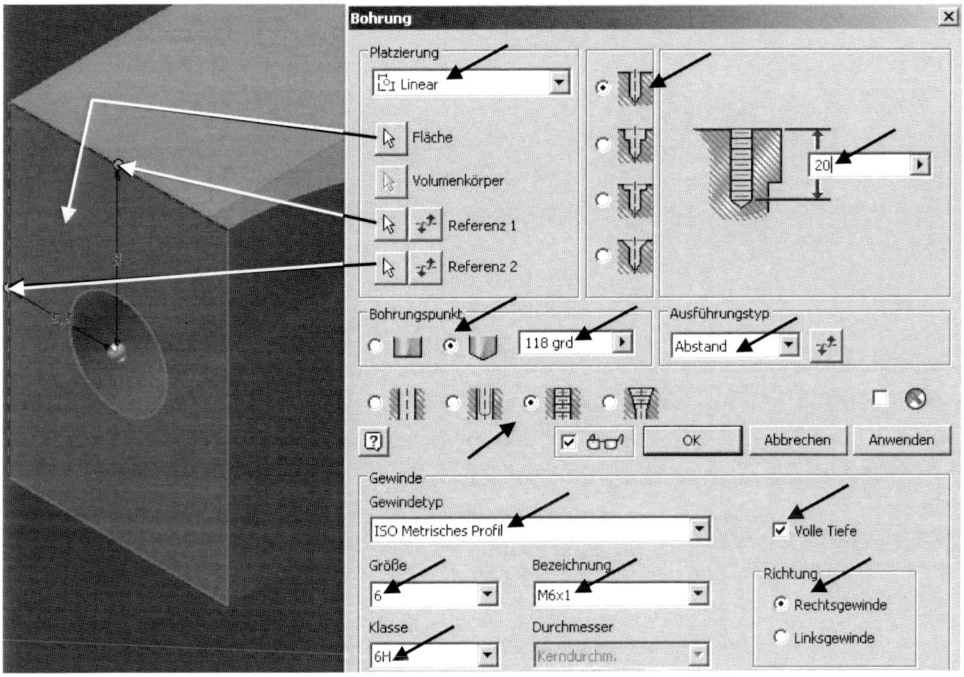

Abb. 125 Erzeugen der ersten Gewindebohrung

- ***Bohrung***
- Platzierung: Linear
- Ebene: Markierte Fläche
- Referenz 1: Kante (8 mm)
- Referenz 2: Kante (5,5 mm)
- Typ: Gewindebohrung
- Ausführungstyp: Abstand (20 mm)
- Gewindelänge: Volle Tiefe
- Gewindetyp: ISO Metrisches Profil
- Größe: 6 - Rechtsgewinde
- Bezeichnung: M6 x 1
- Klasse: 6H
- Anwenden

Wiederholen Sie dieses Vorgehen auf der zweiten Fläche mit identischen Werten.

4.7.5 Kurbelwellenlagerung fasen

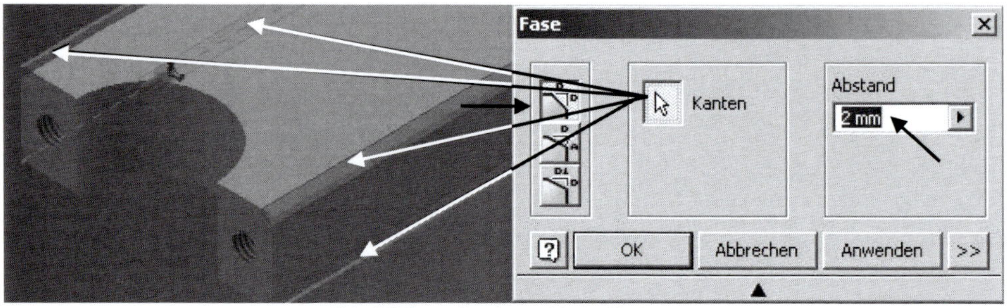

Abb. 126 Fasen der vier markierten Kanten

Fasen Sie die 4 markierten Kanten (Abb. 126) jetzt mit einem Abstand von ***2 mm***, und bestätigen Sie den Befehl anschließend mit [OK].

4.7.6 Elemente mittels rechteckiger Anordnung kopieren

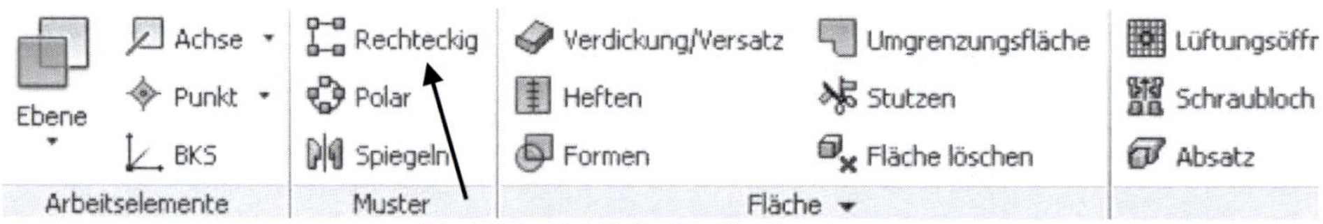

Abb. 127 Der Befehl: Rechteckige Anordnung

Der Befehl ***Rechteckige Anordnung*** ermöglicht das Kopieren geometrischer Elemente. Die Anordnung kann linear oder entlang eines (nichtlinearen) Pfades erfolgen.

Starten Sie den Befehl und aktivieren Sie die Option ***Einzelne Elemente anordnen***. Als ***Elemente*** markieren Sie im Modellbaum nacheinander bei gedrückter ***STRG***-Taste die letzte ***Extrusion*** (Lagerung der Kurbelwelle), beide ***Bohrungen*** und die zuletzt erzeugten ***Fasen*** (beachten Sie die Reihenfolge!).

Als Referenz für ***Richtung1*** soll im Modellbaum der Ordner ***Ursprung*** aufgeklappt und hier die ***Z-Achse*** gewählt werden. Die ***Anzahl*** der zu erzeugenden Kopien soll ***5*** und der ***Abstand 70 mm*** betragen (Option ***Intervall***). Die Definition einer Referenz für ***Richtung 2*** ist nicht erforderlich, da die Kopien nur in eine Richtung erzeugt werden.

Es ist darauf zu achten, dass die Kopien in Richtung Motorgehäuse erzeugt werden. Sollte dies bei Ihnen nicht der Fall sein, kann mittels ***Umschalten*** die Richtung gewechselt werden.

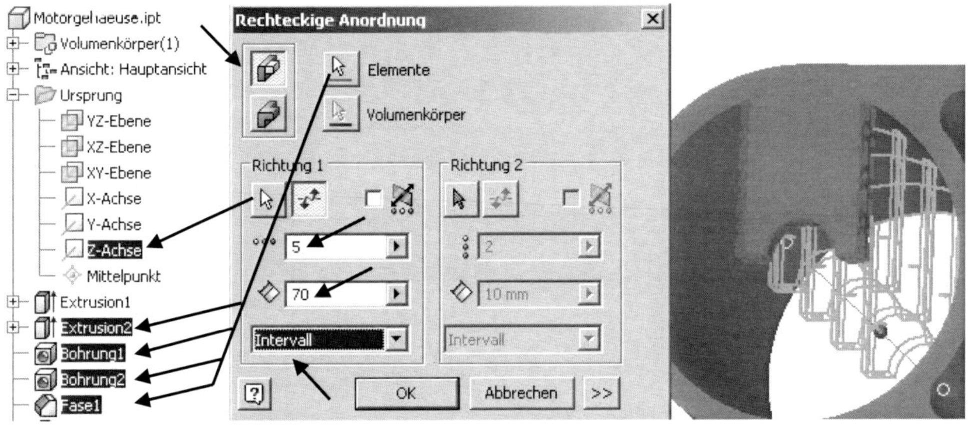

Abb. 128 Kopieren geometrischer Elemente (rechteckige Anordnung)

- ***Rechteckige Anordnung***
- Elemente: Markierte Elemente
- Richtung 1: Z-Achse
- Anzahl: 5
- Abstand: 70 mm
- OK

Wenn alles geklappt hat, sollte die letzte Kurbelwellenlagerung sauber mit der gegenüberliegenden Stirnseite des Motorgehäuses abschließen. Prüfen Sie, ob alle fünf Kurbelwellenlagerungen mit Fasen und Bohrungen versehen sind.

4.7.7 Dichtungsflansch zum Zylinderkopf

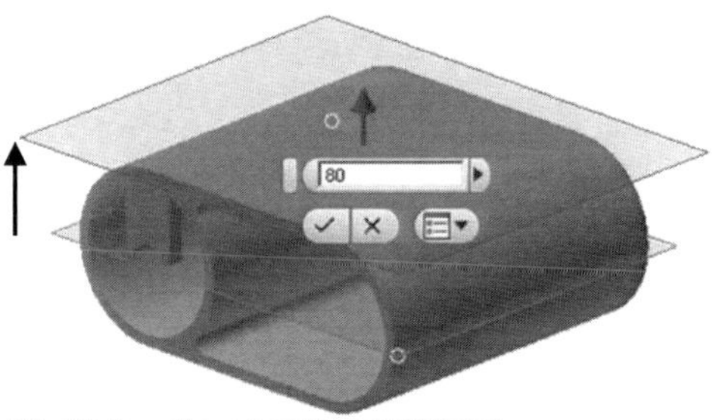

Abb. 129 Neue Ebene (parallel zur XZ-Ebene)

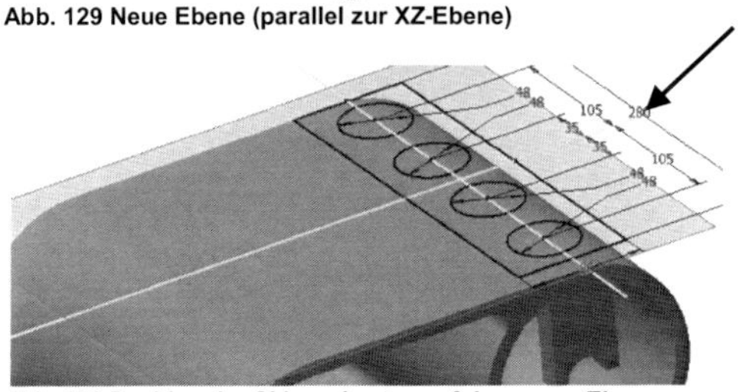
Abb. 130 Position der Skizzenkontur auf der neuen Ebene

In der nächsten Übung soll ein Dichtungsflansch erzeugt werden, auf welchem später Dichtung und Zylinderblock montiert werden können.

Starten Sie den Befehl ***Versatz von Ebene*** und erzeugen Sie eine neue Ebene, basierend auf der ***XZ-Ebene***, in einem Versatz von ***80 mm*** dazu (Abb. 129).

Am ***ViewCube*** soll die Ansicht ***HINTEN*** eingestellt, auf der neuen Ebene eine ***2D-Skizze*** erzeugt, die drei Achsen ***projiziert*** und die folgende Kontur gezeichnet werden.

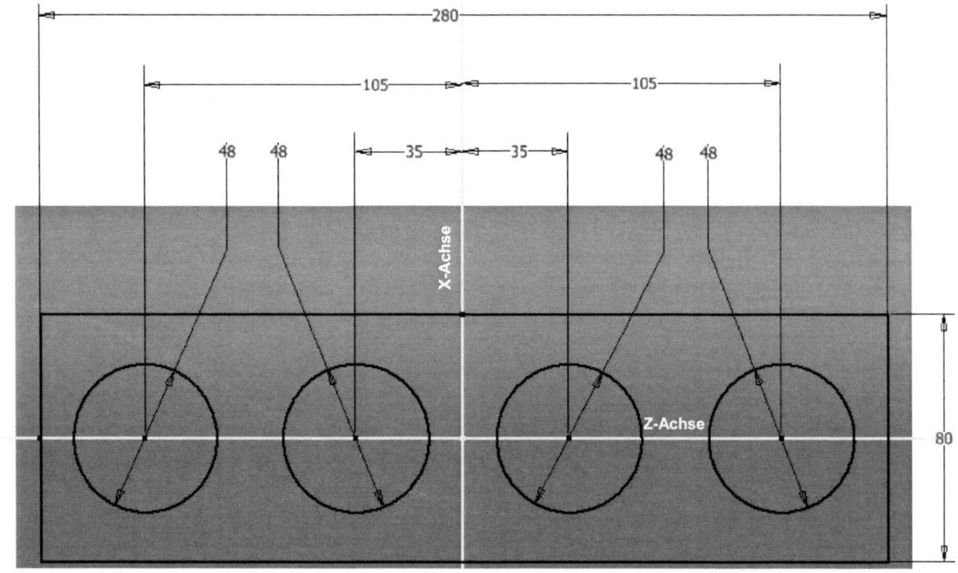

Abb. 131 Basisskizze für den Befestigungsflansch zum Zylinderblock (ViewCube-Ansicht: HINTEN, 90° gegen den UZS gedreht)

Die Kontur besteht aus vier ***Kreisen*** (***D = 48 mm***), deren Mittelpunkte sich auf der projizierten ***Z-Achse*** befinden und einem Rechteck (***280*** x ***80 mm***), welches ***symmetrisch*** zu ***X-*** und ***Z-Achse*** angeordnet ist. Zeichnen Sie die geometrischen Elemente und verlassen Sie den Skizzenbereich anschließend wieder.

Extrudieren Sie die Kontur danach mit der Option ***Zur Nächsten*** bis an den Volumenkörper (Abb. 132).

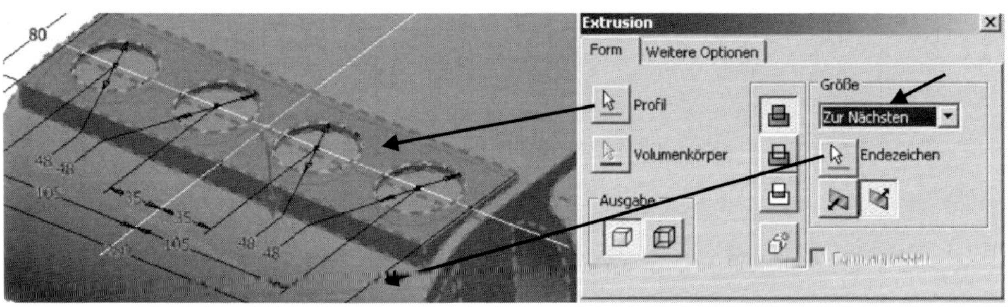

Abb. 132 Kontur bis an den vorhandenen Volumenkörper extrudieren

- ***Extrusion***
- Profil: Kontur
- Verfahren: Vereinigung
- Größe: Zur Nächsten
- Endezeichen: Volumenkörper
- OK

HINWEIS: Sollten Sie Probleme haben, die Kontur wie abgebildet auszuwählen, kehren Sie in die Skizze zurück und markieren dort die projizierten Achsen (X, Y, Z) als ***Konstruktionslinien*** (Befehlsgruppe ***Format***).

4.7.8 Bohrungen nach Skizze einfügen

Im nächsten Teil der Übung wird das Motorgehäuse mit vier ***Bohrungen*** für die vier Laufbuchsen und 16 ***Gewindebohrungen*** für die Zylinderkopfverschraubung versehen. Hierfür soll der Platzierungstyp ***Nach Skizze*** verwendet werden.

Erzeugen Sie eine ***2D-Skizze*** auf der Oberseite des neu erzeugten Dichtungsflansches, ***projizieren*** Sie diese Oberfläche und zeichnen Sie die 20 in Abb. 133 dargestellten ***Punkte***.

Vereinfachen Sie sich die Aufgabe, indem Sie zuerst fünf Punkte (links) zeichnen, diese bemaßen und anschließend mit dem Befehl ***Rechteckige Anordnung*** in einem Abstand von ***70 mm***, ***4*** mal entlang der ***Z-Achse*** anordnen.

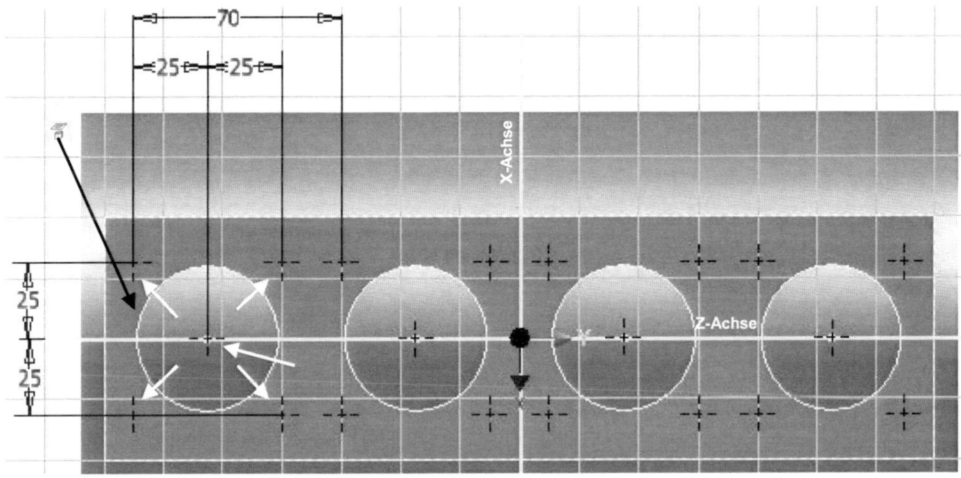

Abb. 133 Zeichnen der 20 Bohrungspunkte

Vergewissern Sie sich noch einmal, dass alle 20 Punkte vorhanden sind und korrekt angeordnet wurden, da diese als Grundlage für die folgenden Bohrungen dienen werden.

HINWEIS: Achten Sie darauf, dass während des Zeichnens der Punkte im Skizzenbereich in der Befehlsgruppe ***Format*** die Option ***Mittelpunkt*** aktiviert ist, da Sie ansonsten nur Hilfspunkte zeichnen (welche im Bohrungsbefehl nicht erkannt werden).

Starten Sie den Befehl ***Bohrung***. Im ersten Schritt sollen die ***16 außen liegenden Bohrungspunkte*** verwendet werden (Abb. 134). Sobald Sie die Platzierungsoption ***Nach Skizze*** aktiviert haben, erkennt das Programm automatisch alle 20 Bohrungspunkte. Die Kombination der ***STRG***-Taste mit der ***linken Maustaste*** ermöglicht ein ***Deaktivieren*** von falsch gewählten Bohrungspunkten. Verwenden Sie diese Möglichkeit, um die vier Bohrungspunkte innerhalb der Kreise wieder zu deaktivieren.

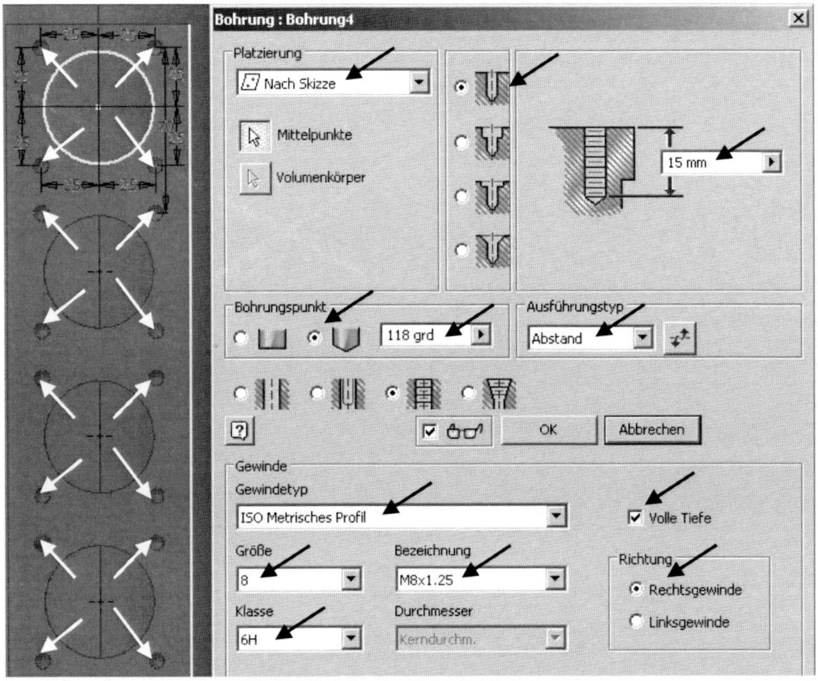

Abb. 134 Erstellen der 16 Gewindebohrungen

- ***Bohrung***
- Platzierung: Nach Skizze
- Mittelpunkte: 16 Markierte Punkte
- Typ: Gewindebohrung
- Ausführungstyp: Abstand (15 mm)
- Gewindelänge: Volle Tiefe
- Gewindetyp: ISO Metrisches Profil
- Größe: 8 - Rechtsgewinde
- Bezeichnung: M8 x 1,25
- Klasse: 6H
- OK

Nach der Bestätigung des Befehls berechnet das Programm die 16 Bohrungen. Die hierfür verwendete 2D-Skizze wird damit unbrauchbar und integriert sich in den Bohrungsbefehl. Da die Skizze allerdings für die restlichen vier Bohrungen benötigt wird, muss sie wieder reaktiviert werden. Hier bietet das Programm eine komfortable Lösung an:

Klappen Sie im Modellbaum die zuletzt erzeugte Bohrung auf und markieren Sie die darin enthaltene Skizze. Klicken Sie mit der ***rechten Maustaste*** auf diese Skizze und wählen Sie die Option ***Skizze wieder verwenden***.

Die Skizze reaktiviert sich und erscheint erneut im Modellbaum. Starten Sie den Befehl ***Bohrung*** und verwenden Sie die übrig gebliebenen Skizzenpunkte, um damit vier weitere Bohrungen zu erstellen.

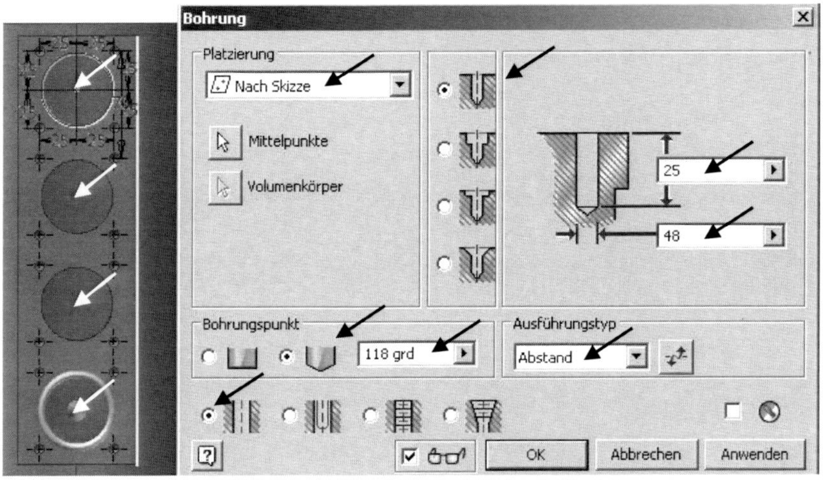

Abb. 135 Bohren der vier Löcher für die Zylinderlaufbuchsen

- ***Bohrung***
- Platzierung: Nach Skizze
- Mittelpunkte: Vier markierte Punkte
- Typ: Bohren
- Ausführungstyp: Abstand (25 mm)
- Durchmesser: 48 mm
- Bohrungsspitze: Spitze (118°)
- Gewinde: Nein
- OK

HINWEIS: Nachdem eine Skizze durch die Option ***Skizze wieder verwenden*** reaktiviert wurde, bleibt diese so lange sichtbar, bis die Sichtbarkeit manuell entfernt wird. Klicken Sie hierfür im Modellbaum mit der ***rechten Maustaste*** auf die Skizze und entfernen Sie den Haken bei der Option ***Sichtbarkeit***.

4.7.9 Übergangsbereich zum Flansch abrunden

Mittels ***Rundung*** soll der Anschlussflansch am Motorgehäuse seine endgültige Form erhalten. Im ersten Schritt sind die in Abb. 136 markierten Kanten (auch die beiden Kanten der entgegengesetzten Seite) mit einem ***Radius*** von ***20 mm*** zu runden.

Die resultierende umlaufende Kante an der Verbindungsstelle (zwischen Flansch und Motorgehäuse) soll danach um ***5 mm*** gerundet werden.

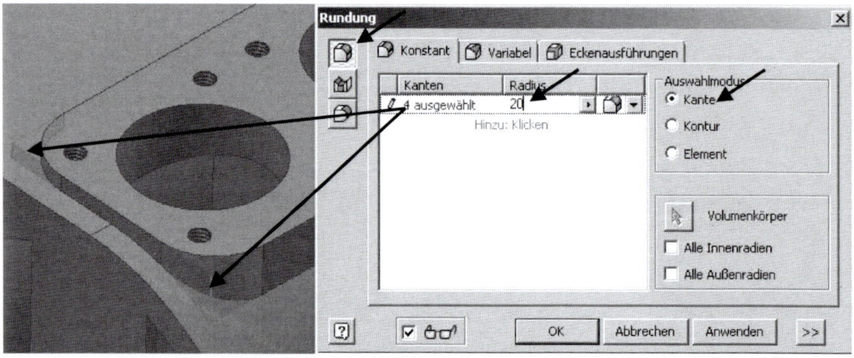

Abb. 136 Abrunden der vier Kanten am Flansch (nur die beiden Kanten der ersten Seite sind sichtbar)

- ***Rundung***
- Kanten: Vier Kanten (Abb. 136)
- Radius: 20 mm
- Anwenden

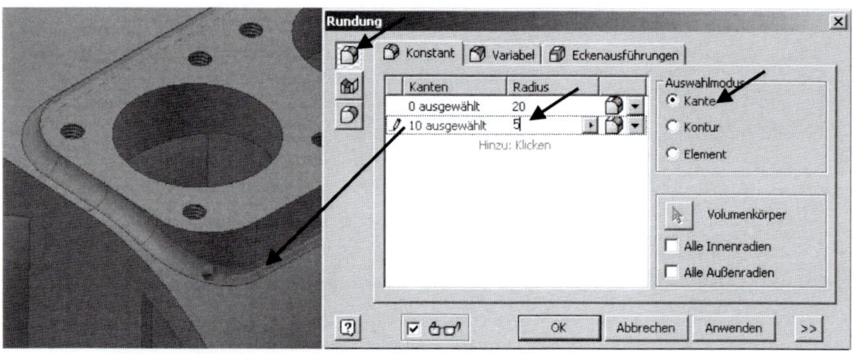

Abb. 137 Abrunden der umlaufenden Kante (zwischen Flansch und Motorgehäuse)

- Kante: Umlaufende Kante (Abb. 137)
- Radius: 5 mm
- OK

HINWEIS: Achten Sie darauf, dass die Rundung der ersten vier Kanten (R = 20 mm) zuerst mit Anwenden ***Anwenden*** bestätigt werden muss, bevor die umlaufende Kante (R = 5 mm) gewählt werden kann.

Das Bauteil kann jetzt ***gespeichert*** und ***geschlossen*** werden.

4.8 Bauteil Zylinderblock

4.8.1 Grundlagen zum Bauteil

Abb. 138 Der Zylinderblock

Der Zylinderblock (Motorblock) kühlt die Verbrennungsräume und trägt die Laufbuchsen sowie den Riemenkanal. Er wird zwischen Motorgehäuse und Zylinderkopf montiert. Der Zylinderblock in unserem Übungsbeispiel wird (wie bei Motoren dieser Baugröße üblich) allein durch den Fahrtwind gekühlt. Hierfür besitzt er spezielle Kühlrippen, welche sich über den gesamten Volumenkörper erstrecken.

4.8.2 Kühlrippen sweepen

Abb. 139 Der Befehl: Sweeping

Der Befehl ***Sweeping*** ermöglicht das Extrudieren einer 2D-Kontur entlang eines Pfades. Er erfordert zwei 2D-Skizzen, welche nicht parallel zueinander angeordnet sein dürfen. In einer der beiden Skizzen sollte sich das zu sweepende Profil befinden, in der anderen der Pfad (alternativ kann der Pfad auch entlang einer vorhandenen Körperkante oder einer Achse verlaufen).

Öffnen Sie die Datei ***Uebung-Zylinderblock.ipt*** (Downloadordner). Der Zylinderblock wurde in seiner grundlegenden Form bereits erzeugt und soll jetzt durch abschließende Arbeiten fertiggestellt werden.

Im ersten Schritt sollen die Kühlrippen eingebracht werden. Dies soll durch einen ***Materialschnitt*** (Differenz) im Befehl ***Sweeping*** erfolgen. ***Skizze3*** enthält die zu sweepende Kontur. Als ***Pfad*** soll die in Abb. 140 markierte ***Kante*** des Zylinderblocks dienen.

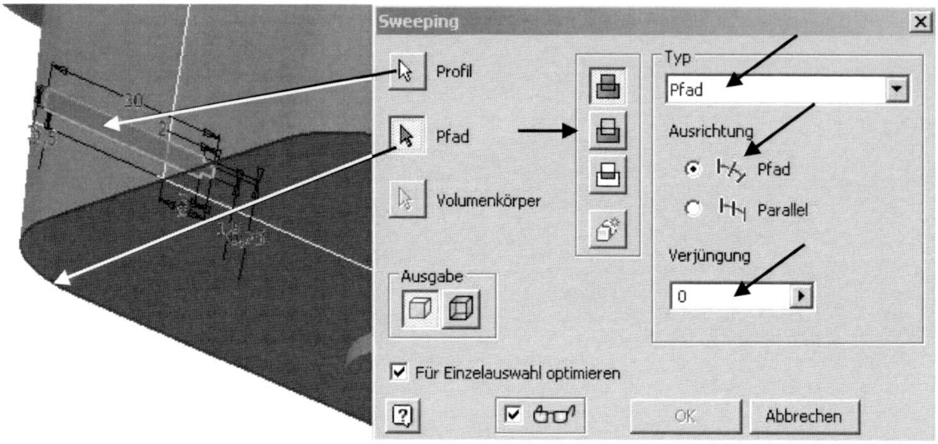

Abb. 140 Sweepen der ersten Kühlrippe (Differenz)

- *Sweeping*
- Profil: Kontur (Skizze3)
- Pfad: Markierte Kante
- Verfahren: Differenz
- Typ: Pfad
- Ausrichtung: Pfad
- OK

HINWEIS: Unter Umständen erhalten Sie eine Fehlermeldung ***Pfad schneidet Profil nicht***. Diese Meldung kann bestätigt werden. Das Programm weist lediglich darauf hin, dass Pfad und Profil keinen gemeinsamen Schnittpunkt aufweisen.

Die erste Kühlrippe wurde erzeugt und muss jetzt kopiert werden. Hier soll der Befehl ***Rechteckige Anordnung*** verwendet werden. Als ***Element*** ist im Modellbaum der Befehl ***Sweeping*** zu wählen. Für die ***Richtung*** soll die ***Y-Achse*** verwendet werden.

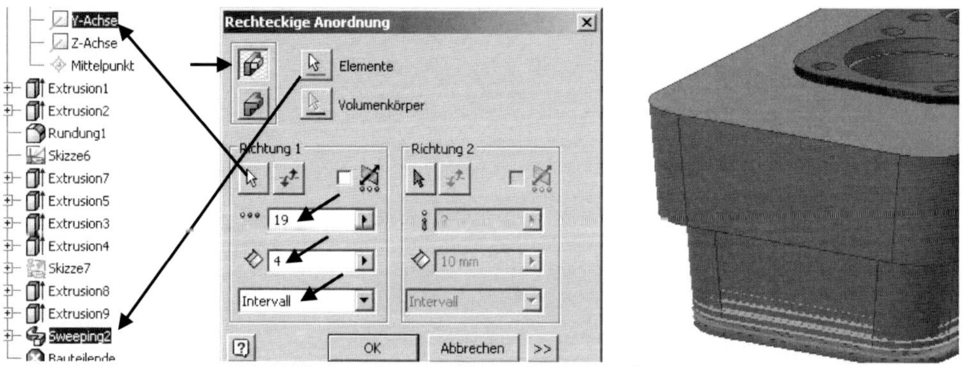

Abb. 141 Kopieren der ersten Kühlrippe (Rechteckige Anordnung)

- ***Rechteckige Anordnung***
- Elemente: Sweeping-Element
- Richtung 1: Y-Achse
- Anzahl: 19
- Abstand: 4 mm
- OK

Weitere Änderungen am Bauteil sind nicht erforderlich. ***Speichern*** Sie die Datei als ***Zylinderblock.ipt*** in den Projektordner (nicht in den darin enthaltenen Ordner ***Download***!) und schließen Sie sie anschließend.

4.9 Bauteil Zylinderkopf

4.9.1 Grundlagen zum Bauteil

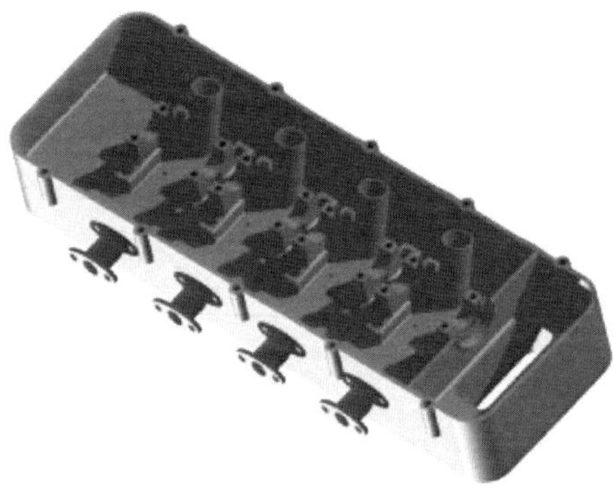

Abb. 142 Der Zylinderkopf

Der Zylinderkopf schließt den Verbrennungsraum der Zylinder nach oben hin ab. Er lagert die Bauteile der Ventilsteuerung (Nockenwelle, Ventile, Riemenrad der Nockenwelle und einen Teil des Riemenkanals) und trägt die Verbindungskanäle zwischen den Verbrennungsräumen und der Ansaug-/ Abgasseite. Der Zylinderkopf wird auf den Zylinderblock montiert und mit einem Ventildeckel nach oben hin abgedichtet.

4.9.2 Erstellen einer schrägen Ebene

Abb. 143 Der Befehl: Winkel zu Ebene um Kante

Öffnen Sie die Datei ***Uebung-Zylinderkopf.ipt*** (Downloadordner). Der Basiskörper wurde bereits erzeugt und soll jetzt abschließend mit einigen Details verfeinert werden. Sehen Sie sich die einzelnen Befehlsschritte im Modellbaum in Ruhe an und versuchen Sie, sich einen Überblick über die erfolgten Arbeitsschritte zu verschaffen, um die Vorgehensweise nachvollziehen zu können.

In der folgenden Übung soll eine schräge Ebene erzeugt werden, auf welcher anschließend eine ***2D-Skizze*** erstellt wird.

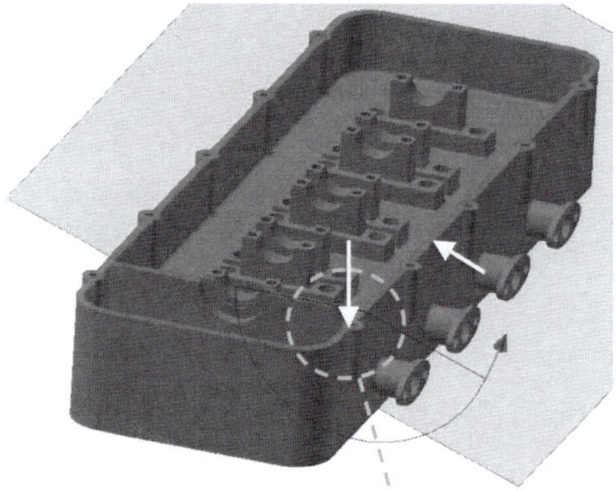

Abb. 144 Ebene - Winkel zu Ebene um Kante

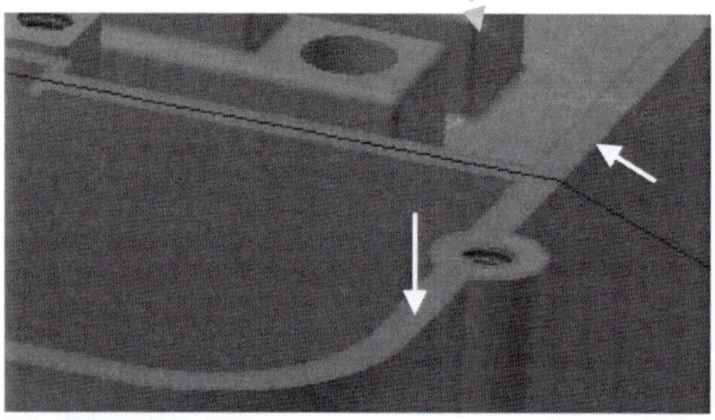

Abb. 145 Detailansicht

Starten Sie den Befehl ***Ebene - Winkel zu Ebene um Kante***. Mit diesem Befehl kann eine neue Ebene, parallel zu einer vorhandenen Ebene/ Fläche erzeugt und anschließend um eine Achse/ Kante geneigt werden.

Klicken Sie zuerst auf die in Abb. 144, 145 markierte ***Fläche***, dann auf die markierte ***Kante***. Im neu angezeigten Eingabefenster ist der Drehwinkel der Ebene um die gewählte Kante anzugeben. Tragen Sie hier den ***Winkel 160°*** ein.

- ***Ebene - Winkel zu Ebene um Kante***
- Ebene: Markierte Fläche
- Kante: Markierte Kante
- Winkel: 160°
- ***Anwenden***

HINWEIS: Achten Sie auf die korrekte Lage der Ebene zum Zylinderkopf (Abb. 144). Sollte Ihre Ebene anders liegen, muss eventuell das Vorzeichen des Drehwinkels geändert werden. Ein Doppelklick auf die Ebene öffnet das Eingabefenster zur Korrektur des Winkels.

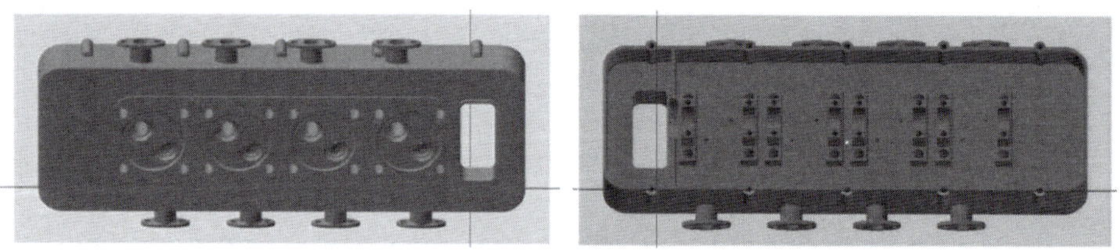

Abb. 146 (L) Ansicht vor Ausrichten; (R) Korrigierte Ansicht

Erstellen Sie auf dieser Ebene eine ***2D-Skizze***. Das Programm wird die Ansicht jetzt automatisch in die in Abb. 146 L dargestellte Position bringen (welche korrigiert werden muss). Wählen Sie am ***ViewCube*** die Ansicht ***HINTEN***, starten Sie anschließend den Befehl ***Ausrichten nach*** (Register ***Ansicht*** > ***Navigieren***) und klicken Sie dann auf die neu erzeugte Ebene. Die Ansicht sollte jetzt wie in Abb. 146 R dargestellt ausgerichtet werden.

Projizieren Sie die drei Achsen (Ordner ***Ursprung***) und zeichnen Sie zuerst einen -¦- ***Punkt*** (-¦- Mittelpunkt ***Mittelpunkt*** muss aktiviert sein!), ***10 mm*** von der projizierten ***X-Achse*** und ***100 mm*** von der projizierten ***Y-Achse*** entfernt (Abb. 147).

Um diesen Punkt herum sind anschließend drei ***Kreise*** zu zeichnen (***D1 = 14 mm***, ***D2 = 18 mm***; ***D3 = 20 mm***). Beenden Sie die Skizze anschließend.

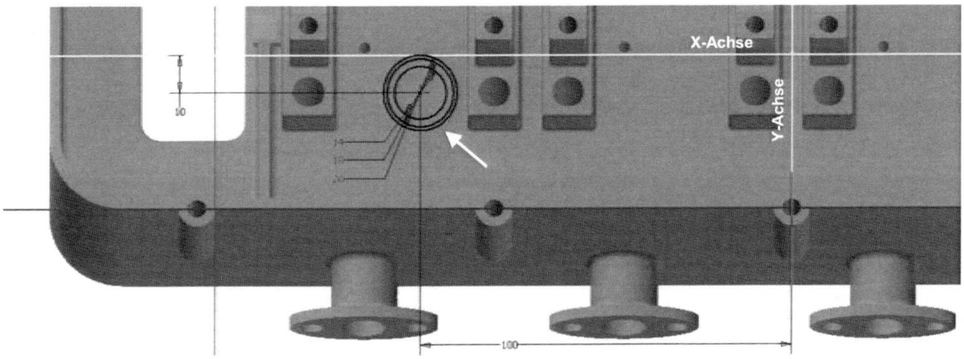

Abb. 147 Bohrungspunkt und drei Kreise zeichnen

4.9.3 Zündkerzeneinsätze bohren und extrudieren

Die Sichtbarkeit der neu erzeugten Ebene kann jetzt wieder aufgehoben werden (***rechte Maustaste*** > ***Sichtbarkeit***). In den folgenden Arbeitsschritten sollen insgesamt eine Gewindebohrung und drei Extrusionen ins Bauteil eingefügt werden.

Starten Sie den Befehl ***Bohrung*** und aktivieren Sie die Option ***Nach Skizze***.

Der Bohrungspunkt sollte automatisch erkannt werden. Sie benötigen eine Gewindebohrung mit dem Ausführungstyp ***Durch alle***. Die Bohrung muss in Richtung Volumenkörper zeigen. Sollte dies bei Ihnen nicht der Fall sein, wechseln Sie die Richtung (***Umschalten***). Übernehmen Sie die restlichen Einstellungen aus Abb. 148 und bestätigen Sie anschließend den Befehl.

Da die Skizze für die Extrusionen noch benötigt wird, muss sie reaktiviert werden. Klappen Sie hierfür im Modellbaum die letzte Bohrung auf, markieren Sie die darunter liegende Skizze und wählen Sie mit der ***rechten Maustaste*** die Option ***Skizze wieder verwenden***.

Folgen Sie der nachstehenden Befehlskette, um die Bohrung und die drei Extrusionen nacheinander auszuführen.

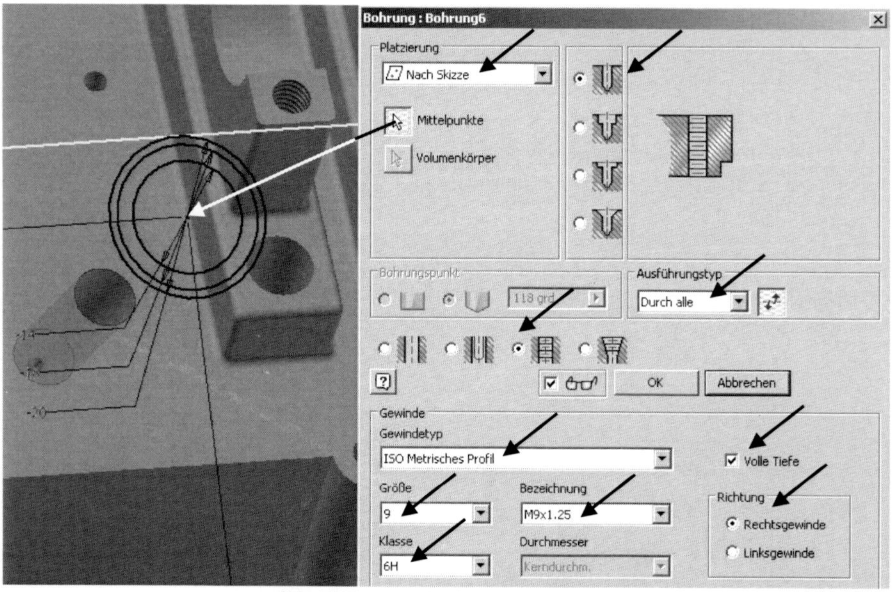

Abb. 148 Erzeugen der Gewindebohrung (Zündkerze)

- ***Bohrung***
- Platzierung: Nach Skizze
- Mittelpunkte: Punkt
- Typ: Gewindebohrung
- Ausführungstyp: Durch alle
- Gewindelänge: Volle Tiefe
- Gewindetyp: ISO Metrisches Profil
- Größe: 9 - Rechtsgewinde
- Bezeichnung: M9 x 1,25
- Klasse: 6H
- OK

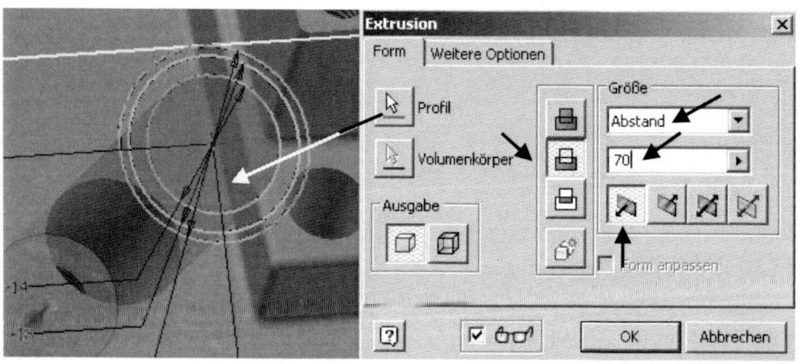

Abb. 149 Erzeugen der ersten Extrusion (Differenz)

- ***Extrusion***
- Profil: Kreis (D = 14 mm)
- Verfahren: Differenz
- Größe: Abstand (70 mm)
- Richtung: Volumenkörper
- OK

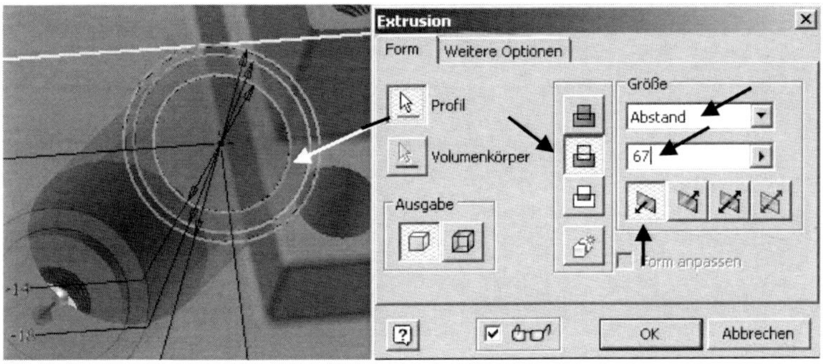

Abb. 150 Erzeugen der zweiten Extrusion (Differenz)

- ***Extrusion***
- Profil: Kreisring (zw. D = 14 mm und D = 18 mm)
- Verfahren: Differenz
- Größe: Abstand (67 mm)
- Richtung: Volumenkörper
- OK

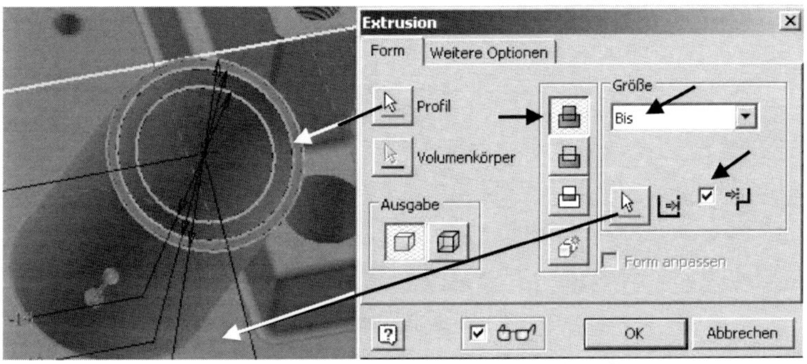

Abb. 151 Erzeugen der dritten Extrusion (Vereinigung)

- ***Extrusion***
- Profil: Kreisring (zw. D= 18 mm und D= 20 mm)
- Verfahren: Vereinigung
- Größe: Bis
- Bis: Markierte Fläche
- OK

4.9.4 Vorhandene Anordnungen erweitern

Die verwendete Skizze wird nicht mehr benötigt und kann wieder ausgeblendet werden (***rechte Maustaste*** > ***Sichtbarkeit***). Die drei letzten Arbeitsschritte (Extrusionen, Gewindebohrung) wurden für den ersten Zylinder erstellt und müssen auch auf die restlichen drei Zylinder übertragen werden. Hier kann eine bereits vorhandene Anordnung benutzt und um die neuen Elemente erweitert werden.

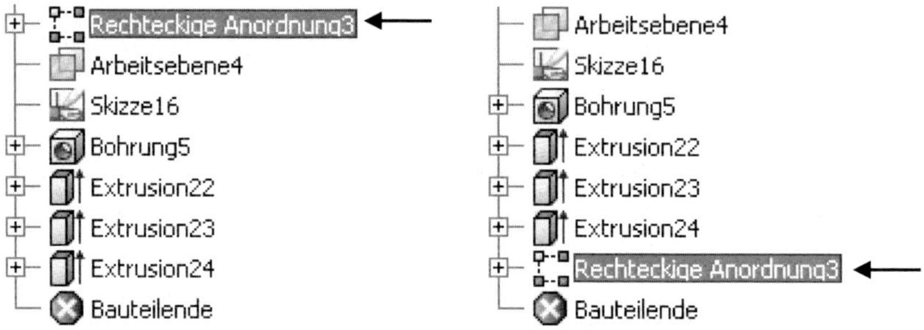

Abb. 152 (L) Ausgangssituation (Modellbaum); (R) Rechteckige Anordnung nach unten verschoben

Im Modellbaum finden Sie eine ***Rechteckige Anordnung3*** (Abb. 152 L). Klicken Sie diese mit der linken Maustaste im Modellbaum an und schieben Sie sie bei ***gedrückter linker Maustaste*** zwischen die letzte ***Extrusion*** und das ***Bauteilende*** (Abb. 152 R).

Dieser Zwischenschritt ist erforderlich, um die zuletzt erzeugten Elemente (1 x Bohrung, 3 x Extrusion) in diese Anordnung integrieren zu können. Klicken Sie jetzt mit der rechten Maustaste auf die ***Rechteckige Anordnung3*** und wählen Sie die Option ***Element bearbeiten***.

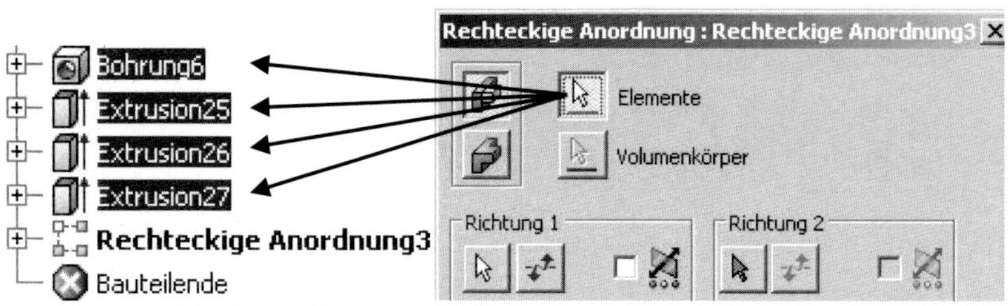

Abb. 153 Hinzufügen der neuen Elemente zur vorhandenen Anordnung

Aktivieren Sie die Option ***Elemente*** und fügen Sie dann die in Abb. 153 markierten vier Elemente hinzu (***linke Maustaste*** bei gedrückter ***STRG***-Taste). Weitere Einstellungen sind nicht erforderlich, der Befehl kann bestätigt werden.

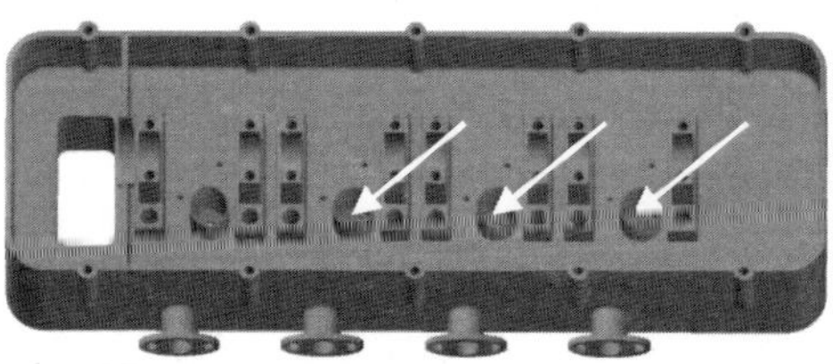

Abb. 154 Elemente wurden kopiert

Jeder Zylinder sollte jetzt mit einer eigenen Zündkerzenfassung versehen sein. ***Speichern*** Sie die Datei als ***Zylinderkopf.ipt*** in den Projektordner (nicht in den darin enthaltenen Ordner ***Download***!) und ***schließen*** Sie diese anschließend.

4.10 Bauteil Nockenwelle

4.10.1 Grundlagen zum Bauteil

Abb. 155 Die Nockenwelle

Die Nockenwelle hat die Aufgabe, ihre Drehbewegung in eine lineare Bewegung der Ventile umzusetzen. Durch sie werden also die Öffnungszeiten der Ein- und Auslasskanäle gesteuert. Hierfür sind auf der Welle acht Nocken vorhanden (zwei pro Zylinderraum). Grundsätzlich besteht eine Nockenwelle aus der Basiswelle, Nocken, Führungsringen, Passfederaussparungen und Gewindebohrungen. Angetrieben wird sie durch eine Riemenverbindung mit der Kurbelwelle.

4.10.2 Passfederaussparung und Gewindebohrung am Wellenende

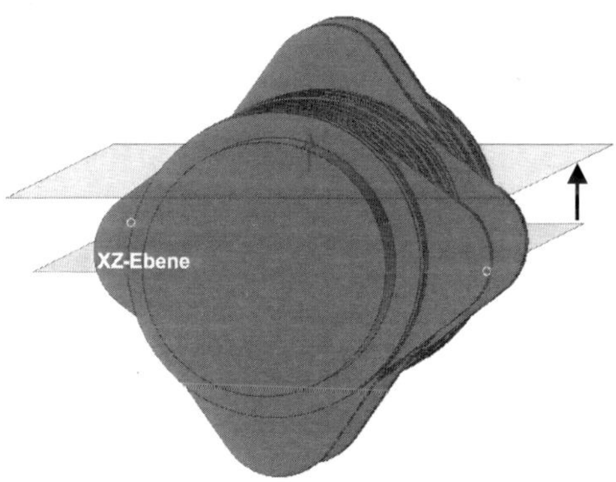

Abb. 156 Neue Ebene parallel zur XZ-Ebene

Öffnen Sie die Datei ***Uebung-Nockenwelle.ipt*** (Downloadordner). Das Basiselement der Nockenwelle ist bereits vorhanden. Es fehlen eine Nut (in welcher später eine Passfeder platziert werden soll) und eine Gewindebohrung.

Wechseln Sie am ***ViewCube*** zur Ansicht ***VORNE***, und erstellen Sie eine um den Wert ***6 mm*** zur ***XZ-Ebene*** versetzte Ebene, wie in Abb. 156 dargestellt (***Versatz von Ebene***).

Auf dieser soll anschließend eine neue ***2D-Skizze*** erzeugt werden. Die Ansicht am ***ViewCube*** muss auf ***OBEN*** gestellt und um ***90°*** (im UZS) gedreht werden.

An der ***links*** vor Ihnen liegenden Seite der Nockenwelle soll die Kontur der Passfederaussparung gezeichnet werden. ***Projizieren*** Sie die markierte Kante und schneiden die Skizze mit ***F7*** auf.

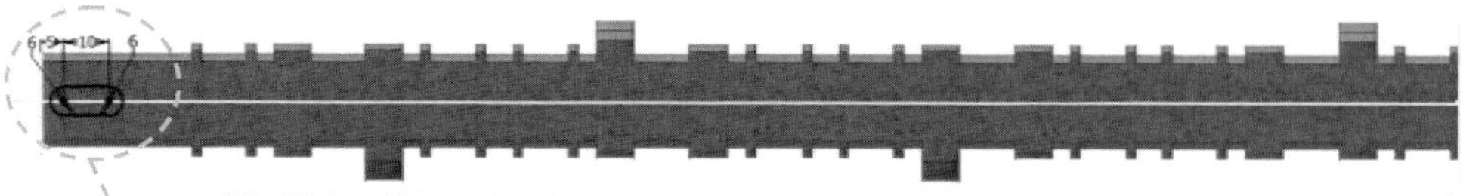

Abb. 157 Neue Skizze auf der Nockenwelle (ViewCube-Ansicht: OBEN, 90° im UZS gedreht)

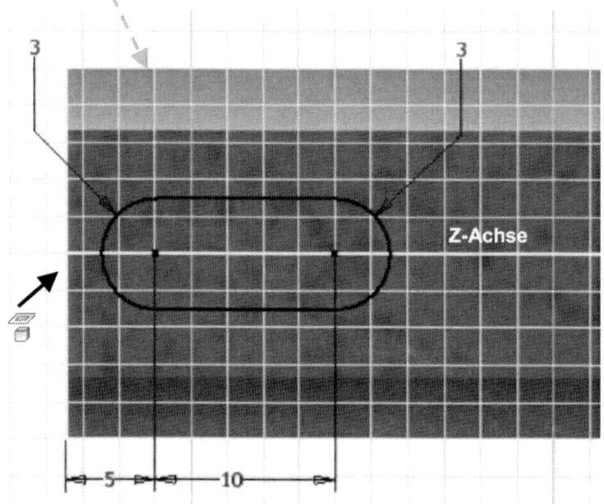

Abb. 158 Detailansicht

- **_Versatz von Ebene_**
- Referenz: XZ-Ebene
- Abstand: 6 mm
- **_2D-Skizze_** (auf neuer Ebene)
- Skizze mit ***F7*** aufschneiden
- ViewCube-Ansicht: ***OBEN***
- Ansicht ***90°*** ***drehen*** (im UZS)
- 3 Achsen und linke markierte Kante ***projizieren***
- Kontur zeichnen (Abb. 158)
- ***Skizze fertig stellen***

Die neue Kontur soll durch eine ***Extrusion*** vom vorhandenen Volumenkörper subtrahiert werden. Achten Sie auf die korrekte Richtung (Abb. 159)!

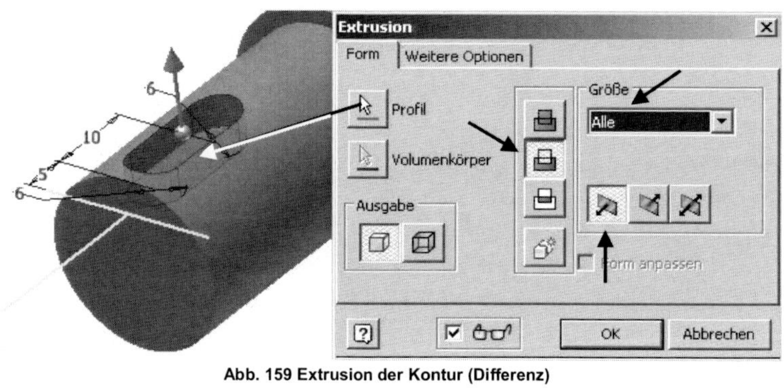

Abb. 159 Extrusion der Kontur (Differenz)

- ***Extrusion***
- Profil: Kontur
- Verfahren: Differenz
- Größe: Alle
- Richtung: Dargestellt
- OK

Auf derselben Seite der Nockenwelle soll an der Stirnseite eine ***Gewindebohrung*** erzeugt werden. Verwenden Sie den Platzierungstyp ***Konzentrisch***.

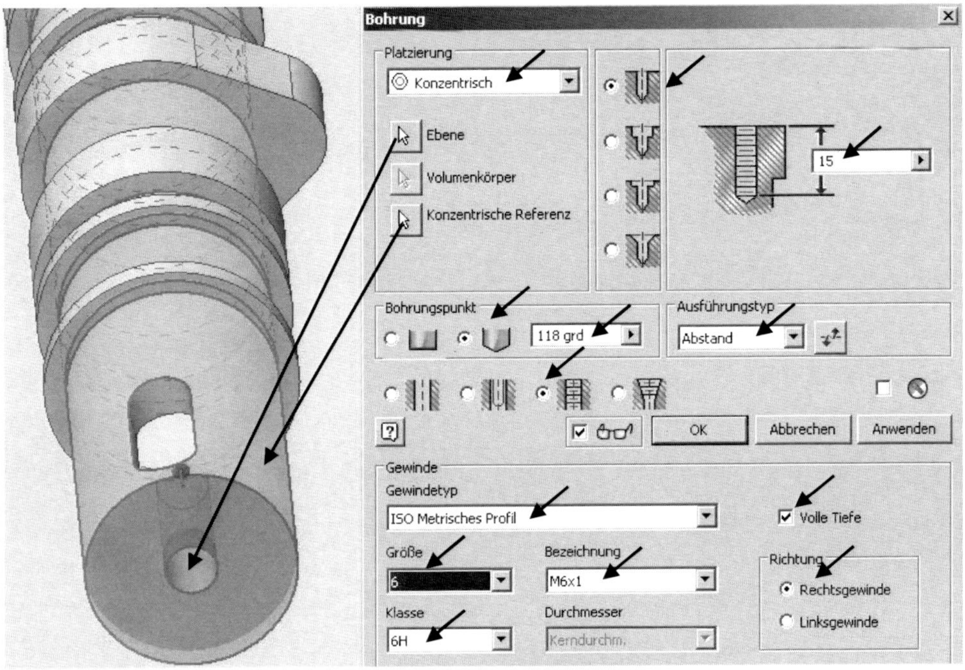

Abb. 160 Erzeugen der Gewindebohrung

- ***Bohrung***
- Platzierung: Konzentrisch
- Ebene: Markierte Fläche
- Konzentrische Referenz: Mantelfläche
- Typ: Gewindebohrung
- Ausführungstyp: Abstand (15 mm)
- Gewindelänge: Volle Tiefe
- Gewindetyp: ISO Metrisches Profil
- Größe: 6 - Rechtsgewinde
- Bezeichnung: M6 x 1
- Klasse: 6H
- OK

Achten Sie darauf, die Bohrung auf der selben Seite zu platzieren, auf der auch bereits die Passfederaussparung zu finden ist (Abb. 160).

Weitere Änderungen am Bauteil sind nicht erforderlich. ***Speichern*** Sie die Datei als ***Nockenwelle.ipt*** im Projektordner (nicht in den darin enthaltenen Ordner ***Download***!) und ***schließen*** Sie sie anschließend.

4.11 Bauteil Kurbelwelle

4.11.1 Grundlagen zum Bauteil

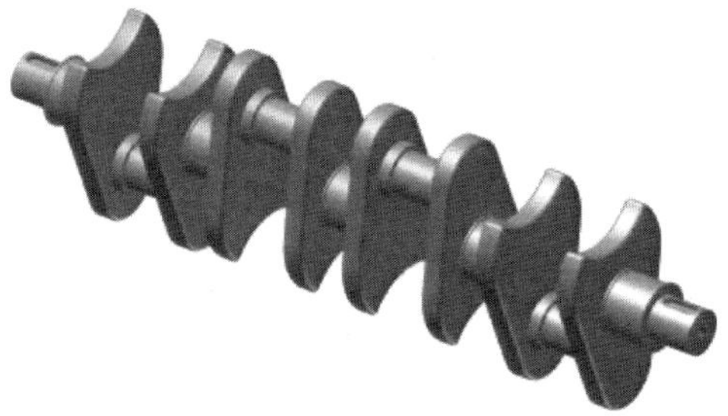

Abb. 161 Die Kurbelwelle

Die Kurbelwelle hat die Aufgabe, die linear-oszillierende Bewegung des Pleuels in eine Drehbewegung zu wandeln und dann ans Getriebe weiterzugeben. Es gibt zusammengesetzte (aus Einzelteilen bestehende), geschmiedete und gegossene (aus einem Teil bestehende) Kurbelwellen. Bestandteile einer Kurbelwelle sind Kurbelwangen, Führungslager, Pleuellager, Riemen- und Antriebsseite.

4.11.2 Kurbelwangen zeichnen, extrudieren und kopieren

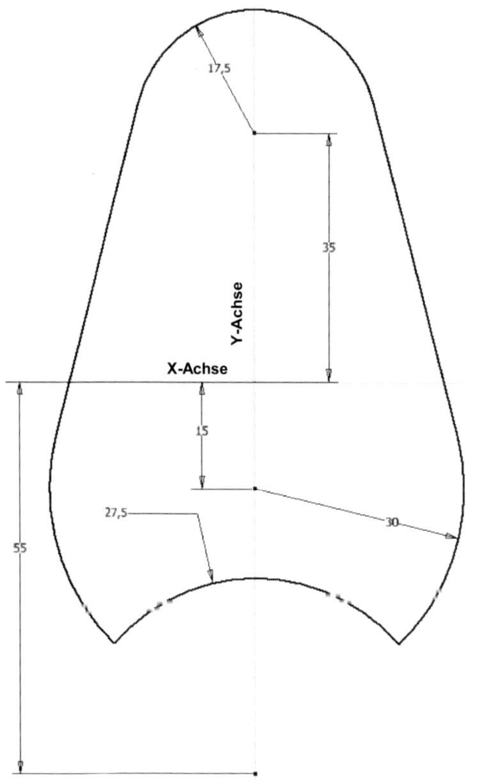

Abb. 162 Basiskontur der ersten Kurbelwange zeichnen

Erstellen Sie ein neues ***Bauteil*** (Norm.ipt), speichern Sie dieses als ***Kurbelwelle.ipt*** im Projektordner ab und erzeugen Sie eine neue ***2D-Skizze*** auf der ***XY-Ebene***.

Projizieren Sie die drei Achsen und zeichnen Sie die Kontur aus Abb. 162.

- ***Neues Bauteil*** (Norm.ipt)
- ***2D-Skizze*** (auf XY-Ebene)
- ***Geometrie projizieren*** (3 Achsen)
- ***Kreis*** R = 17,5 mm zeichnen
- ***Kreis*** R = 27,5 mm zeichnen
- ***Kreis*** R = 30 mm zeichnen
- ***Maße*** setzen
- Zwei ***Linien*** zeichnen
- Linien ***tangential*** zu den Kreisen R = 17,5 mm und R = 30 mm setzen
- Konturen ***stutzen***
- ***Skizze fertig stellen***

Extrudieren Sie die Kontur anschließend symmetrisch um ***10 mm***.

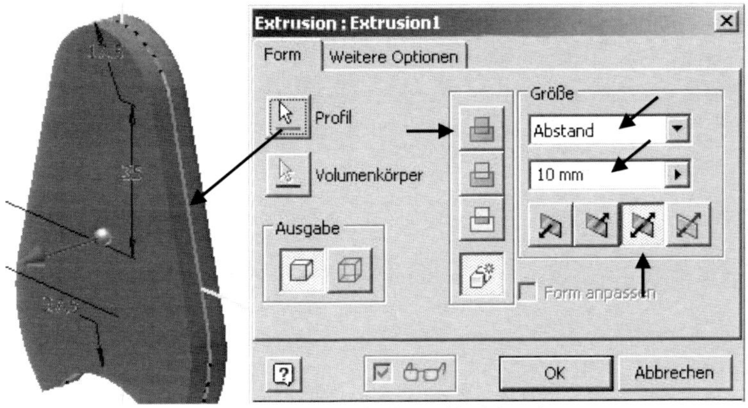

Abb. 163 Extrudieren der Kontur (Vereinigung)

- ***Extrusion***
- Profil: Kontur
- Verfahren: Vereinigung
- Größe: Abstand (10 mm)
- Richtung: Symmetrisch
- OK

Der neue Volumenkörper muss jetzt einmal kopiert werden. Hierfür verwenden wir die ***Rechteckige Anordnung*** und vervielfältigen das Element einmal entlang der ***Z-Achse***.

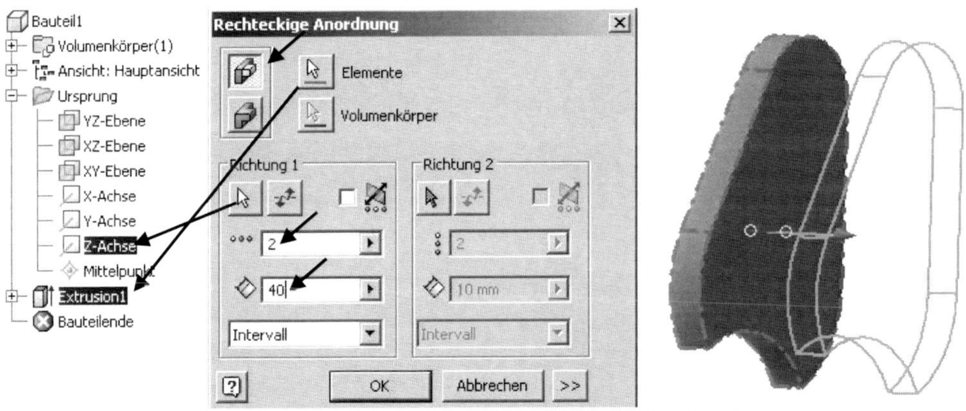

Abb. 164 Kopieren der ersten Kurbelwange (Rechteckige Anordnung)

- ***Rechteckige Anordnung***
- Elemente: Extrusion1
- Richtung 1: Z-Achse
- Anzahl: 2
- Abstand: 40
- Typ: Intervall
- OK

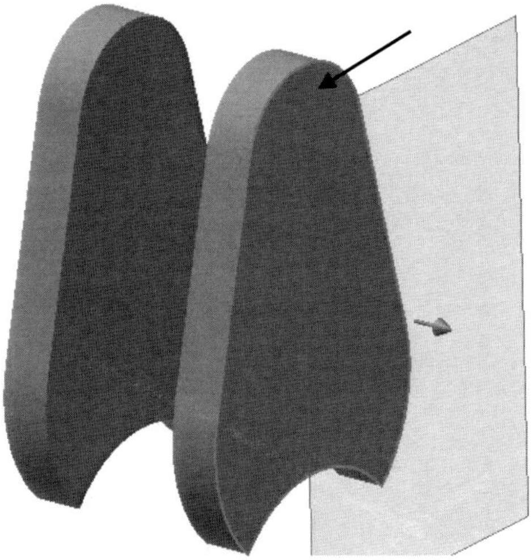

Abb. 165 Neue Ebene durch (Versatz von Ebene)

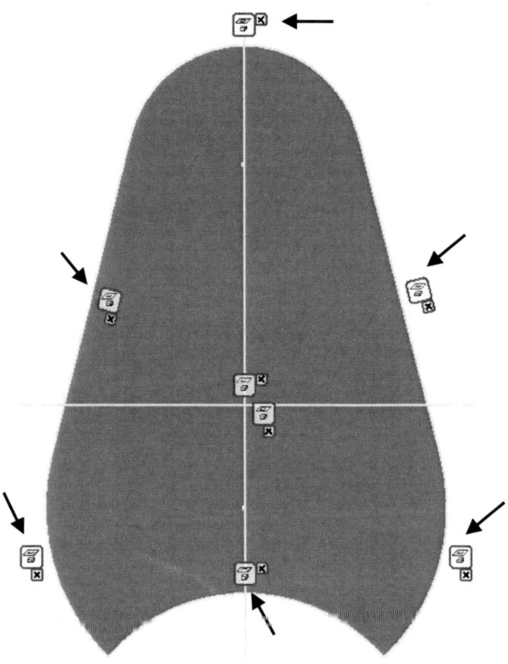

Abb. 166 Achsen und Außenkontur projiziert; Abhängigkeiten eingeblendet (F8)

Die dritte Kurbelwange erfordert etwas mehr Vorarbeit. Hierfür muss zuerst eine neue Ebene erzeugt (***Versatz von Ebene***) und darauf eine ***2D-Skizze*** erstellt werden. Dann müssen die Außenkontur des bereits vorhandenen Volumenkörpers (Extrusion1) sowie die drei Achsen ***projiziert*** werden. Da die gesamte Kontur um ***180° gedreht*** werden soll, müssen die vorhandenen Abhängigkeiten vorher gelöscht werden.

Blenden Sie mit der Taste ***F8*** alle vorhandenen Skizzenabhängigkeiten ein. Markieren Sie mit der linken Maustaste nacheinander die in Abb. 166 markierten Abhängigkeitssymbole und löschen Sie diese einzeln (Taste ***ENTF***).

Verwenden Sie den 2D-Befehl ***Drehen***, um die gesamte Kontur um ***180°*** zu rotieren. Als Mittelpunkt soll der Koordinatenursprung dienen (Position der Z-Achse).

- ***Versatz von Ebene***
- Versatz: 25 mm (zur markierten Fläche in Abb. 165)
-

- ***2D-Skizze*** auf neuer Ebene
- ***Projizieren*** der drei Achsen und der Kontur des Volumenkörpers
- Abhängigkeiten mit ***F8*** einblenden
- Die in Abb. 166 markierten sechs ***Abhängigkeiten*** markieren und mit ***ENTF*** löschen

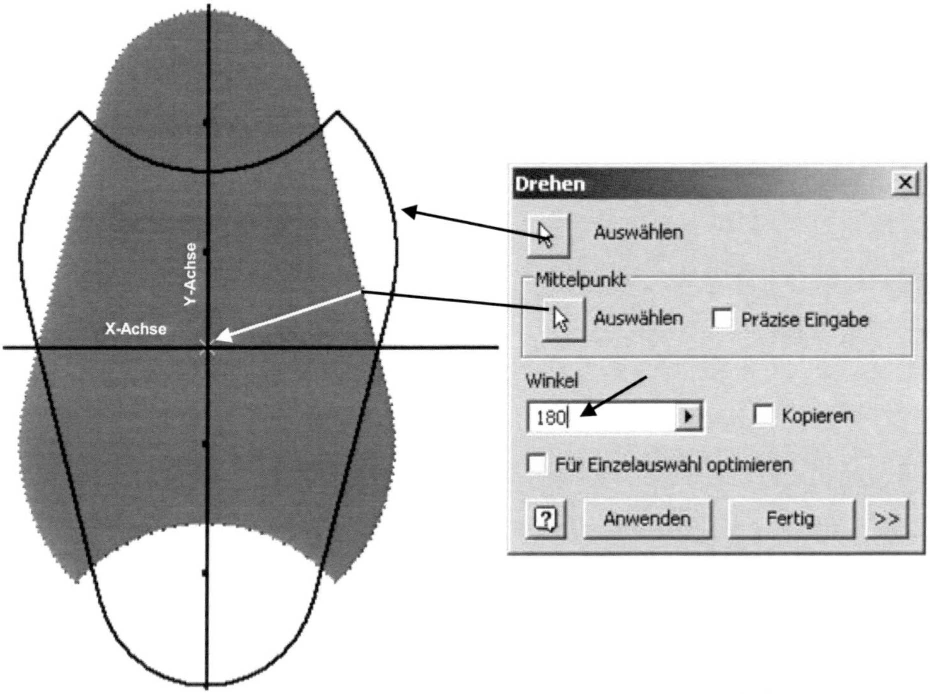

Abb. 167 Drehen der Kontur um die Z-Achse (Kontur wurde hier bereits gedreht)

- ***Drehen***
- Auswahl: Bei gedrückter linker Maustaste ein Fenster über die Kontur des projizierten Volumenkörpers ziehen
- Mittelpunkt: Z-Achse wählen
- Winkel: 180°
- Anwenden
- Fertig

Die Skizze kann danach ***beendet*** werden.

HINWEIS: Die Taste ***F8*** blendet alle Abhängigkeiten einer Skizze ein. Diese können dann einzeln markiert und mit der Taste ***ENTF*** gelöscht werden. Mit der Taste ***F9*** können alle Abhängigkeiten wieder ausgeblendet werden.

Die gedrehte Kontur soll jetzt ebenfalls um ***10 mm symmetrisch extrudiert*** werden.

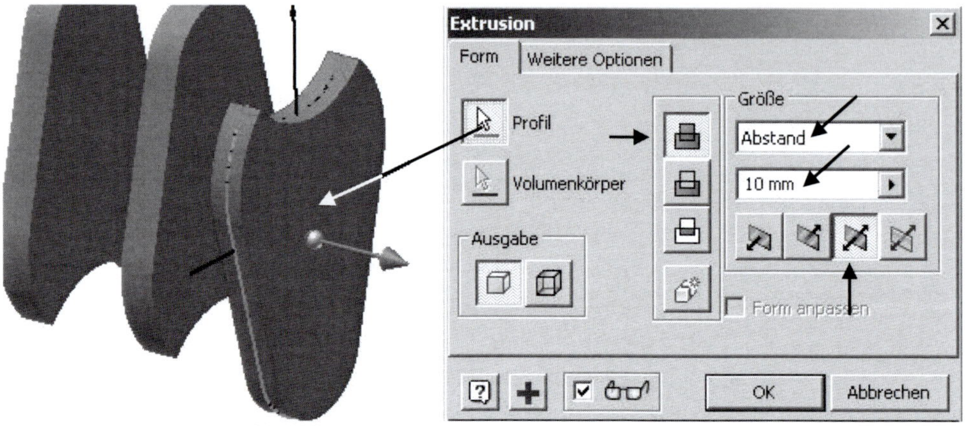

Abb. 168 Symmetrisches Extrudieren der Kontur (Vereinigung)

- ***Extrusion***
- Profil: Kontur
- Verfahren: Vereinigung
- Größe: Abstand (10 mm)
- Richtung: Symmetrisch
- OK

Auch die letzte Extrusion muss mittels ***Rechteckiger Anordnung*** einmal entlang der ***Z-Achse*** kopiert werden. Anschließend sollen alle vorhandenen Kanten um den Radius ***2 mm*** ***gerundet*** werden. Verwenden Sie die Option ***Alle Außenradien***.

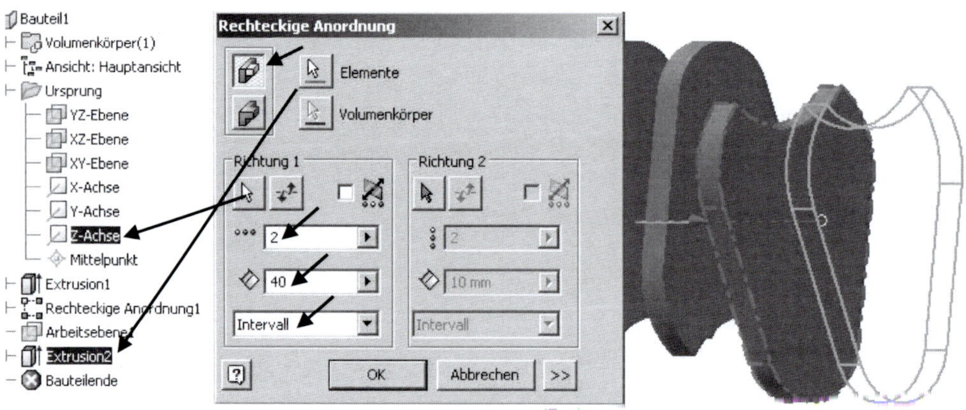

Abb. 169 Kopieren der letzten Kurbelwange (Rechteckiger Anordnung)

- ***Rechteckige Anordnung***
- Elemente: Letzte Extrusion
- Richtung 1: Z-Achse
- Anzahl: 2
- Abstand: 40
- Typ: Intervall
- OK

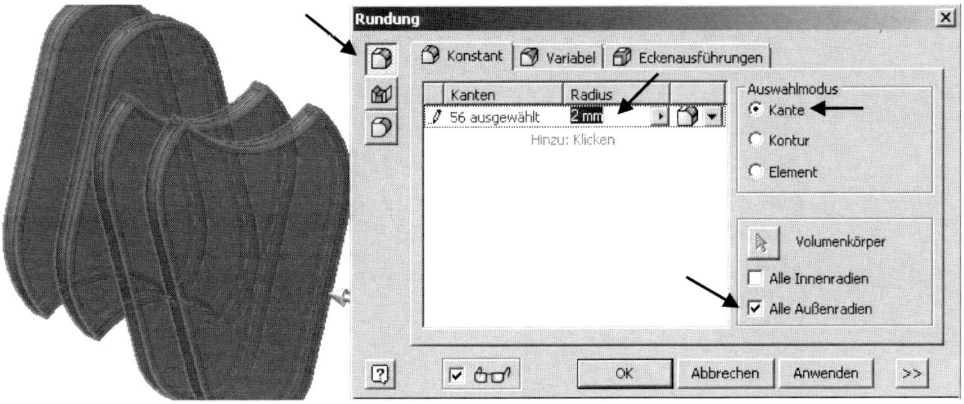

Abb. 170 Abrunden aller Kanten (Option: Alle Außenradien)

- ***Rundung***
- Typ: Kantenabrundung
- Option: Konstant
- Option: Alle Außenradien
- Radius: 2 mm
- OK

4.11.3 Pleuel- und Führungslager

Pleuel- und Führungslager sollen per ***Drehung*** erzeugt werden. Die hierfür benötigte ***2D-Skizze*** ist auf der ***YZ-Ebene*** zu erstellen. Wechseln Sie am ***ViewCube*** zur Ansicht ***RECHTS*** und ***drehen*** Sie die Ansicht anschließend um ***90°*** gegen den UZS.

Schneiden Sie die Skizze auf (***F7***), ***projizieren*** Sie dann die drei Achsen und die in Abb. 172 markierten Kanten des Volumenkörpers und zeichnen Sie im Anschluss die Konturen aus Abb. 172 - 174. Achten Sie auf geschlossene Konturen und vollständige Bemaßungen.

Abb. 171 Vorschau der neuen Skizze (Gesamtansicht)

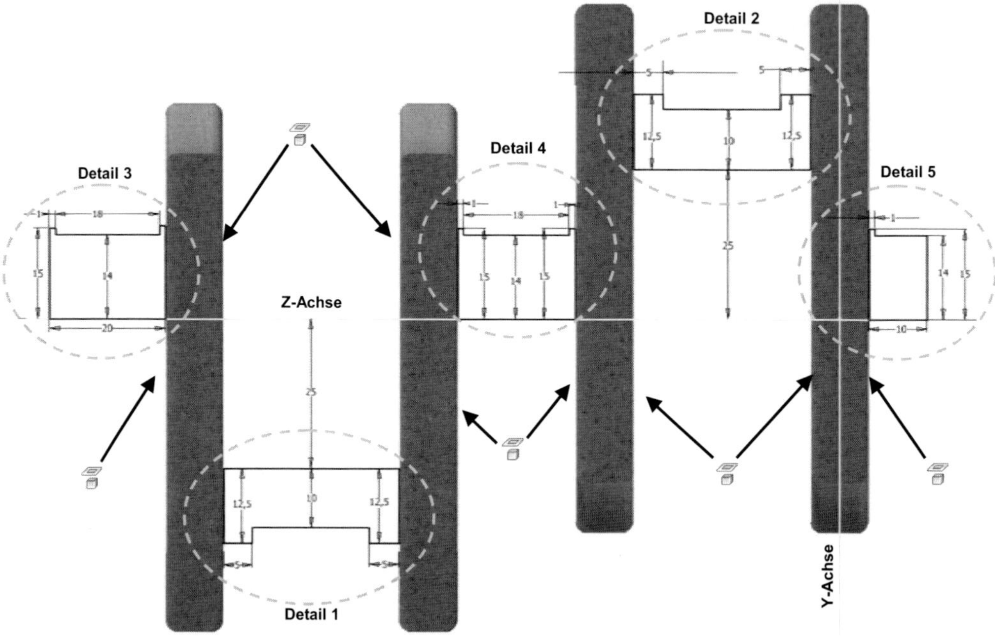

Abb. 172 Basisskizze für Pleuel- und Führungslager (Gesamtansicht)

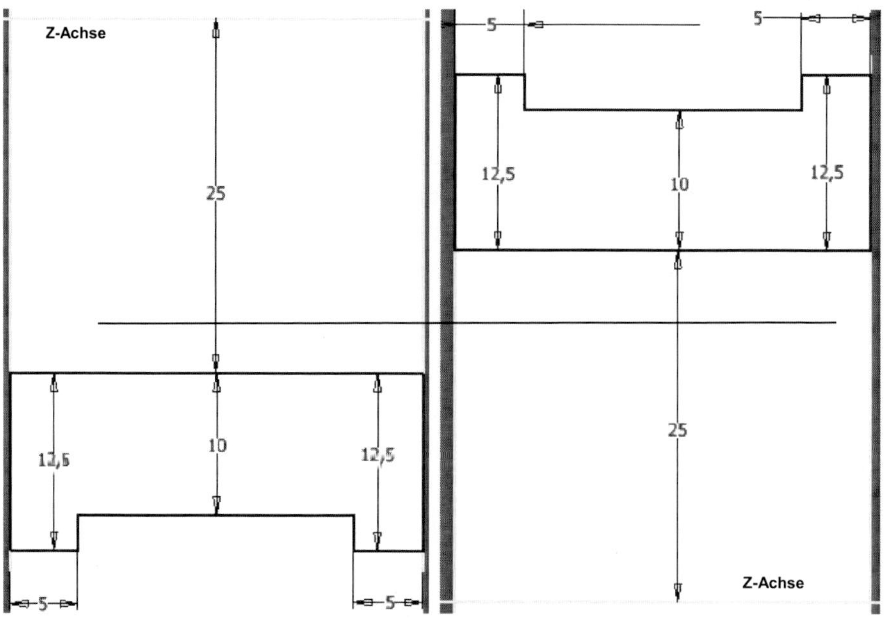

Abb. 173 (L) Detailansicht 1; (R) Detailansicht 2

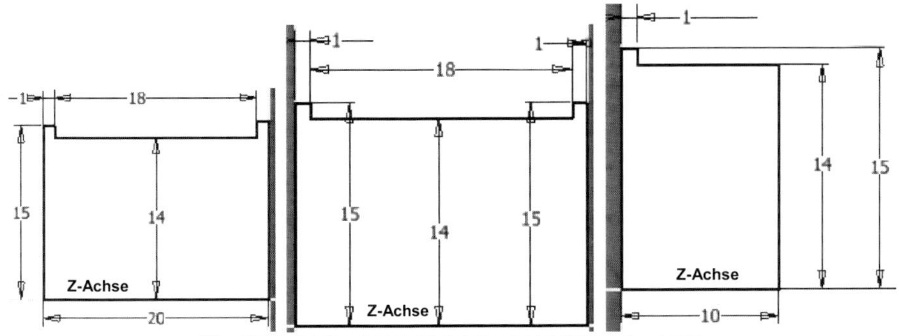

Abb. 174 (L) Detailansicht 3; (M) Detailansicht 4; (R) Detailansicht 5

Nachdem die Basisskizze fertig gezeichnet wurde, sollen die einzelnen Lager in drei Schritten durch eine ***Drehung*** erstellt werden.

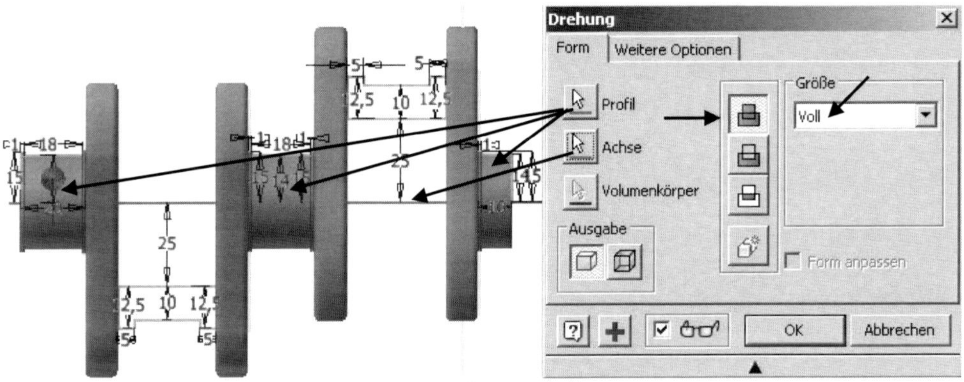

Abb. 175 Drehen der ersten drei Lager

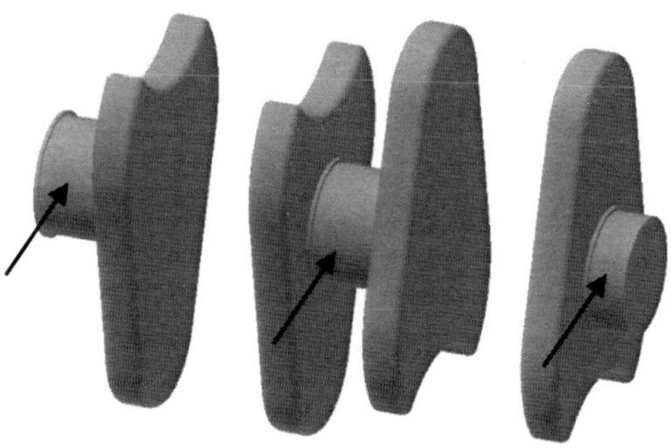
Abb. 176 Vorschau nach der ersten Drehung

- ***Drehung***
- Profil: Drei markierte Konturen
- Achse: Z-Achse
- Größe: Voll
- OK

Reaktivieren Sie die letzte Skizze wieder (***rechte Maustaste*** > ***Skizze wieder verwenden***). Die Skizze finden Sie innerhalb der letzten Umdrehung im Modellbaum.

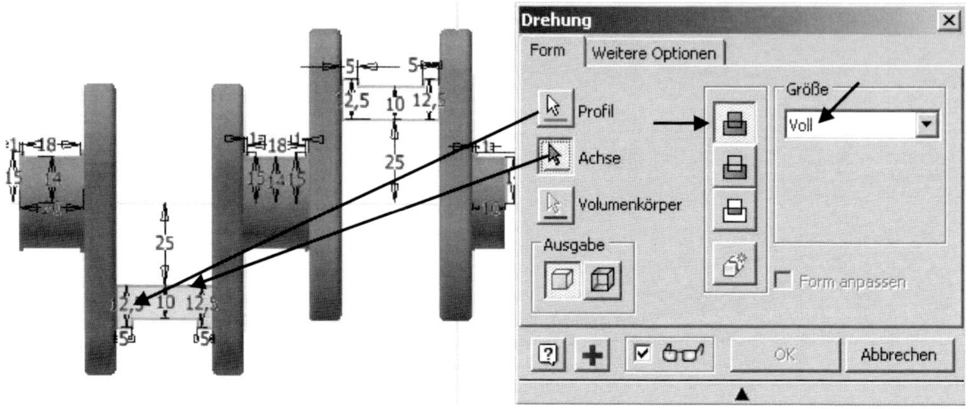

Abb. 177 Drehen des vierten Lagers

- ***Drehung***
- Profil: Markierte Kontur
- Achse: Markierte Linie
- Größe: Voll
- OK

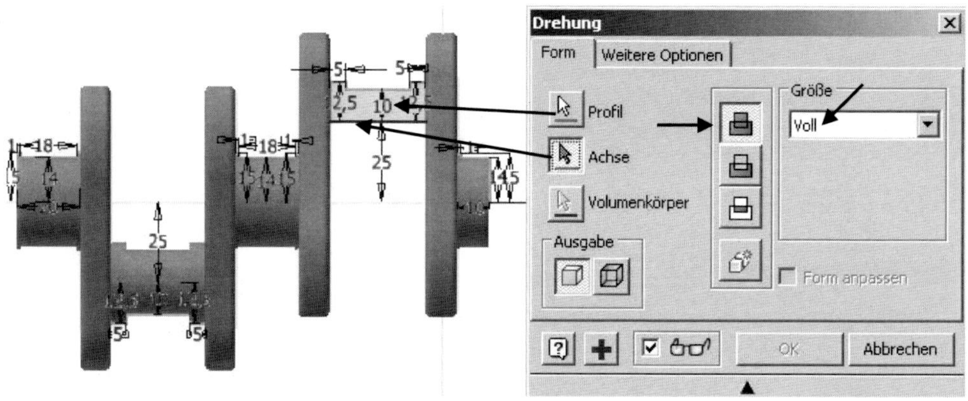

Abb. 178 Drehen des fünften Lagers

- ***Drehung***
- Profil: Markierte Kontur
- Achse: Markierte Linie
- Größe: Voll
- OK

Sie können die Sichtbarkeit der Skizze wieder deaktivieren (***rechte Maustaste*** > ***Sichtbarkeit***), anschließend in die ***ViewCube-Ansicht OBEN*** wechseln und auf der vor Ihnen liegenden Stirnfläche (Abb. 179) eine neue ***2D-Skizze*** erzeugen. Hier soll mittig (Fläche ***projizieren***, um den Kreismittelpunkt zu erhalten) ein ***Kreis D = 20 mm*** gezeichnet werden.

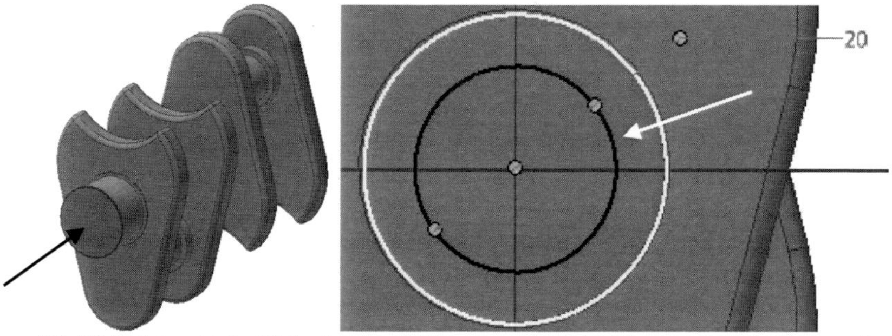

Abb. 179 (L) Auf markierter Fläche eine neue 2D-Skizze erzeugen; (R) Mittig einen Kreis D = 20 mm zeichnen

- ViewCube-Ansicht: ***OBEN***
- ***2D-Skizze*** (auf markierter Fläche)
- Fläche ***projizieren*** (Abb. 179 L)
- ***Kreis*** zeichnen (D = 20 mm)
- ***Skizze fertig stellen***

Dieser Kreis soll um ***20 mm*** ***extrudiert*** werden.

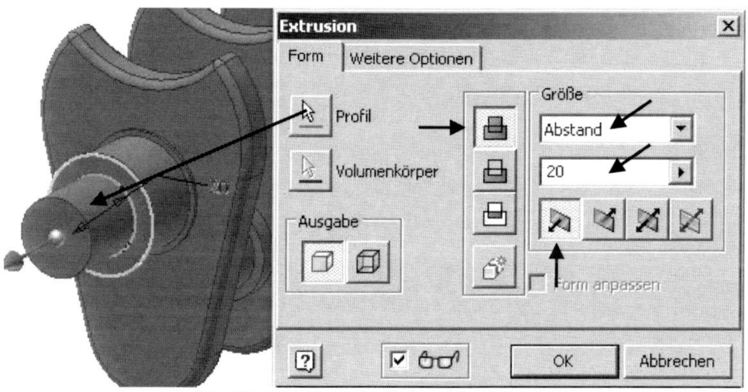

Abb. 180 Extrudieren des Kreises (Vereinigung)

- ***Extrusion***
- Profil: Kreis
- Verfahren: Vereinigen
- Größe: Abstand (20 mm)
- Richtung: Dargestellt
- OK

4.11.4 Passfederaussparung und Gewindebohrung

Im vorletzten Bearbeitungsschritt sollen Passfedernut und Gewindebohrung in die Kurbelwelle eingebracht werden. Hierfür benötigen Sie eine neue ***Ebene***, parallel zur ***XZ-Ebene***, und in einem Abstand von ***6 mm*** dazu.

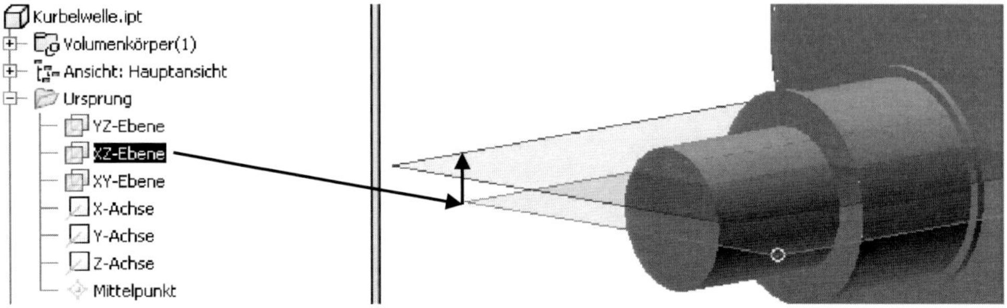

Abb. 181 Erzeugen einer neuen, zur XZ-Ebene parallelen Ebene

Auf dieser soll eine ***2D-Skizze*** erzeugt werden. Wechseln Sie zu Ansicht ***HINTEN*** und ***drehen*** Sie die Ansicht um ***90°*** gegen den UZS. Die jetzt links vor Ihnen liegende Seite ist mit der folgenden Kontur zu versehen (Abb. 182, 183).

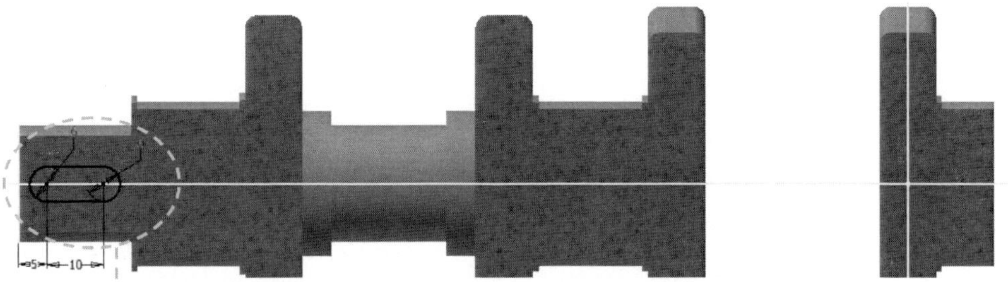

Abb. 182 Neue Skizze auf der Kurbelwelle (Ansicht: HINTEN, 90° gegen den UZS gedreht)

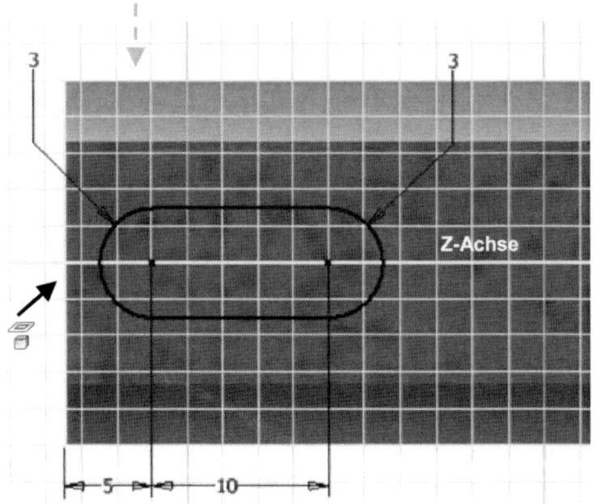

Abb. 183 Detailansicht

- ***Versatz von Ebene***
- Referenz: XZ-Ebene
- Abstand: 6 mm
- ***2D-Skizze*** (auf neuer Ebene)
- Skizze mit ***F7*** aufschneiden
- ViewCube-Ansicht: ***HINTEN***
- Ansicht 90° drehen (gegen UZS)
- 3 Achsen und linke markierte Kante ***projizieren***
- Kontur zeichnen (Abb. 183)
- ***Skizze fertig stellen***

Die neue Kontur soll ebenfalls per ***Extrusion*** vom vorhandenen Volumenkörper subtrahiert werden.

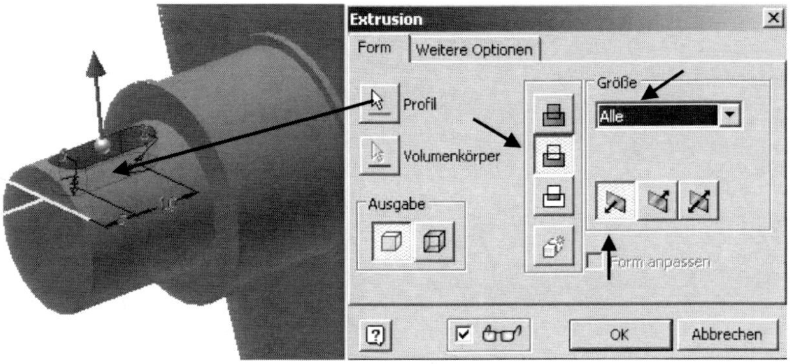

Abb. 184 Extrudieren der Kontur (Differenz)

- ***Extrusion***
- Profil: Kontur
- Verfahren: Differenz
- Größe: Alle
- Richtung: Dargestellt
- OK

Fügen Sie dieser Seite der Kurbelwelle eine ***Gewindebohrung*** hinzu.

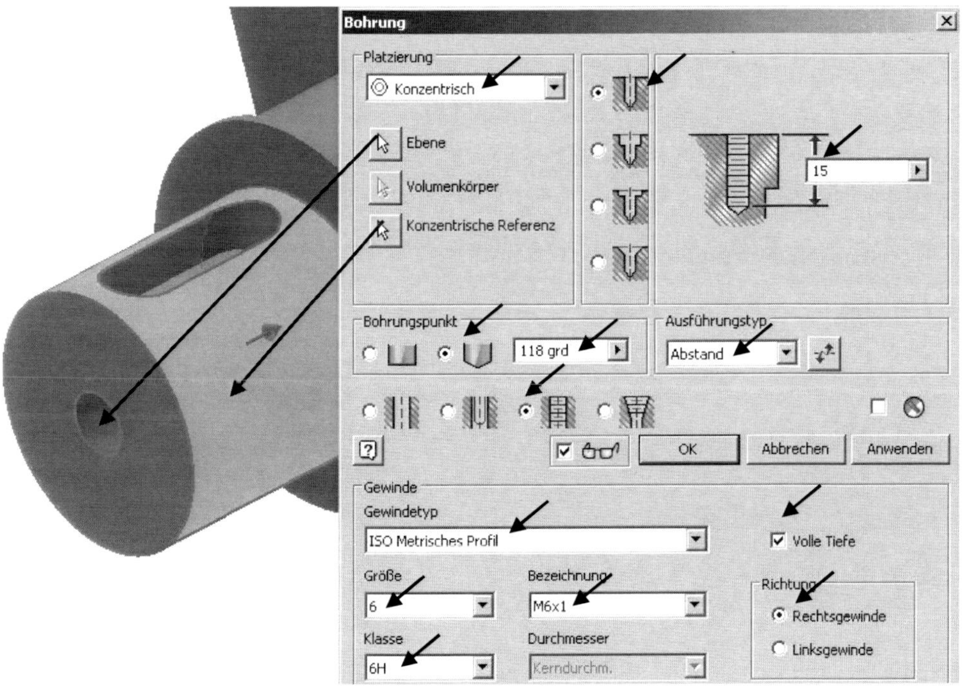

Abb. 185 Hinzufügen der Gewindebohrung

- ***Bohrung***
- Platzierung: Konzentrisch
- Ebene: Markierte Fläche
- Konzentrische Referenz: Kante
- Typ: Gewindebohrung
- Ausführungstyp: Abstand (15 mm)
- Gewindelänge: Volle Tiefe
- Gewindetyp: ISO Metrisches Profil
- Größe: 6 - Rechtsgewinde
- Bezeichnung: M6 x 1
- Klasse: 6H
- OK

4.11.5 Spiegeln des Volumenkörpers

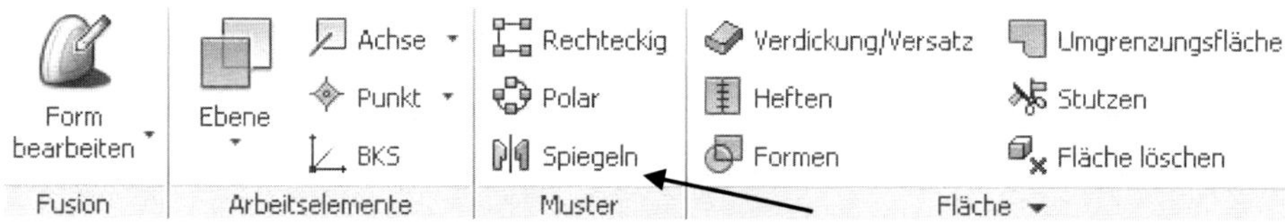

Abb. 186 Der Befehl: Spiegeln

Der Befehl ***Spiegeln*** ermöglicht das Kopieren von 3D-Elementen (in gespiegelter Form). Gespiegelt werden kann an einer Ebene oder Fläche, wobei das Original beibehalten oder gelöscht werden kann. Im folgenden Schritt soll der gesamte vorhandene Volumenkörper an der in Abb. 188 markierten Stirnfläche der Kurbelwelle gespiegelt werden.

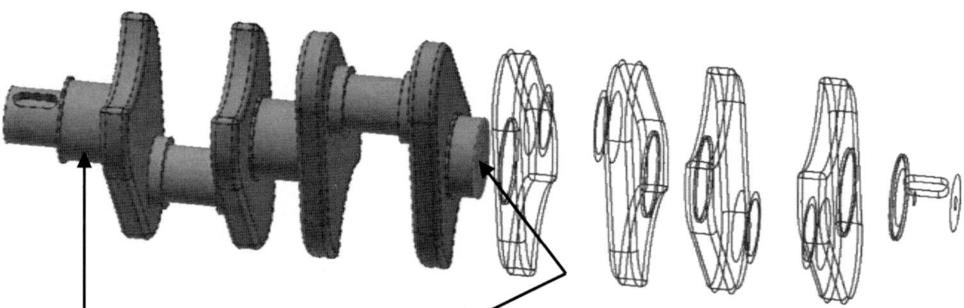
Abb. 187 Spiegeln des gesamten Volumenkörpers an einer Seitenfläche der Kurbelwelle

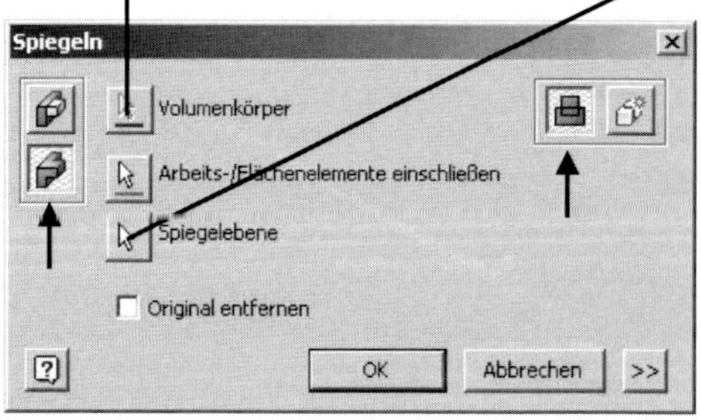

Abb. 188 Spiegeln der Kurbelwellenhälfte

- ***Spiegeln***
- Option: Volumenkörper spiegeln
- Volumenkörper: Automatisch
- Spiegelebene: Markierte Fläche
- OK

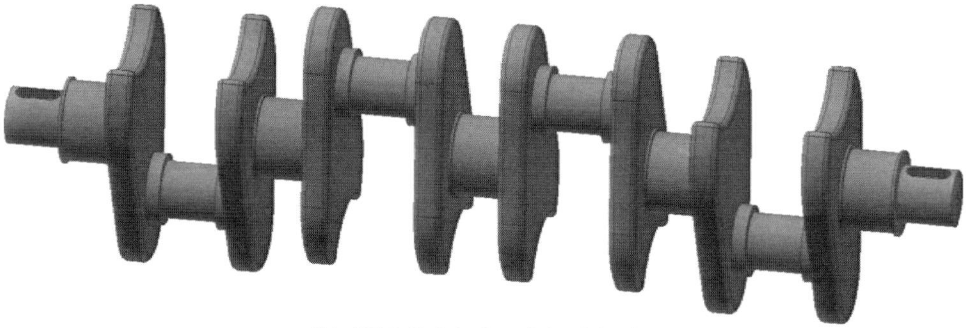

Abb. 189 Die Kurbelwelle nach dem Spiegeln

Die Bearbeitung der Kurbelwelle kann damit abgeschlossen werden. Noch sichtbare Ebenen im Zeichenbereich sollten jetzt deaktiviert werden (***rechte Maustaste*** > ***Sichtbarkeit***). Die Datei kann ***gespeichert*** und ***geschlossen*** werden.

Mit der Fertigstellung der Kurbelwelle verlassen wir den Bauteilbereich und starten den Zusammenbau der ersten Baugruppen.

5 BAUGRUPPEN

5.1 Unterbaugruppe Kolben

Abb. 190 Unterbaugruppe: BG_Kolben.iam

Der Übungsmotor besteht aus vielen Einzelteilen, die zu einer Baugruppe zusammengefügt werden müssen. Jede Komponente erhält ihre Position und die für sie bestimmten Bewegungsabhängigkeiten. Große Baugruppen setzen sich in der Regel aus kleineren Unterbaugruppen zusammen. Das vereinfacht den Modellbaum und erleichtert dem Zusammenbau. Auch in unserer Hauptbaugruppe sollen einige Unterbaugruppen verwendet werden. Eine dieser Unterbaugruppen wird die Baugruppe ***BG_Kolben.iam*** sein. Sie besteht aus Kolben, Pleuel-Unter- und -Oberseite, einem Bolzen und zwei Schrauben.

5.1.1 Erzeugen der ersten Baugruppe

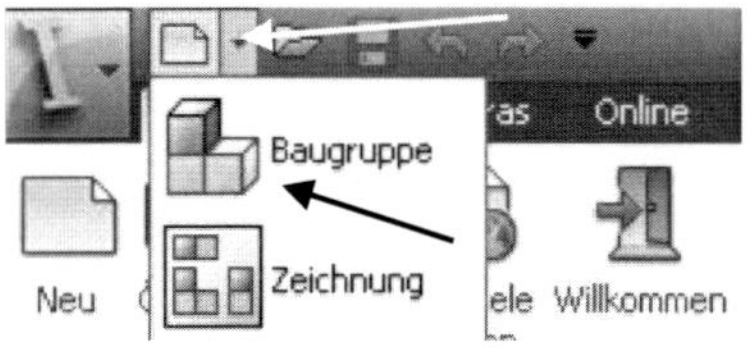

Abb. 191 Erstellen einer neuen Baugruppe

Erstellen Sie eine neue ***Baugruppe*** (Abb. 191) und speichern Sie diese als ***BG_Kolben.iam*** in Ihrem Projektordner ab. Das Programm startet im Register ***Zusammenfügen*** und erwartet Ihre Befehle.

5.1.2 Das Register ZUSAMMENFÜGEN im Überblick

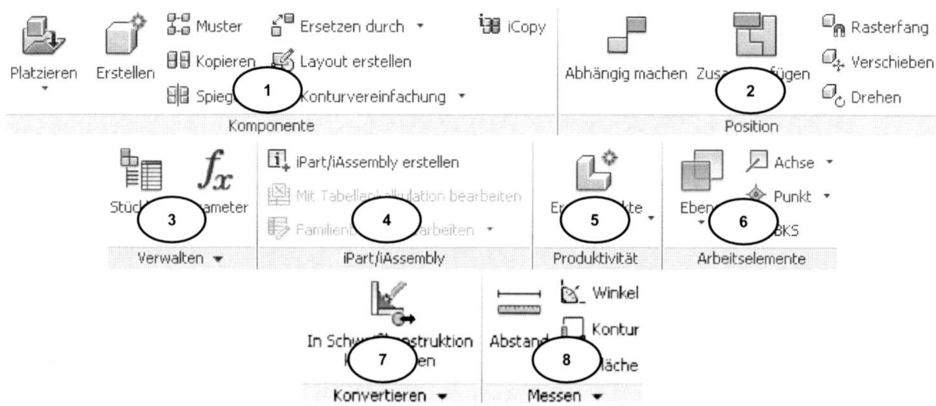

Abb. 192 Befehlsgruppen des Registers: Zusammenfügen

OPTIONEN

1) Bauteile/ Komponenten aus einer Datei/ dem Inhaltscenter einfügen, neue Bauteile erstellen, vorhandene Bauteile kopieren, anordnen oder ersetzen
2) Komponenten mit Abhängigkeiten versehen oder in ihrer Position/ Lage ändern
3) Stückliste, Parameter
4) Erzeugen/ Bearbeiten von Teilefamilien
5) Bauteile vereinfachen, Bauteilstrukturen organisieren
6) Ebenen, Achsen, Punkte erzeugen
7) Konvertieren einer Baugruppe in eine Schweißbaugruppe
8) Abstände, Winkel, Konturen, Flächeninhalte berechnen

5.1.3 Komponenten platzieren

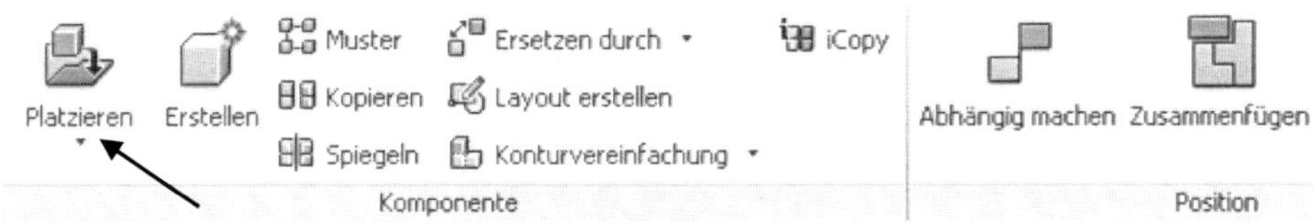

Abb. 193 Der Befehl: Platzieren

Der Befehl ***Platzieren*** ermöglicht das Einfügen von Komponenten (Bauteilen, Baugruppen) in eine Baugruppe. Wird der Befehl nicht durch ***ESC*** beendet, können die ausgewählten Komponenten mehrfach eingefügt werden. Der erneute Klick auf eine bereits abgelegte Komponente öffnet den Befehl ***Zusammenfügen***.

HINWEIS: Eine Mehrfachauswahl von Komponenten (während des Einfügens) ist bei gedrückter ***STRG***-Taste möglich (Abb. 194).

Abb. 194 Auswahlfenster: Komponente platzieren

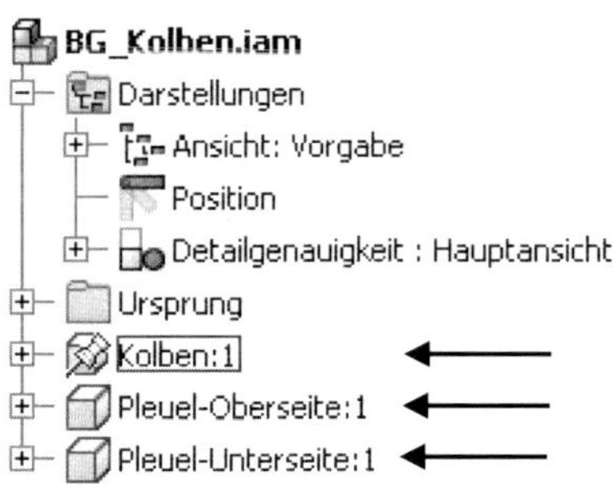

Abb. 195 Modellbaum mit Komponenten

Starten Sie den Befehl und wählen Sie im Auswahlfenster ***Komponente platzieren*** bei gedrückter ***STRG***-Taste die Bauteile ***Kolben.ipt***, ***Pleuel-Oberseite.ipt*** und ***Pleuel-Unterseite.ipt***. ***Öffnen*** bestätigt die Auswahl.

Jede der drei Komponenten sollte jetzt automatisch einmal im Zeichenbereich abgelegt worden sein. Beenden Sie diesen Schritt mit ***ESC***.

HINWEIS: Beachten Sie, dass das erste in eine Baugruppe eingefügte Bauteil automatisch durch das Programm ***fixiert*** wird (gekennzeichnet durch das kleine ***PIN***-Symbol im Modellbaum). Das bedeutet, dass dieses Bauteil fest an der aktuellen Position (in diesem Fall im Koordinatenursprung des BKS) verankert ist. Bei beweglichen Unterbaugruppen kann es hier später Probleme beim Setzen von Abhängigkeiten geben. Um die Fixierung zu entfernen, markieren Sie die Komponente und wählen per ***rechter Maustaste*** > ***Fixiert***.

Entfernen Sie die Fixierung des ersten Bauteils im Modellbaum (in Abb. 195 ist das der Kolben). Klicken Sie mit der ***rechten Maustaste*** auf das Bauteil und deaktivieren Sie die Option ***Fixiert***.

5.1.4 Kolben und Pleuel-Oberseite voneinander abhängig machen

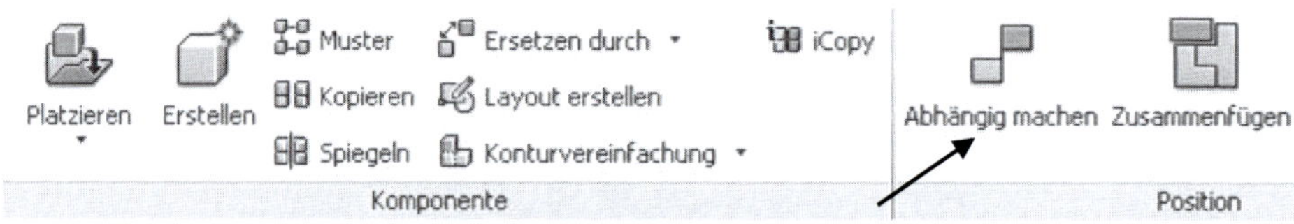

Abb. 196 Der Befehl: Abhängig machen

Wenn eine Komponente in eine Baugruppe eingefügt wird, so ist sie frei beweglich, es sei denn, sie ist fixiert. Der Befehl ***Abhängig machen*** stellt Verbindungen zwischen Komponenten her, indem deren geometrische Elemente voneinander abhängig gemacht werden. Jede Abhängigkeit entfernt eine bestimmte Anzahl an Freiheitsgraden und schränkt die Komponente somit in ihrer Beweglichkeit ein.

Starten Sie den Befehl, und verbinden Sie im ersten Schritt ***Kolben*** und ***Pleuel-Oberseite*** an den in Abb. 197 dargestellten Achsen miteinander. Bleiben Sie im Reiter ***Baugruppe***, aktivieren Sie den Typ ***Passend***, den Modus ***Passend***, und wählen Sie als ***Auswahl1*** die markierte ***Achse*** am ***Kolben*** und als ***Auswahl2*** die markierte ***Achse*** am ***Pleuel-Auge***.

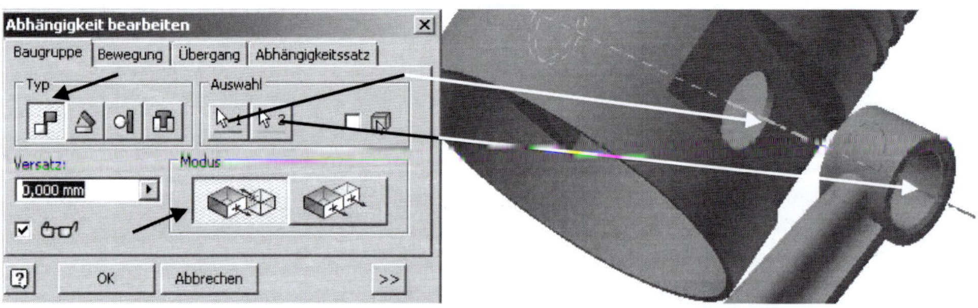

Abb. 197 Setzen der ersten Abhängigkeit zwischen Kolben und Pleuel-Oberseite

- ***Abhängig machen***
- Reiter: Baugruppe
- Typ: Passend
- Auswahl 1: Markierte Achse (Kolben)
- Auswahl 2: Markierte Achse (Pleuel-Auge)
- Modus: Passend
- OK

HINWEIS: Die Achse einer Bohrung/ eines zylindrischen Elements können Sie auswählen, indem Sie mit der Maustaste auf die dazugehörige zylindrische Fläche klicken. Bei manchen Elementen sind die zylindrischen Flächen sehr schmal (in unserem Fall die Querbohrung des Kolbens). Dann ist es erforderlich, sehr dicht an die Komponente heran zu zoomen.

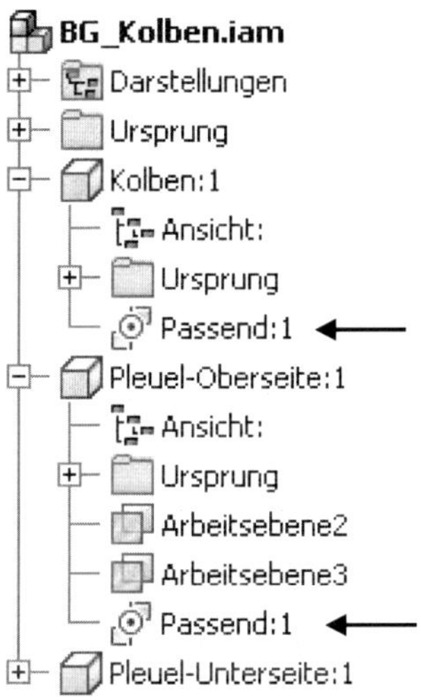

Abb. 198 Abhängigkeiten im Modellbaum

Nachdem die Abhängigkeit gesetzt wurde, wird Sie den betreffenden Komponenten im Modellbaum zugeordnet.

Klappen Sie im Modellbaum die Komponenten ***Kolben*** und ***Pleuel-Oberseite*** auf. Hier finden Sie die soeben erzeugte Abhängigkeit ***Passend***.

Wenn Sie mit der linken Maustaste über die Abhängigkeit fahren, wird diese im Zeichenbereich angedeutet.

Um eine Abhängigkeit zu bearbeiten, markieren Sie diese im Modellbaum und wählen dann mit der ***rechten Maustaste*** die Option ***Bearbeiten***.

Nachdem beide Achsen aufeinandergelegt wurden, muss das Pleuel mittig zum Kolben positioniert werden. Da bei der Konstruktion stets auf Symmetrie geachtet wurde, können dafür die Ursprungsebenen der Bauteile verwendet werden.

Wenn Sie die Komponenten im Modellbaum aufklappen, finden Sie einen Ordner ***Ursprung***. Dort sind alle Achsen und Ebenen enthalten und können zur Positionierung verwendet werden.

Starten Sie den Befehl ***Abhängig machen*** (Reiter ***Baugruppe***, Typ ***Passend***, Modus ***Passend***) und wählen Sie als ***Auswahl 1*** die ***YZ-Ebene*** des ***Kolbens*** und als ***Auswahl 2*** die ***XY-Ebene*** des Bauteils ***Pleuel-Oberseite***.

5.1.5 Kontaktsatz aktivieren

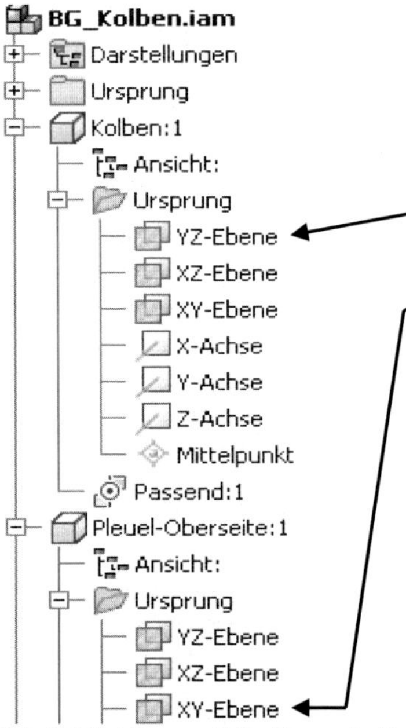

Abb. 199 Modellbaum mit den Ebenen der Komponenten

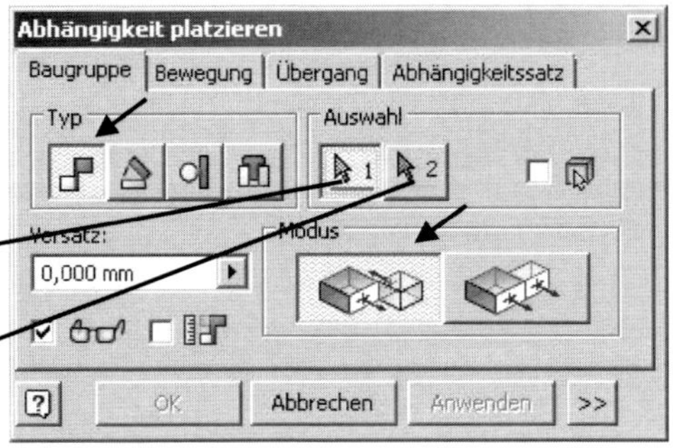

Abb. 200 Befehlsfenster: Abhängigkeit platzieren

- ***Abhängig machen***
- Reiter: Baugruppe
- Typ: Passend
- Auswahl 1: YZ-Ebene (Kolben)
- Auswahl 2: XY-Ebene (Pleuel-Oberseite)
- Modus: Passend
- OK

Das Pleuel sitzt jetzt mittig im Kolben und kann nur noch um die Achse der Bolzenbohrung gedreht werden. Das Programm erkennt in der Grundeinstellung keine Kollisionen zweier Bauteile, das Pleuel kann im aktuellen Zustand also problemlos durch den Kolben hindurch bewegt werden. Drehen Sie das Pleuel so, dass es mit dem Kolben nicht kollidiert, und aktivieren Sie danach den Kontaktsatz.

Klicken Sie mit der ***rechten Maustaste*** auf die Komponente ***Pleuel-Oberseite*** (im Modellbaum oder im Zeichenbereich) und aktivieren Sie die Option ***Kontaktsatz***. Wiederholen Sie das beim ***Kolben***. Bei beiden Komponenten sollte jetzt im Modellbaum das Symbol ***Kontaktsatz*** angezeigt werden. Wechseln Sie ins Register ***Prüfen*** und starten Sie dort den Befehl ***Kontaktlöser aktivieren***. Wenn Sie das Pleuel jetzt bei gedrückter linker Maustaste bewegen, sollte die Bewegung begrenzt werden.

> ***HINWEIS***: Der ***Kontaktlöser*** aktiviert die automatische Berechnung des Programms auf Kollision zweier Komponenten. Alle betroffenen Komponenten müssen vorher als ***Kontaktsatz*** aktiviert werden.

5.1.6 Pleuel-Oberseite und Pleuel-Unterseite miteinander verbinden

Abb. 201 Der Befehl: Komponente drehen

Im nächsten Schritt sollen Ober- und Unterseite des Pleuels miteinander verbunden werden. Um das Platzieren der Abhängigkeit etwas zu erleichtern, soll die Unterseite vorher etwas gedreht werden. Der Befehl ***Komponente drehen*** ermöglicht das freie Drehen einzelner Komponenten einer Baugruppe.

Starten Sie den Befehl, wählen Sie anschließend die Unterseite des Pleuels und drehen Sie diese, bis die in Abb. 202 dargestellte Position erreicht wurde. Im Anschluss sollen die folgenden drei Abhängigkeiten platziert werden.

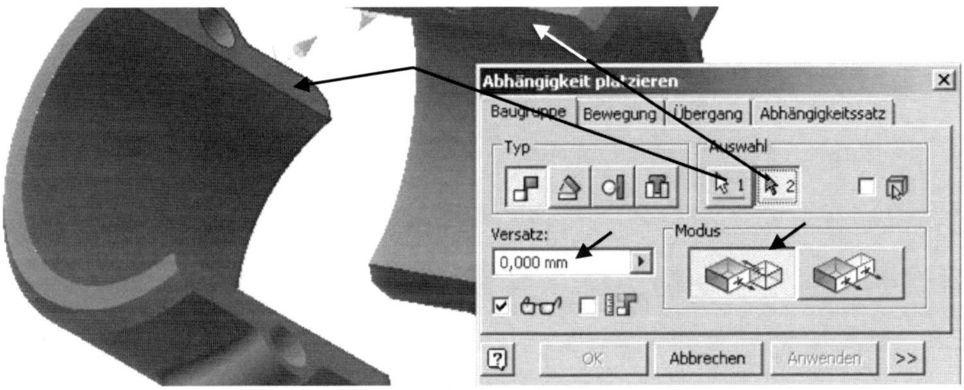

Abb. 202 Flächen abhängig machen

- ***Abhängig machen***
- Reiter: Baugruppe
- Typ: Passend
- Auswahl 1: Markierte Fläche
- Auswahl 2: Markierte Fläche
- Modus: Passend
- OK

HINWEIS: ***Verschieben*** ermöglicht das freie Verschieben einzelner Komponenten in der Baugruppe. Die komfortablere Alternative ist das Verschieben bei gedrückter ***linker Maustaste***.

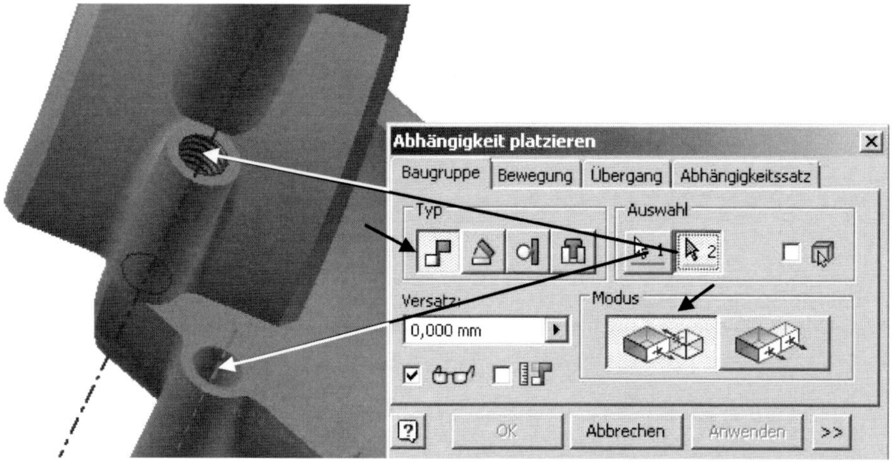

Abb. 203 Achsen abhängig machen

- ***Abhängig machen***
- Reiter: Baugruppe
- Typ: Passend
- Auswahl 1: Markierte Achse
- Auswahl 2: Markierte Achse
- Modus: Passend
- OK

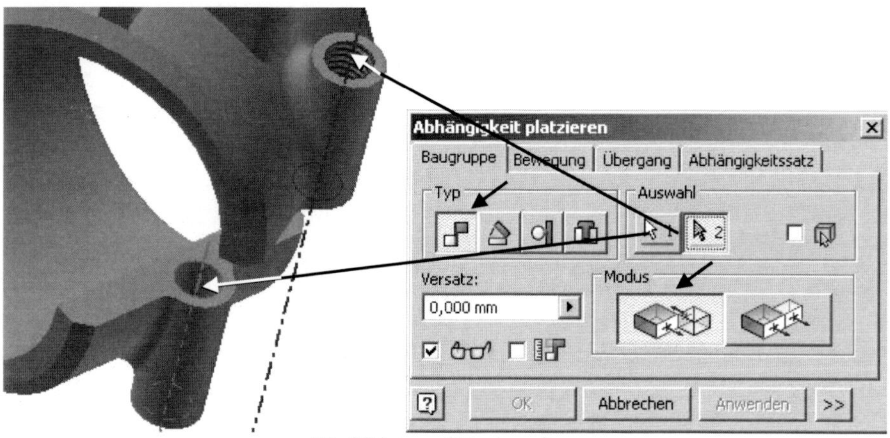

Abb. 204 Achsen abhängig machen

- ***Abhängig machen***
- Reiter: Baugruppe
- Typ: Passend
- Auswahl 1: Markierte Achse
- Auswahl 2: Markierte Achse
- Modus: Passend
- OK

5.1.7 Schrauben aus dem Inhaltscenter platzieren

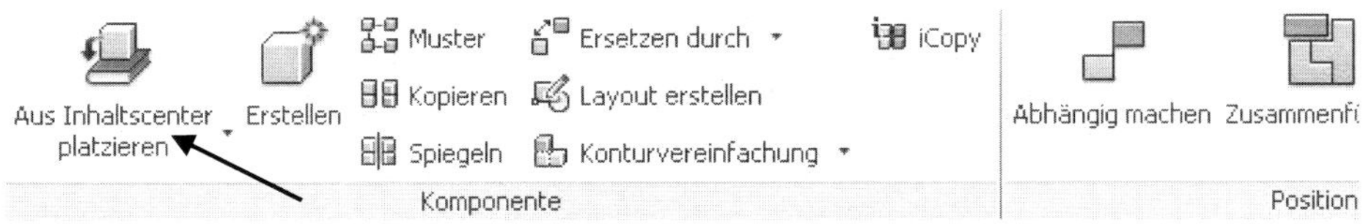

Abb. 205 Der Befehl: Aus Inhaltscenter platzieren

Das Programm bietet mit dem ***Inhaltscenter*** eine Auswahl an Standard-Elementen aus verschiedenen Bereichen (Blech, Elemente, Kabel und Kabelbaum, Profile, Rohre und Leitungen, sonstige Bauteile, Verbindungselemente, Wellenteile).

Starten Sie den Befehl und generieren Sie zwei Schrauben, um Ober- und Unterseite des Pleuels miteinander zu verschrauben. Aktivieren Sie im Auswahlfenster im ersten Schritt die Optionen ***AutoDrop*** und ***Baumstrukturansicht*** (obere Befehlsleiste). Wählen Sie auf der linken Seite (Kategorieansicht) den Pfad ***Verbindungselemente*** > ***Schrauben*** > ***Zylinderkopf*** und dort die Schraube ***DIN EN ISO 4762***. Bestätigen Sie mit OK.

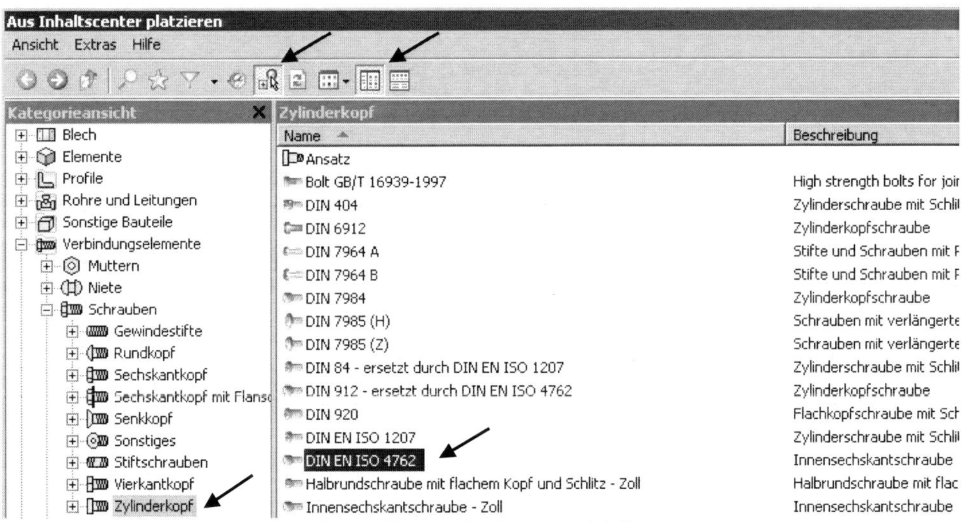

Abb. 206 Auswahl einer Schraube aus dem Inhaltscenter

- ***Inhaltscenter***
- ***AutoDrop*** aktivieren
- ***Baumstrukturansicht*** aktivieren
- Pfad: Verbindungselemente > Schrauben > Zylinderkopf
- Schraube: ***DIN EN ISO 4762*** wählen
- OK

Zurück im Zeichenfenster befindet sich die Schraube bereits am Mauszeiger. Im vorherigen Auswahlfenster wurde die Option ***AutoDrop*** aktiviert. Sie erleichtert die Auswahl der passenden Schraubengröße (funktioniert aber nicht bei allen Komponenten aus dem Inhaltscenter).

Wählen Sie die ***Gewindebohrung*** (Pleuel-Oberteil), die ***Startfläche*** (Stirnfläche Pleuel-Unterseite), aktiveren Sie anschließend die Option ***Mehrere einfügen*** (die Schraube in der zweiten Bohrung wird automatisch erzeugt), ziehen Sie am Doppelpfeil, bis die Schraubenmaße ***M3 x 20*** angezeigt werden und ***bestätigen*** Sie anschließend die Eingaben. Die beiden Schrauben werden jetzt generiert.

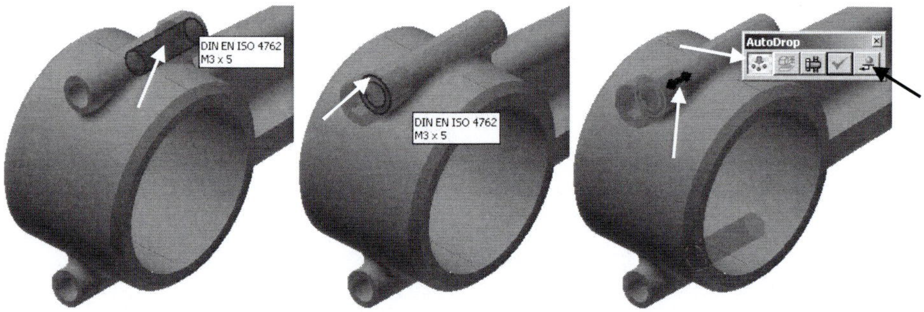

Abb. 207 (L) Zylinderfläche; (M) Startfläche; (R) Schraubenlänge; Mehrere einfügen

- Markierte Zylinderfläche (Pleuel-Oberseite) (Abb. 207 L)
- Markierte Stirnfläche (Abb. 207 M)
- Option: ***Mehrere einfügen***
- Am ***Doppelpfeil*** ziehen, bis die Länge ***20*** (M3 x 20) angezeigt wird
- Eingabe ***bestätigen***

HINWEIS: ***AutoDrop*** ermöglicht eine teilautomatisierte Konfiguration von Komponenten aus dem Inhaltscenter. Geometrische Eigenschaften der Komponenten werden dabei anhand der vorhandenen geometrischen Elemente (bei der Schraube die Gewindebohrung) ermittelt und generiert. Diese automatische Option funktioniert allerdings nicht bei allen Komponenten aus dem Inhaltscenter.

Nachdem Ober- und Unterseite des Pleuels miteinander verbunden und durch Schrauben gesichert wurden, soll ein neuer Bolzen erzeugt werden, der Kolben und Pleuel miteinander verbindet.

5.1.8 Erstellen einer Komponente aus der Baugruppe heraus

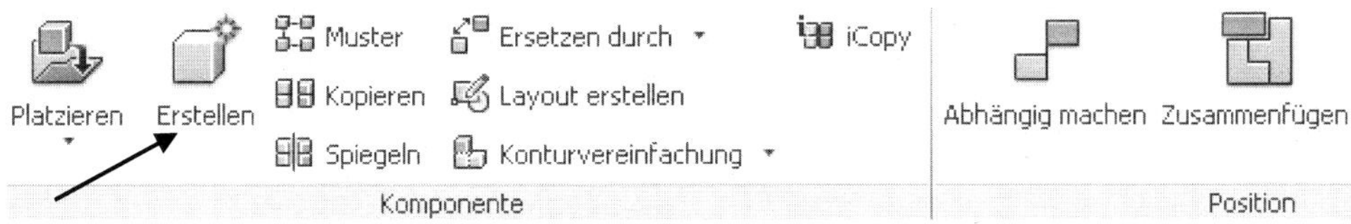

Abb. 208 Der Befehl: Erstellen

Neben der grundsätzlichen Möglichkeit, Bauteile über das Hauptmenü zu erzeugen (***Neu***), können diese mit dem Befehl ***Erstellen*** auch direkt aus der Baugruppe heraus erstellt werden. Ein besonders großer Vorteil hierbei ist, dass man sich auf bereits vorhandene Komponenten beziehen kann und die neue Komponente eine Adaptivität (geometrische Beziehung) zu den vorhandenen geometrischen Elementen aufweist. Auf Änderungen an den betreffenden geometrischen (Referenz-) Elementen reagiert das Programm automatisch mit einer Anpassung der adaptiven Komponenten.

Starten Sie den Befehl, geben Sie den Komponentennamen ***Kolbenbolzen*** ein, wählen Sie die Vorlage ***Norm.ipt***, Ihren Projektspeicherort und die Stücklistenstruktur ***Normal***. Wichtig ist, den Haken bei der Option ***Skizzierebene von gewählter Fläche oder Ebene abhängig machen*** zu setzen, um die neue Komponente mit der entsprechenden Adaptivität zu versehen.

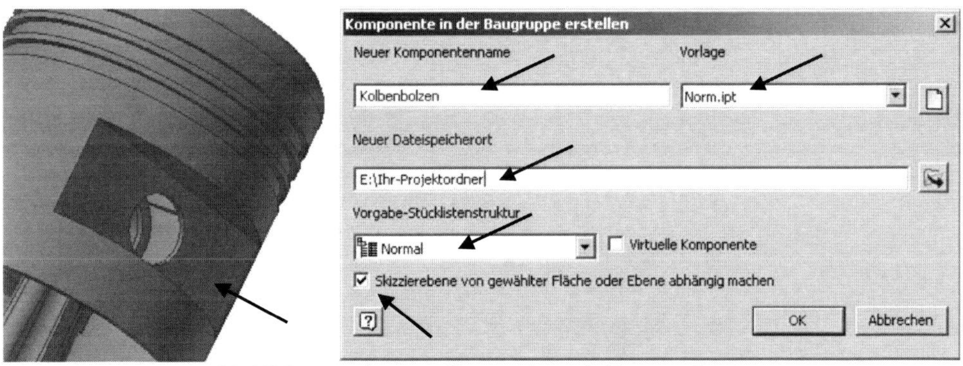

Abb. 209 Erzeugen einer neuen Komponente aus der Baugruppe heraus

- ***Erstellen***
- Komponentenname: Kolbenbolzen
- Vorlage: Norm.ipt
- Dateispeicherort: Projektordner
- Stücklistenstruktur: Normal
- Aktivieren: Skizzierebene von gewählter Fläche abhängig machen
- OK

Nachdem die Eingaben im Befehlsfenster mit OK bestätigt worden sind, erwartet das Programm die Definition der Basisebene des neuen Bauteils. Hier soll die in Abb. 209 markierte Fläche des Kolbens gewählt werden. Alle Komponenten der Baugruppe sollten jetzt durchsichtig dargestellt werden.

Das Programm wechselt automatisch in den Bearbeitungsbereich der neuen Komponente ***Kolbenbolzen.ipt*** und öffnet das Register ***3D-Modellierung***. Erzeugen Sie auf der in Abb. 210 L markierten Fläche eine neue ***2D-Skizze*** und ***projizieren*** Sie die in Abb. 210 R markierte Kante der Kolbenbohrung. Zurück im Bereich ***3D-Modellierung***, starten Sie den Befehl ***Extrusion***. Wählen Sie als Profil den ***Kreis***, als ***Größe*** die Option ***Bis*** und als ***Endezeichen*** die ***gegenüberliegende Kolbenfläche*** (Abb. 211).

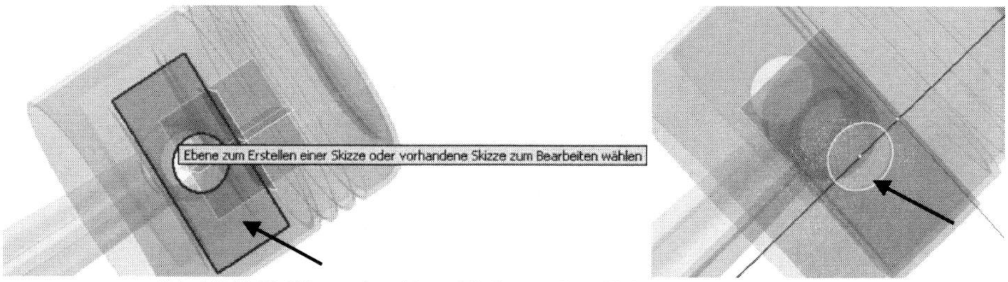

Abb. 210 (L) 2D-Skizze auf markierter Fläche erstellen; (R) Bohrungskante projizieren

- Basisebene des neuen Bauteils wählen (markierte Fläche Abb. 209)
- ***2D-Skizze*** (Fläche Abb. 210 L)
- ***Geometrie projizieren*** (markierte Kante Abb. 210 R)
- ***Skizze fertig stellen***

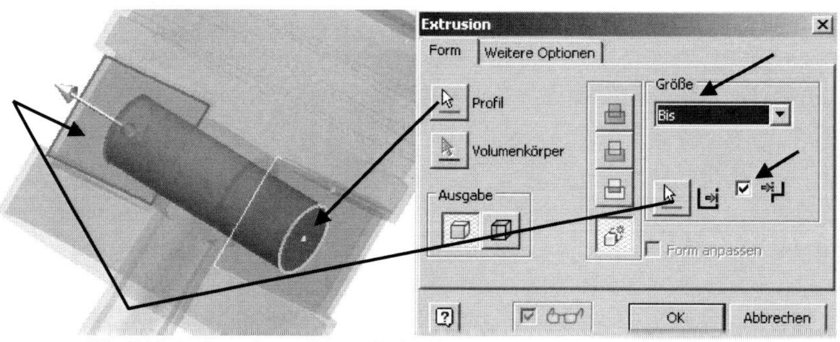

Abb. 211 Extrudieren des projizierten Kreise bis zur gegenüberliegenden Kolbenseite

- ***Extrusion***
- Profil: Projizierter Kreis
- Größe: Bis
- Endezeichen: Gegenüberliegende Kolbenfläche (Abb. 211)
- OK

5.1.9 Materialien zuweisen

Deaktivieren Sie die Sichtbarkeit der neu erzeugten Ebene (***rechte Maustaste*** > ***Sichtbarkeit***). Der Befehl ***Zurück*** (Befehlsgruppe ***Zurück***) beendet die Bearbeitung des Bauteils ***Kolbenbolzen.ipt***, und das Programm kehrt in die Baugruppe zurück.

Abb. 212 Bearbeiten der Materialeigenschaften

Nachdem alle Komponenten eingefügt und platziert wurden, soll ihnen noch ein ***Material*** zugewiesen werden. Markieren Sie die entsprechenden Bauteile im Zeichenfenster (oder im Modellbaum) und weisen Sie die Materialien aus Abb. 212, 213 zu. Vorab muss die ***Autodesk-Materialbibliothek*** (unterer Bereich der Farbüberschreibung, Abb. 212) aktiviert werden.

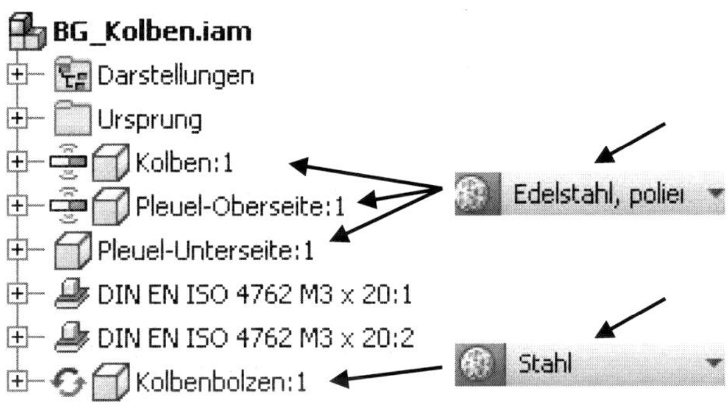

Abb. 213 Auswahl der Materialien

- ***Pleuel-Unterseite***, ***Pleuel-Oberseite*** und ***Kolben*** markieren
- ***Materialien***
- Edelstahl, poliert
- ***ESC***

- ***Kolbenbolzen*** markieren
- ***Materialien***
- Stahl
- ***ESC***

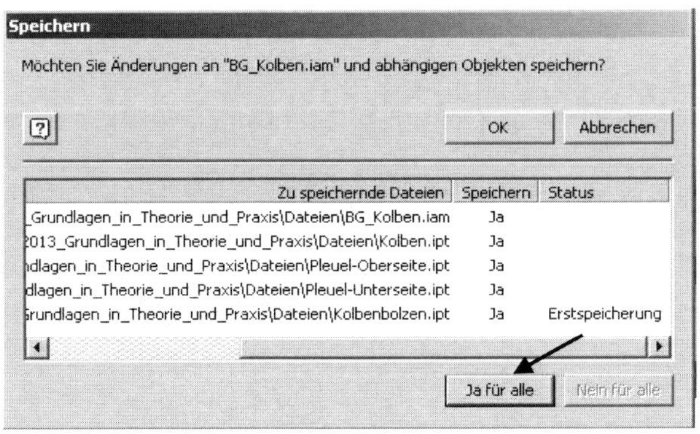

Abb. 214 Speichern der Baugruppe: BG_Kolben.iam

Die erste Unterbaugruppe kann damit ***gespeichert*** und ***geschlossen*** werden.

Achten Sie beim Speichern auf das Befehlsfenster ***Speichern***. Hier muss die Option ***Ja für alle aktiviert*** werden, um wirklich alle neuen Komponenten zu sichern.

5.2 Unterbaugruppe Kurbelwelle

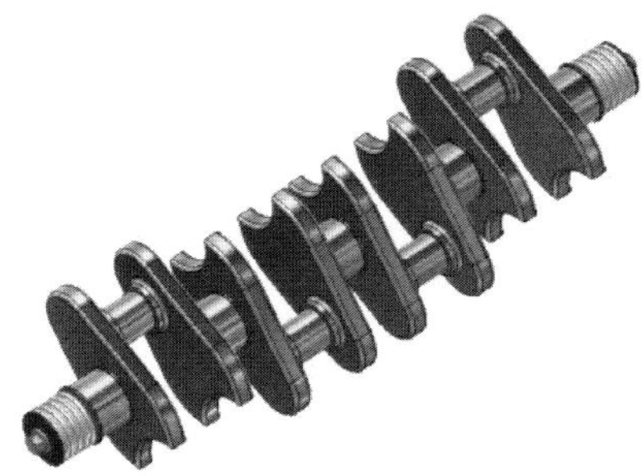

Abb. 215 Die Unterbaugruppe: BG_Kurbelwelle.iam

Die Baugruppe ***BG_Kurbelwelle.iam*** wird aus ***Kurbelwelle***, zwei ***Riemenrädern***, zwei ***Passfedern***, zwei ***Schrauben*** und zwei ***Sicherungsscheiben*** bestehen.

Passfedern und Schrauben werden aus dem Inhaltscenter geladen, die Sicherungsscheibe als neues Bauteil aus der Baugruppe heraus erzeugt.

5.2.1 Erstellen der neuen Datei und Platzieren der Komponenten

Erstellen Sie eine neue ***Baugruppe*** und speichern Sie diese im Projektordner als ***BG_Kurbelwelle.iam***.

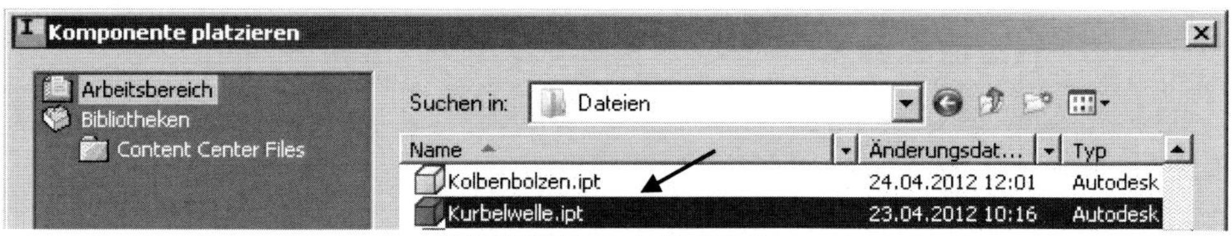

Abb. 216 Platzieren der Kurbelwelle

Platzieren Sie die Komponente ***Kurbelwelle.ipt*** aus dem Projektordner einmal in der Baugruppe.

5.2.2 Passfedern aus dem Inhaltscenter einfügen

Platzieren Sie anschließend zwei ***Passfedern*** aus dem ***Inhaltscenter***. Passfedern können nicht automatisch generiert, sie müssen manuell konfiguriert werden (anhand der Werte: Wellendurchmesser, Breite x Höhe und Nennlänge). Auch die Platzierung muss manuell erfolgen.

Wählen Sie im Auswahlfenster die Kategorie ***Wellenteile*** > ***Passfedern*** > ***Passfedern - rechteckig*** > ***Gerundet*** und hier die Passfeder ***DIN 6885 A***.

Im Auswahlfenster der Passfeder soll der ***Wellendurchmesser 17-22 mm***, ***Breite x Höhe 6 x 6 mm*** und die ***Nennlänge 16 mm*** gewählt werden.

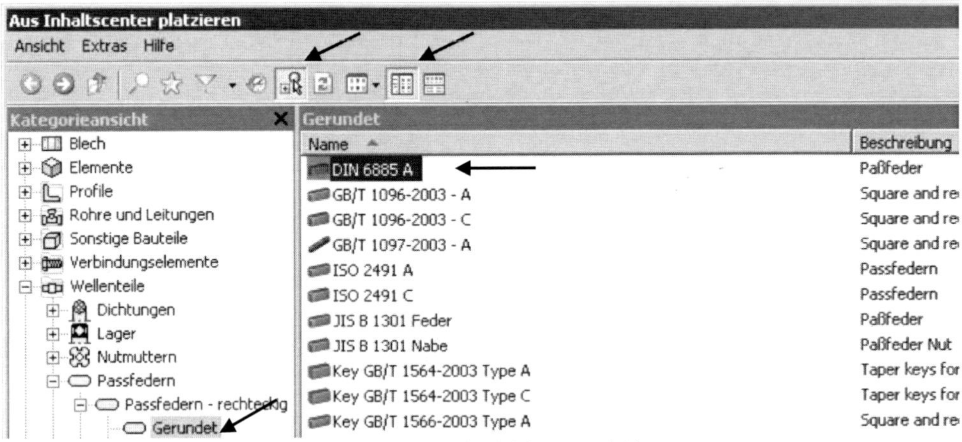

Abb. 217 Passfeder aus dem Inhaltscenter platzieren

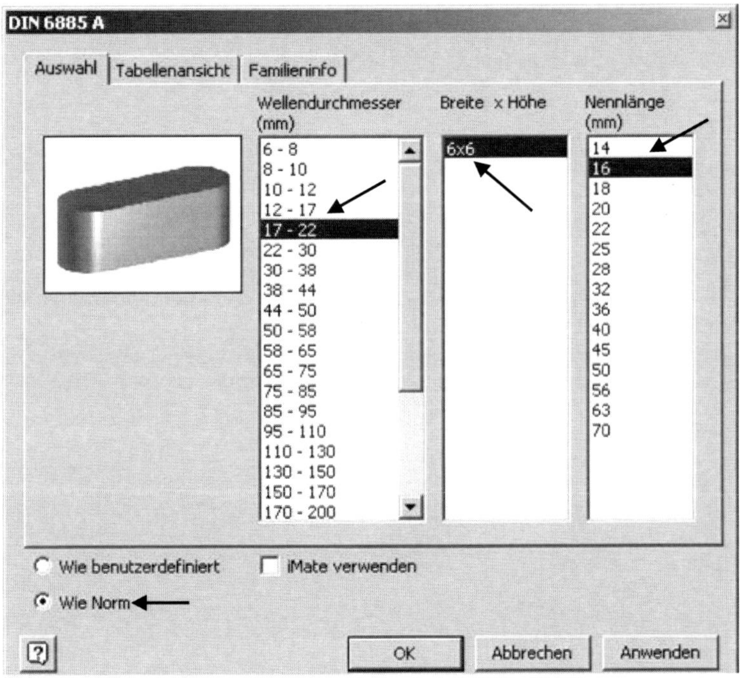

Abb. 218 Abmessungen der Passfeder anhand Wellendurchmesser, Passfedertyp und -Nennlänge wählen

- ***Aus Inhaltscenter platzieren***
- Passfeder ***DIN 6885 A*** wählen
- Wellendurchmesser: 17-22 mm
- Breite x Höhe: 6 x 6 mm
- Nennlänge: 16 mm
- OK

Legen Sie die Passfeder zweimal im Zeichenbereich ab und platzieren Sie diese darauf folgend in den beiden Passfederaussparungen der Kurbelwelle. Orientieren Sie sich an Abb. 219.

Die Passfedern soll sauber in den Nuten eingefügt werden. Verwenden Sie alle hierfür notwendigen ***Abhängigkeiten***.

Abb. 219 Platzieren der Passfedern in den Passfederaussparungen

Wiederholen Sie diese Abhängigkeiten zwischen Passfeder und Passfederaussparung auf der gegenüberliegenden Seite der Kurbelwelle.

5.2.3 Platzieren der Riemenräder

Nachdem die beiden Passfedern mit der Kurbelwelle verbunden wurden, können die Riemenräder der Kurbelwelle in die Baugruppe eingefügt werden.

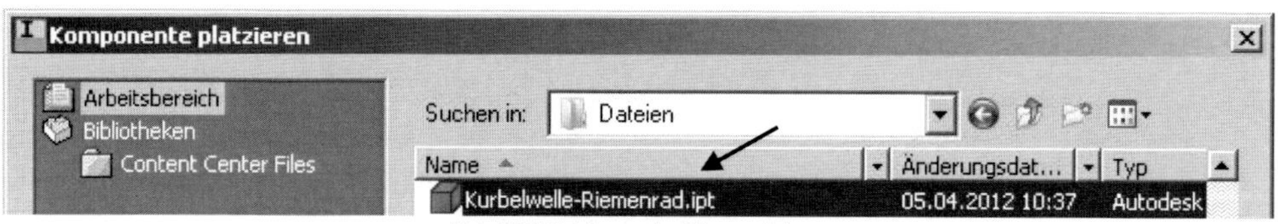

Abb. 220 Platzieren der Riemenräder

Legen Sie das Riemenrad der Kurbelwelle zweimal im Zeichenbereich ab und erzeugen Sie danach ***Abhängigkeiten*** zwischen den Komponenten, wie in Abb. 221 dargestellt.

Achten Sie darauf, dass die Riemenräder bündig an der Kurbelwelle abschließen und dass die Passfedern korrekt in den hierfür vorgesehenen Aussparungen der Riemenräder platziert werden.

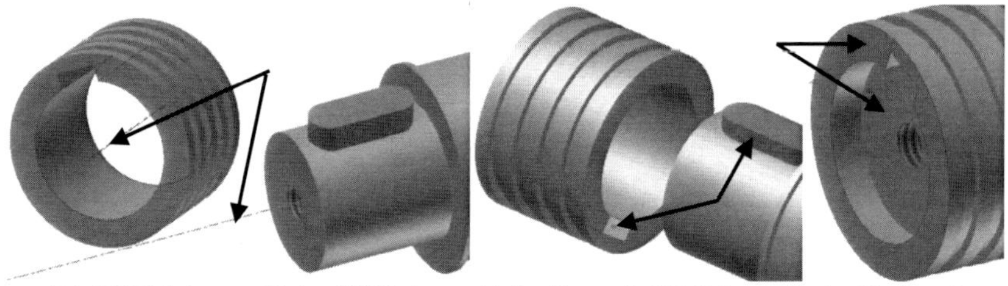

Abb. 221 (L) Achsen verbinden; (M) Flächen verbinden (Passend); (R) Flächen verbinden (Fluchtend)

- ***Abhängigkeit platzieren***
- Typ: Baugruppe - Passend
- Modus: Passend
- Auswahl: Achsen (Abb. 221 L)
- Versatz: 0 mm
- Anwenden
- Modus: Passend
- Auswahl: Flächen (Abb. 221 M)
- Versatz: 0 mm
- Anwenden
- Modus: Fluchtend
- Auswahl: Achsen (Abb. 221 R)
- Versatz: 0 mm
- OK

Wiederholen Sie diese Abhängigkeiten beim zweiten Riemenrad auf der gegenüberliegenden Seite der Kurbelwelle.

5.2.4 Erzeugen der Sicherungsscheiben aus der Baugruppe heraus

Um die Riemenräder gegen ein axiales Rutschen von der Kurbelwelle zu sichern, muss ein weiteres Bauteil erzeugt werden. Verwenden Sie den Befehl ***Erstellen*** und erzeugen Sie das Bauteil ***Sicherungsscheibe.ipt***. Als Basisfläche für das neue Bauteil soll die in Abb. 222 markierte Stirnfläche der Kurbelwelle verwendet werden (welche Seite der Welle Sie verwenden ist egal). Erzeugen Sie darauf eine neue ***2D-Skizze*** und ***projizieren*** Sie die in Abb. 223 R markierten Kanten (Gewindebohrung, Außenkontur der Riemenscheibe). Mittels ***Extrusion*** soll die Kontur danach in einen Volumenkörper konvertiert werden.

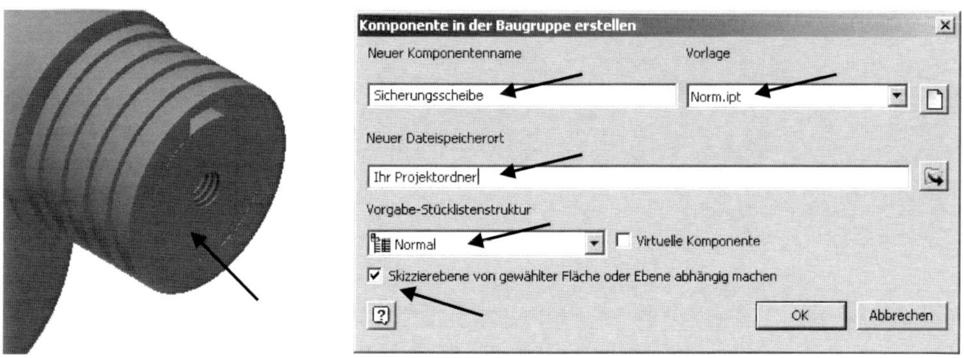

Abb. 222 Erstellen der Sicherungsscheibe.ipt (aus der Baugruppe heraus)

- ***Erstellen***
- Name: Sicherungsscheibe
- Vorlage: Norm.ipt
- Dateispeicherort: Projektordner
- Stücklistenstruktur: Normal
- Aktivieren: Skizzierebene von gewählter Fläche abhängig machen
- OK

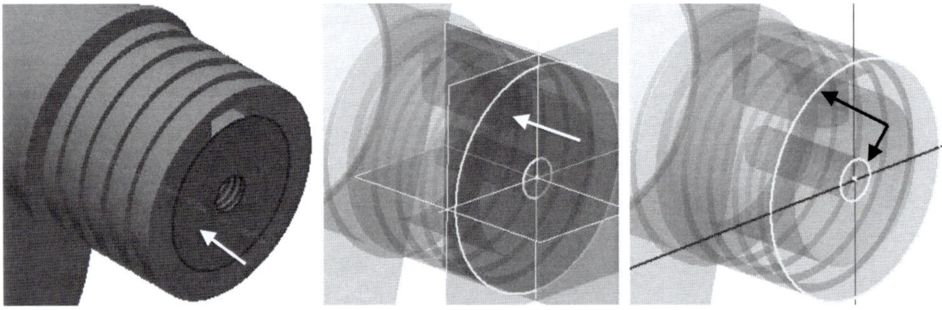

Abb. 223 (L) Fläche für neues Bauteil; (M) Fläche für neue 2D-Skizze; (R) Projizieren beider Kanten

- ***Erstellen***
- Referenzfläche: Fläche (Abb. 223 L)
- ***2D-Skizze*** (Fläche Abb. 223 M)
- ***Geometrie projizieren*** (markierte Kanten Abb. 223 R)
- ***Skizze fertig stellen***

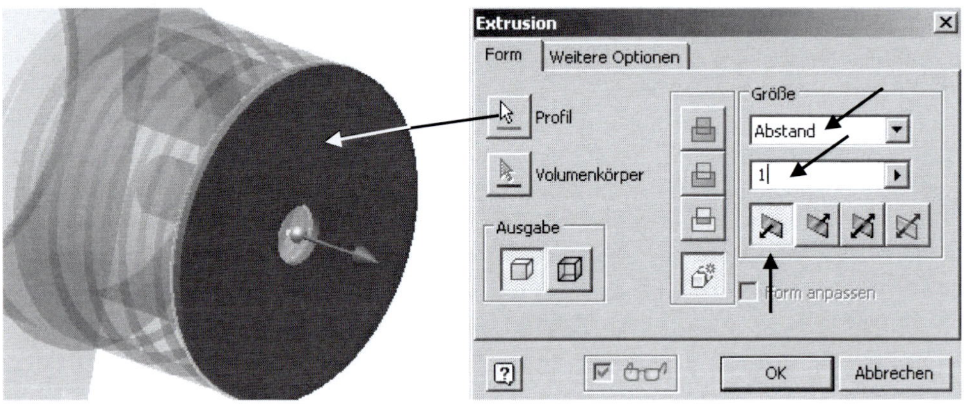

Abb. 224 Extrudieren der Kontur

- ***Extrusion***
- Profil: Markierte Fläche
- Größe: Abstand (1 mm)
- Richtung: Dargestellt
- OK

Verlassen Sie den Bearbeitungsbereich des Bauteils anschließend wieder.

Um die Sicherungsscheibe auch auf der anderen Seite der Kurbelwelle platzieren zu können, muss die gesamte Baugruppe vorher ***gespeichert*** werden. Achten Sie darauf, im folgenden Abfragefenster die Option ***Ja für alle*** zu aktivieren. Die Sicherungsscheibe kann anschließend durch ***Platzieren*** ein weiteres Mal in die Baugruppe eingefügt werden. Setzen Sie eine Abhängigkeit zwischen den in Abb. 225 markierten Achsen und Flächen von Sicherungsscheibe und Kurbelwelle.

Abb. 225 (L) Achsen verbinden (Passend); (R) Flächen verbinden (Passend)

- ***Abhängigkeit platzieren***
- Typ: Baugruppe - Passend
- Modus: Passend
- Auswahl: Achsen (Abb. 225 L)
- Versatz: 0 mm
- Anwenden
- Modus: Passend
- Auswahl: Flächen (Abb. 225 R)
- Versatz: 0 mm
- OK

5.2.5 Schrauben aus dem Inhaltscenter einfügen

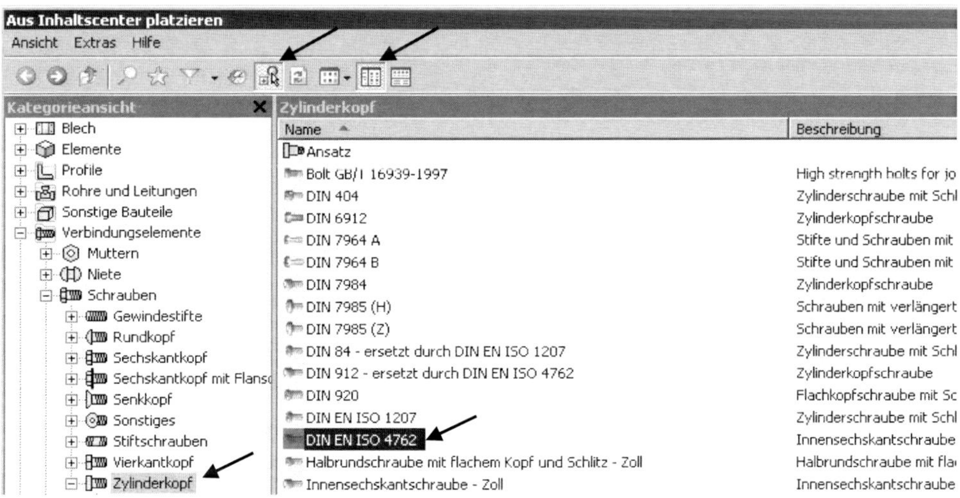

Abb. 226 Platzieren einer Schraube aus dem Inhaltscenter

Um die Sicherungsscheibe fest mit der Kurbelwelle verbinden zu können, benötigen Sie zwei Schrauben aus dem ***Inhaltscenter***. Aktivieren Sie die Option ***AutoDrop***, folgen Sie im Fenster ***Kategorieansicht*** dem Pfad ***Verbindungselemente*** > ***Schrauben*** > ***Zylinderkopf*** und wählen Sie hier die Schraube ***DIN EN ISO 4762***.

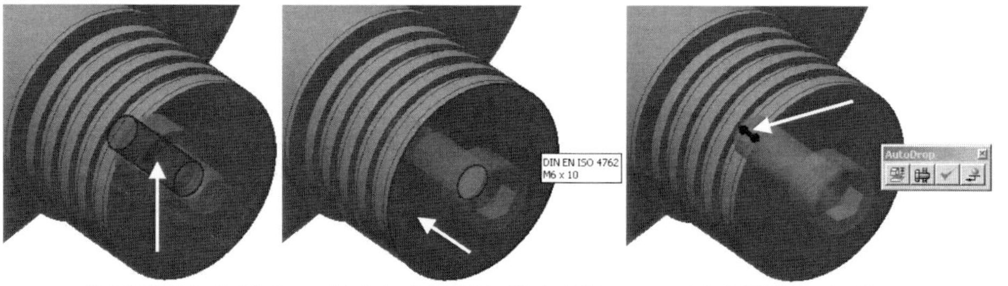

Abb. 227 (L) Gewindebohrung (Kurbelwelle); (M) Startfläche (Sicherungsscheibe); (R) Schraubenlänge

- ***Aus Inhaltscenter platzieren***
- Schraube ***DIN EN ISO 4762*** wählen
- Bohrung: Gewinde der Bohrung (Kurbelwelle, Abb. 227 L)
- Startseite: Seitenfläche (Sicherungsscheibe, Abb. 227 M)
- Doppelpfeil am Schraubenende ziehen, bis die Größe ***M6 x 16*** erreicht ist
- ***Bestätigen***

Erzeugen Sie eine weitere (identische) Schraube auf der gegenüberliegenden Seite der Kurbelwelle (die Option ***Mehrere einfügen*** kann in diesem Fall nicht verwendet werden, da beide Bohrungen in entgegengesetzter Richtung und nicht auf derselben Ebene liegen).

5.2.6 Materialien zuweisen

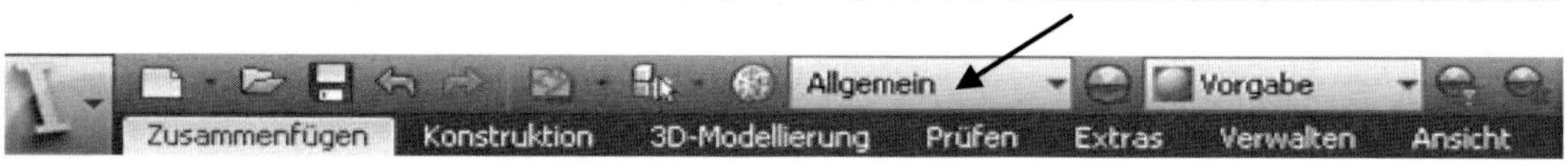

Abb. 228 Bearbeiten der Materialeigenschaften

Auch in der Baugruppe ***BG_Kurbelwelle.iam*** soll den Komponenten ein Material zugewiesen werden. Markieren Sie die Komponenten nacheinander im Modellbaum und weisen Sie ihnen die folgenden Materialien zu (vorher muss die ***Autodesk-Materialbibliothek*** aktiviert werden).

- ***Kurbelwelle***: Edelstahl, poliert
- ***Kurbelwelle-Riemenrad*** (2x): Aluminium 5005
- ***Sicherungsscheibe*** (2x): Stahl

Die Datei kann anschließend ***gespeichert*** und ***geschlossen*** werden.

5.3 Unterbaugruppe Nockenwelle

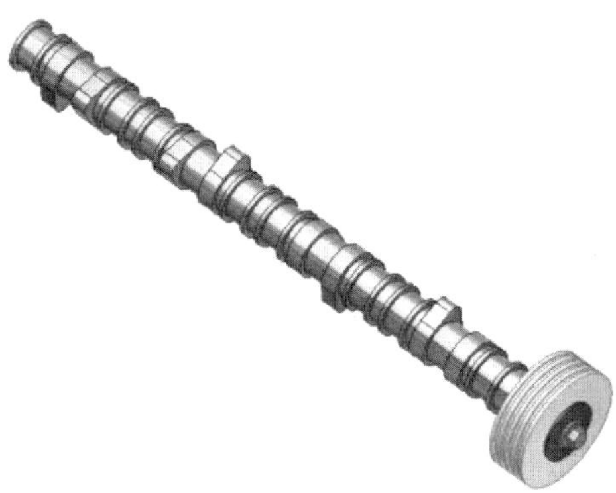

Abb. 229 Die Unterbaugruppe: BG_ Nockenwelle.iam

Die Baugruppe ***BG_Nockenwelle.iam*** setzt sich aus fünf Komponenten zusammen (Nockenwelle, Riemenrad-Nockenwelle, Sicherungsscheibe, Passfeder, Schraube). Passfeder und Schraube sollen aus dem Inhaltscenter erzeugt werden. Als Sicherungsscheibe kann die aus der Baugruppe ***BG_Kurbelwelle.iam*** heraus erzeugte Sicherungsscheibe verwendet werden.

5.3.1 Platzieren der Komponenten

Erstellen Sie eine neue ***Baugruppe*** und speichern Sie diese als ***BG_Nockenwelle.iam*** im Projektordner ab. Im Anschluss daran können die Komponenten ***Nockenwelle.ipt***, ***Nockenwelle-Riemenrad.ipt***, ***Sicherungsscheibe.ipt*** aus Ihrem Projektordner in die Baugruppe eingefügt werden.

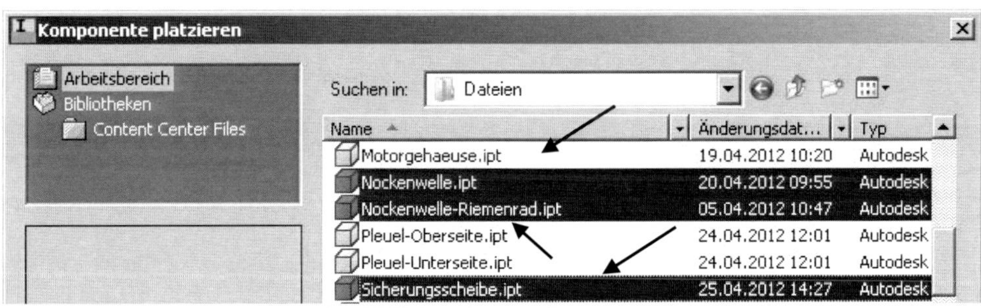

Abb. 230 Einfügen der ersten Komponenten

- ***Komponente platzieren***
- Komponente: Nockenwelle.ipt
- Komponente: Nockenwelle-Riemenrad.ipt
- Komponente: Sicherungsscheibe.ipt
- Öffnen

Legen Sie die drei Komponenten je einmal in der Baugruppe ab und beenden Sie den Befehl anschließend mit ***ESC***.

5.3.2 Passfeder aus dem Inhaltscenter einfügen

Auf der Nockenwelle soll eine Passfeder montiert werden, welche das Verdrehen der Riemenscheibe auf der Nockenwelle verhindert. Fügen Sie diese aus dem ***Inhaltscenter*** ein und platzieren Sie alle notwendigen Abhängigkeiten.

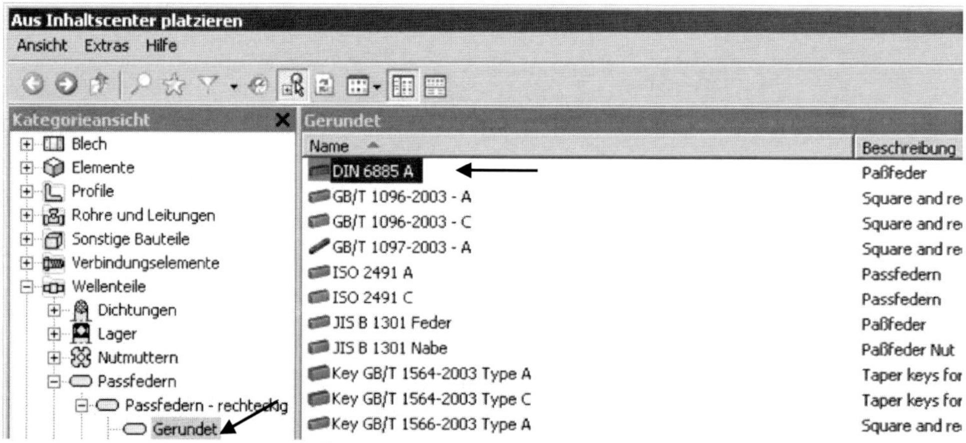

Abb. 231 Passfeder aus dem Inhaltscenter platzieren

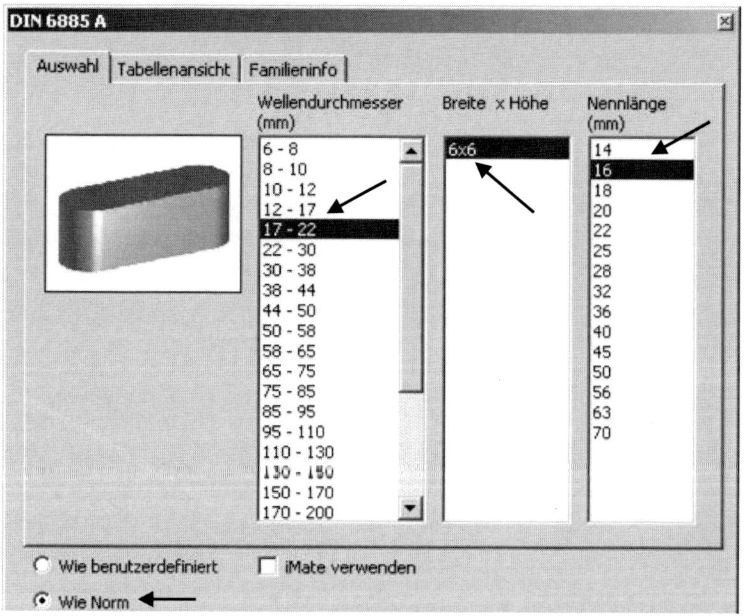

Abb. 232 Abmessungen der Passfeder anhand Wellendurchmesser, Passfedertyp und -Nennlänge wählen

- ***Aus Inhaltscenter platzieren***
- Passfeder ***DIN 6885 A*** wählen
- Wellendurchmesser: 17-22 mm
- Breite x Höhe: 6 x 6 mm
- Nennlänge: 16 mm
- OK

Legen Sie die Passfeder einmal im Zeichenbereich ab und ***platzieren*** Sie diese dann in der Passfederaussparung der Nockenwelle wie in Abb. 223 dargestellt. Setzen Sie alle notwendigen ***Abhängigkeiten***.

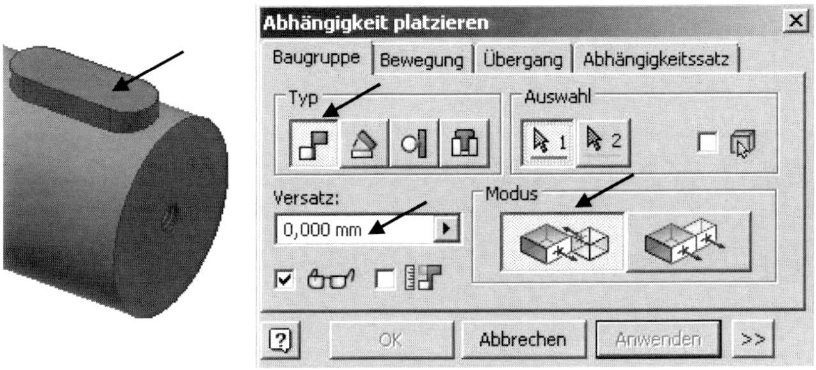

Abb. 233 Platzieren der Passfeder in der Passfederaussparung

5.3.3 Riemenrad und Sicherungsscheibe auf der Nockenwelle befestigen

Im nächsten Schritt soll das Riemenrad der Nockenwelle mit Nockenwelle und Passfeder verbunden werden. Es ist darauf zu achten, die Passfeder sauber in der hierfür vorgesehenen Aussparung des Riemenrades zu platzieren. Auch muss das Riemenrad bündig mit der Stirnseite der Nockenwelle (Abb. 234) abschließen (***Fluchtend***).

Abb. 234 Platzieren des Riemenrades auf der Nockenwelle

Auch in dieser Baugruppe soll die Sicherungsscheibe ein Rutschen des Riemenrades von der Welle verhindern. ***Platzieren*** Sie die Sicherungsscheibe wie im Abb. 235 dargestellt.

Abb. 235 Sicherungsscheibe platzieren

5.3.4 Schraube aus dem Inhaltscenter einfügen

Abschließend soll auch diese Baugruppe mit einer Zylinderkopfschraube aus dem ***Inhaltscenter*** versehen werden.

Pfad und ***Schraubentyp*** sind mit jenen der Baugruppe ***Kurbelwelle.iam*** identisch. Die Platzierung der Schraube kann per ***AutoDrop*** erfolgen.

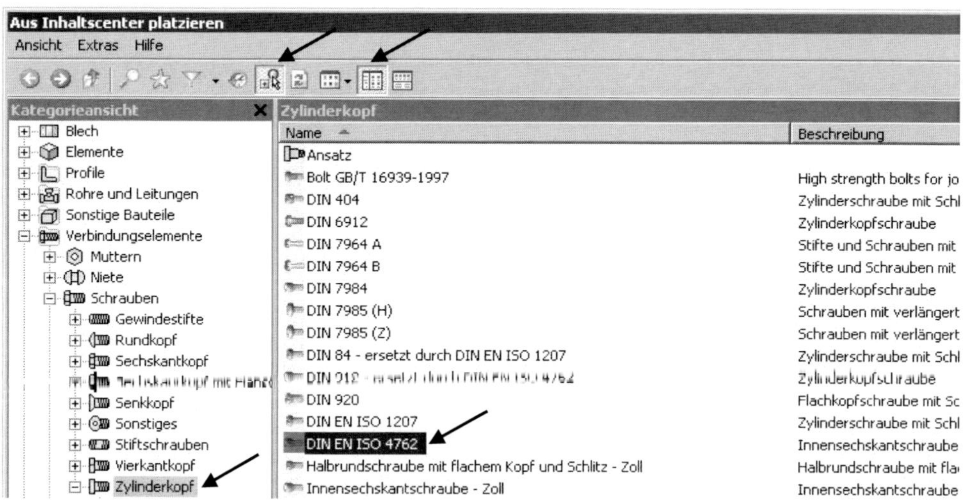

Abb. 236 Auswahl der Schraube (Inhaltscenter)

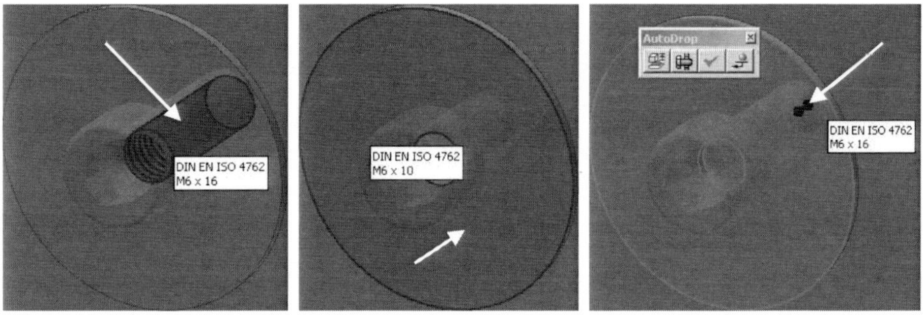

Abb. 237 (L) Gewindebohrung (Nockenwelle); (M) Startfläche (Sicherungsscheibe); (R) Schraubenlänge

- ***Aus Inhaltscenter platzieren***
- Schraube ***DIN EN ISO 4762*** wählen
- Bohrung: Gewinde der Bohrung (Nockenwelle, Abb. 237 L)
- Startseite: Seitenfläche (Sicherungsscheibe, Abb. 237 M)
- Doppelpfeil am Schraubenende ziehen, bis die Länge ***M6 x 16*** erreicht ist
- ***Bestätigen***

HINWEIS: Komponenten aus dem Inhaltscenter können jederzeit nachträglich bearbeitet werden. Um die ***geometrischen Abmessungen*** zu ändern, wählen Sie die Option ***Größe ändern*** (rechte Maustaste). Um eine Komponente aus dem Inhaltscenter gegen eine andere Komponente (aus dem Inhaltscenter) ***auszutauschen***, wählen Sie die Option ***Aus Inhaltscenter ersetzen*** (rechte Maustaste).

5.3.5 Materialien zuweisen

Abb. 238 Bearbeiten der Materialeigenschaften

Abschließend soll jeder Komponente ein eigenes Material zugewiesen werden. Aktivieren Sie die ***Autodesk-Materialbibliothek*** und wählen Sie im Anschluss die folgenden Materialien:

- ***Nockenwelle***: Edelstahl, poliert
- ***Nockenwelle-Riemenrad***: Aluminium 5005
- ***Sicherungsscheibe***: Stahl

Die Datei kann jetzt ***gespeichert*** und ***geschlossen*** werden. Achten Sie auch hier wieder darauf, die Option ***Ja für alle*** zu aktivieren, um die Sicherung der neu erzeugten Schraube aus dem Inhaltscenter zu gewährleisten.

5.4 Unterbaugruppe Zylinderblock

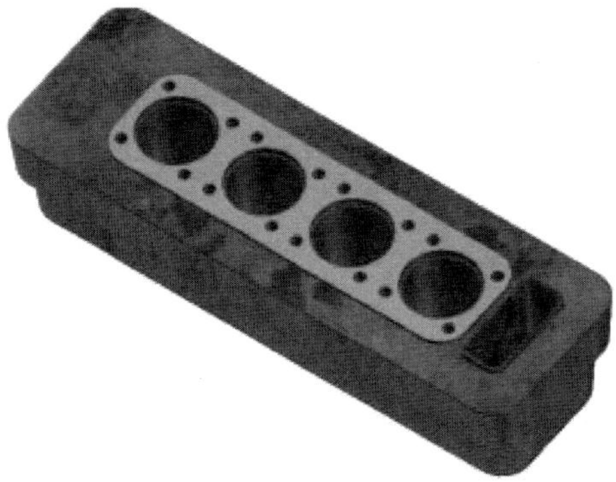

Abb. 239 Die Unterbaugruppe: BG_Zylinderblock.iam

Die Baugruppe ***BG_Zylinderblock.iam*** wird aus insgesamt fünf Komponenten bestehen (ein Zylinderblock, vier Laufbuchsen). Die erste Laufbuchse wird manuell eingefügt und in der ersten Zylinderbohrung (neben dem Riemenkanal) platziert. Die restlichen drei Laufbuchsen sollen durch eine Komponentenanordnung erzeugt und platziert werden.

5.4.1 Einfügen der Komponenten

Die neue ***Baugruppe*** (Norm.iam) soll die Bezeichnung ***BG_Zylinderblock.iam*** erhalten. Darin sind die Komponenten ***Zylinderblock.ipt*** und ***Laufbuchse.ipt*** zu ***platzieren*** und je einmal in der Baugruppe abzulegen (***Laufbuchse.ipt*** befindet sich im Downloadordner).

Die Laufbuchse soll so, wie in Abb. 240 dargestellt wurde, in der ersten Bohrung (neben dem Riemenkanal) positioniert werden. Setzen Sie zwei ***Abhängigkeiten*** zwischen Laufbuchse und Zylinderblock (Achsen, Flächen).

Achten Sie darauf, dass die Laufbuchse bündig (***fluchtend***) mit dem Zylinderblock abschließt (Abb. 240).

Abb. 240 Positionieren der ersten Laufbuchse im Zylinderblock

5.4.2 Laufbuchse als Muster anordnen

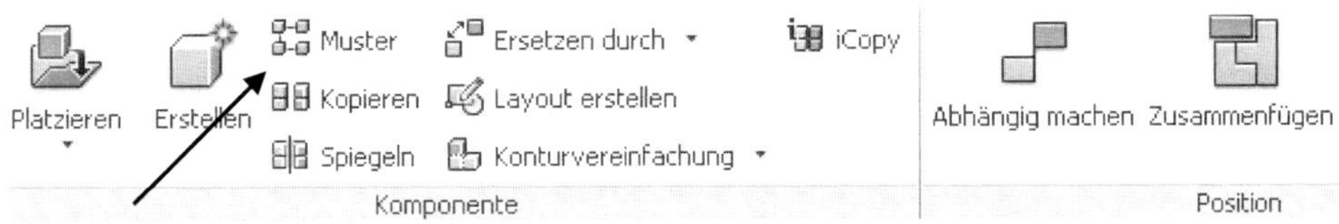

Abb. 241 Der Befehl: Muster (Komponente anordnen)

Die restlichen drei Laufbuchsen sollen über ein ***Muster*** erzeugt werden. Auch im Baugruppenbereich gibt es Möglichkeiten, Komponenten in Form eines Musters (polar, rechteckig) zu kopieren oder anzuordnen.

Starten Sie den Befehl und aktivieren Sie den Reiter ***Rechteckig***. Als ***Komponente*** ist die ***Laufbuchse*** und als ***Vektor*** für die ***Spaltenvorgabe*** die in Abb. 242 markierte ***Kante*** des Zylinderblocks zu verwenden. Die Anzahl der Kopien (insgesamt) soll ***4*** betragen, der Abstand dazwischen ***70 mm***.

Eine zusätzliche ***Zeile*** muss nicht gewählt werden, da die Laufbuchsen nur in einer Reihe angeordnet werden müssen.

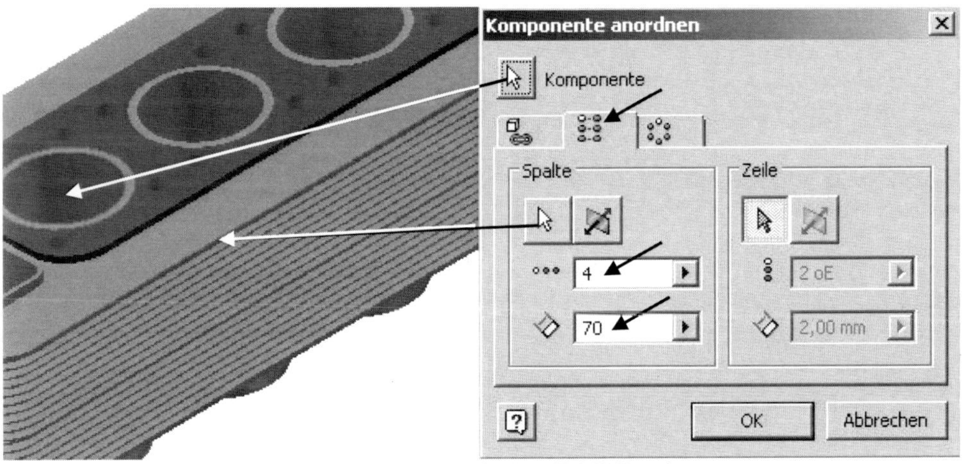

Abb. 242 Kopieren der Laufbuchsen (Befehl: Muster)

- ***Komponente anordnen (Muster)***
- Reiter: Rechteckig
- Komponente: Laufbuchse
- Richtung: Markierte Kante
- Anzahl: 4
- Abstand: 70 mm
- OK

5.4.3 Materialien zuweisen

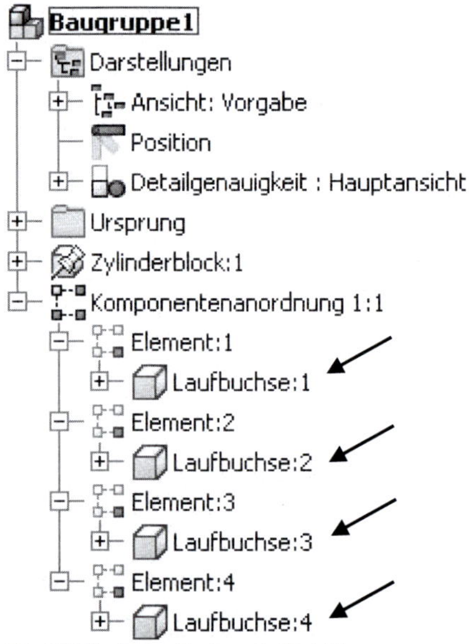

Abb. 243 Die vier Laufbuchsen im Modellbaum

Weisen Sie den Komponenten abschliessend noch je ein eigenes ***Material*** zu.

Die Laufbuchsen finden Sie im Modellbaum, unter der Komponentenanordnung und in den Elementen 1-4.

- ***Zylinderblock***: Gusseisen, grau (2)
- ***Laufbuchsen*** (4 x): Edelstahl, poliert

Die Datei kann abschließend ***gespeichert*** und ***geschlossen*** werden.

5.5 Unterbaugruppe Zylinderkopf

Abb. 244 Die Unterbaugruppe: BG_ Zylinderkopf.iam

Die Baugruppe ***BG_Zylinderkopf.iam*** ist die letzte Unterbaugruppe des Übungsprojekts. Sie besteht aus ***Zylinderkopf***, ***Zündkerzen***, ***Nockenwellenhaltern***, ***Schrauben*** und ***Wellendichtring***. Schrauben und Wellendichtring können als Normteile aus dem Inhaltscenter importiert werden. Die Nockenwellenhalter befinden sich im Downloadordner.

5.5.1 Platzieren und Positionieren der ersten Komponenten

Erstellen Sie eine neue Baugruppe ***BG_Zylinderkopf.iam*** (Norm.iam), ***platzieren*** Sie das Bauteil ***Zylinderkopf.ipt*** und legen Sie dieses einmal im Zeichenbereich ab.

Starten Sie den Befehl erneut und fügen Sie die Komponenten ***Zuendkerze.ipt*** und ***Nockenwellenhalter.ipt*** (Downloadordner) einmal in die Baugruppe ein.

Im ersten Schritt soll die ***Zündkerze*** mit dem ***Zylinderkopf*** verbunden werden. Verwenden Sie hierfür den ersten Zylinder, direkt neben dem Riemenkanal.

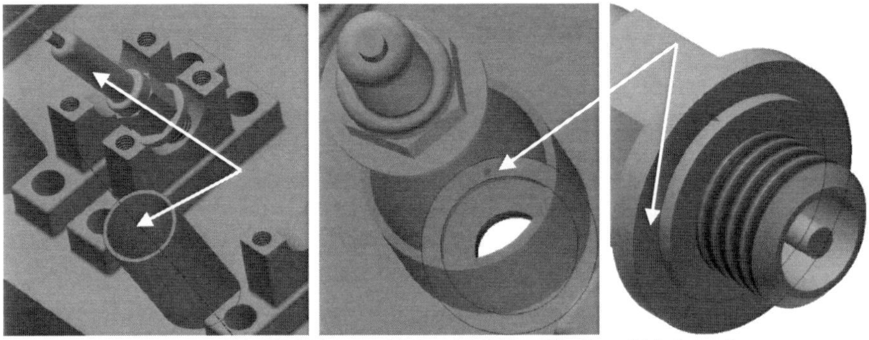

Abb. 245 (L) Achse auf Achse; (R) Flächen (Zündkerze/ Zylinderkopf)

Abb. 246 Position der Zündkerze (Schnittdarstellung)

- ***Abhängigkeit platzieren***
- Typ: Baugruppe - Passend
- Modus: Passend
- Auswahl: Achsen (Abb. 245 L)
- Versatz: 0 mm
- Anwenden
- Modus: Passend
- Auswahl: Flächen (Abb. 245 R)
- Versatz: 0 mm
- OK

Im zweiten Schritt können ***Nockenwellenhalter*** und ***Zylinderkopf*** miteinander verbunden werden (ebenfalls direkt neben dem Riemenkanal). Orientieren Sie sich an Abb. 247.

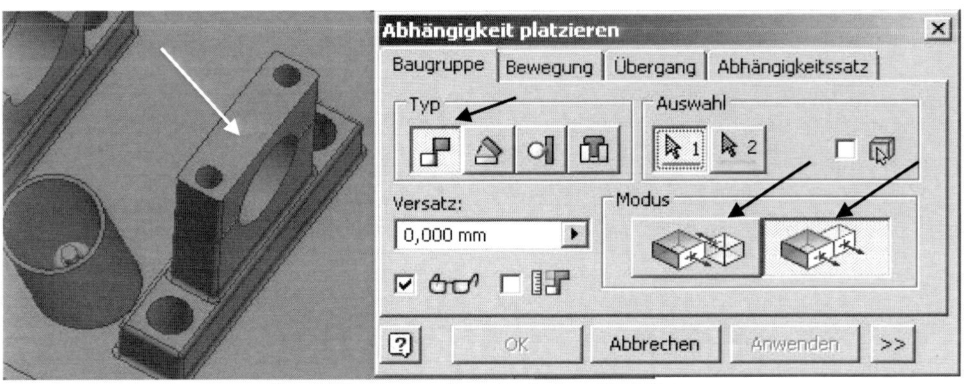

Abb. 247 Positionieren des ersten Nockenwellenhalters

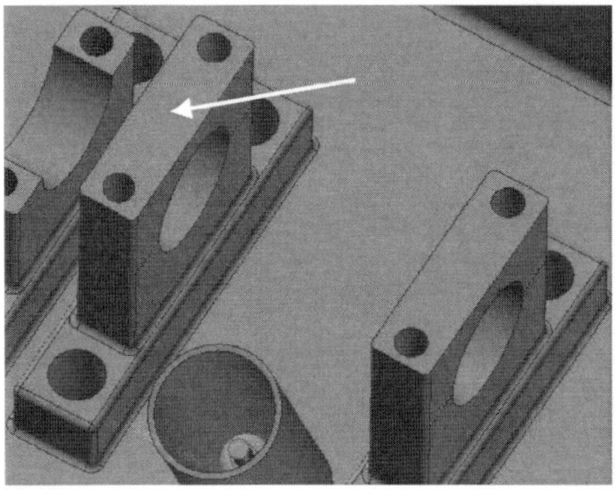

Abb. 248 Platzieren und Positionieren eines zweiten Halters

Platzieren Sie einen zweiten ***Nockenwellenhalter*** aus dem Projektordner und positionieren Sie diesen (wie in Abb. 248 dargestellt) neben den ersten Halter.

Die Zündkerzen und Nockenwellenhalter der restlichen drei Zylinder sollen durch den Befehl ***Muster*** erzeugt und angeordnet werden. Als ***Richtungsvektor*** der ***Spalte*** soll die in Abb. 249 und 250 markierte ***Kante*** (Zylinderkopf) dienen.

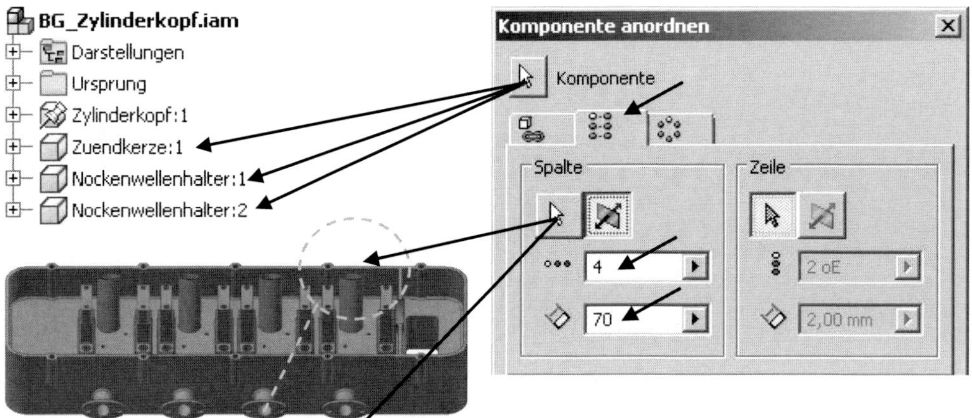

Abb. 249 Kopieren der Komponenten (Rechteckige Anordnung)

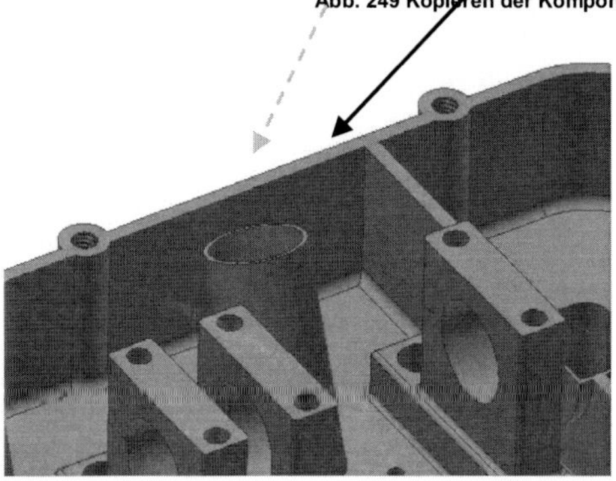

Abb. 250 Detailansicht

- ***Muster***
- Komponente: Zündkerze, beide Nockenwellenhalter (Abb. 249)
- Referenz für Spalte: Markierte Kante am Zylinderkopf (Abb. 249)
- Anzahl: 4
- Abstand: 70 mm
- OK

HINWEIS: Achten Sie auf die korrekte Richtung der Anordnung. Verwenden Sie notfalls die Option ***Richtung umkehren***, um zu korrigieren.

5.5.2 Schrauben aus dem Inhaltscenter einfügen

Nockenwellenhalter und ***Zylinderkopf*** sollen jetzt durch Schrauben aus dem ***Inhaltscenter*** miteinander verbunden werden.

Starten Sie den Befehl, wählen Sie den Pfad ***Verbindungselemente*** > ***Schrauben*** > ***Zylinderkopf*** und öffnen hier die Schraube ***DIN EN ISO 4762***. Platzieren Sie die Schraube mittels ***AutoDrop***. Als ***Gewinde*** soll die in Abb. 252 L markierte ***Gewindebohrung*** des ***Zylinderkopfes*** dienen, als ***Startfläche*** die in Abb. 252 M markierte ***Fläche*** des ***Nockenwellenhalters***. Die Schrauben sollen ***25 mm*** lang sein. Achten Sie auf die aktivierte Option ***Mehrere einfügen***.

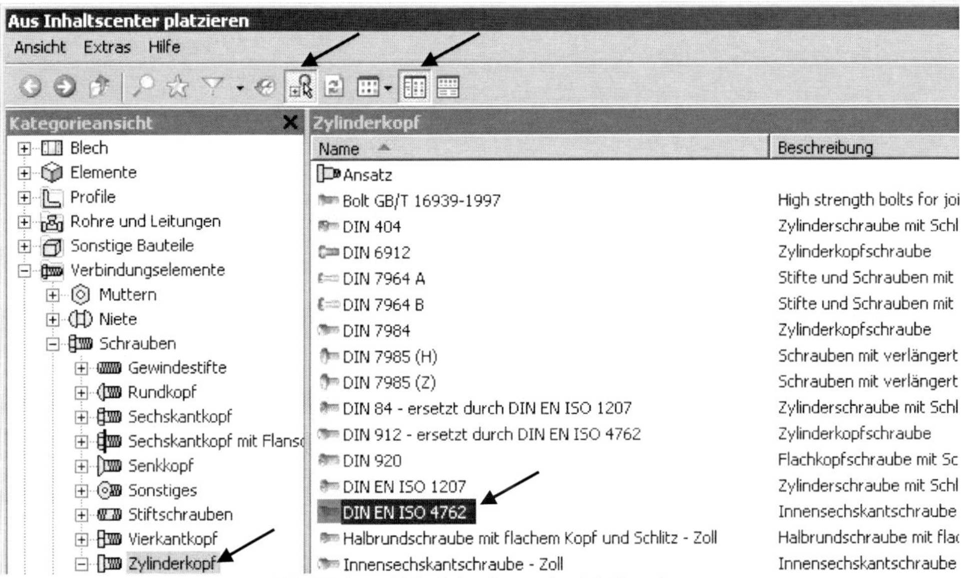

Abb. 251 Auswahl der Schraube aus dem Inhaltscenter

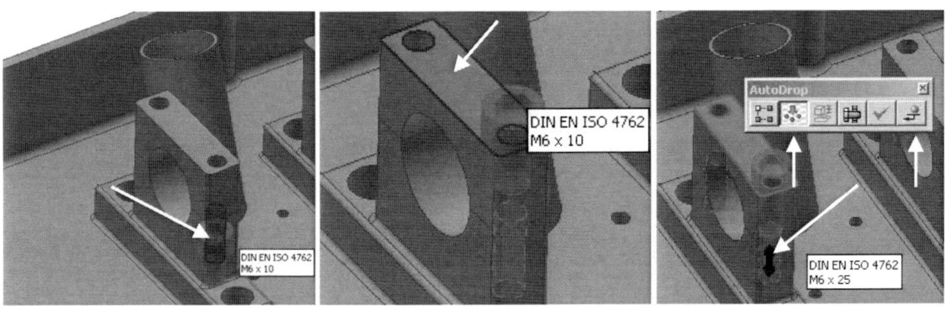

Abb. 252 (L) Gewindebohrung (Zylinderkopf); (M) Startfläche (Nockenwellenhalter); (R) Schraubenlänge; Mehrere einfügen

- ***Aus Inhaltscenter platzieren***
- Schraube: ***DIN EN ISO 4762***
- Bohrung: Gewindebohrung (Zylinderkopf, Abb. 252 L)
- Startfläche: Fläche (Nockenwellenhalter, Abb. 252 M)
- Doppelpfeil am Schraubenende ziehen, bis die Länge ***M6 x 25*** erreicht wurde
- ***Mehrere einfügen***
- ***Bestätigen***

5.5.3 Ordnerstrukturen im Modellbaum anlegen

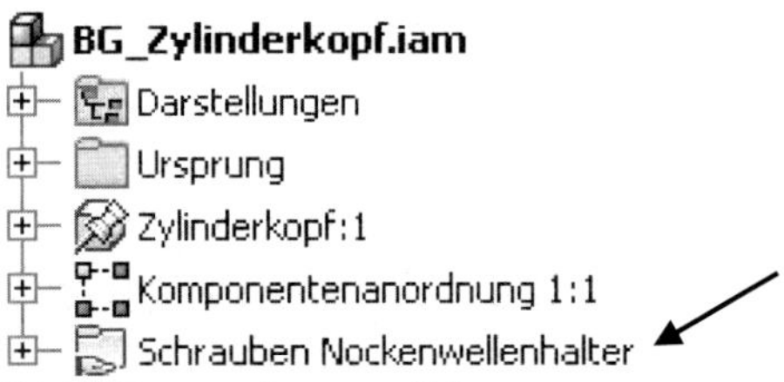

Abb. 253 Erzeugen eines neuen Ordners

Der Modellbaum einer Baugruppe mit vielen Einzelteilen kann schnell unübersichtlich werden. Hier bietet das Programm die Möglichkeit, mehrere Komponenten einer Baugruppe in Ordnern zu sammeln. Der Modellbaum wird damit kürzer und übersichtlicher.

Markieren Sie im Modellbaum alle ***16*** zuletzt eingefügten ***Schrauben*** aus dem Inhaltscenter und wählen Sie mit der ***rechten Maustaste*** die Option ***Zu neuem Ordner hinzufügen***. Geben Sie diesem Ordner den Namen ***Schrauben Nockenwellenhalter***.

5.5.4 Wellendichtring aus dem Inhaltscenter einfügen

Im letzten Schritt soll der Baugruppe ein ***Wellendichtring*** aus dem ***Inhaltscenter*** hinzugefügt werden. Dieser hat die Aufgabe, den Riemenkanal vom Ventiltrieb zu trennen. Starten Sie den Befehl und wählen Sie den Pfad ***Wellenteile*** > ***Dichtungen*** > ***Wellendichtringe***. Aktivieren Sie hier die Komponente ***DIN 3760 A***.

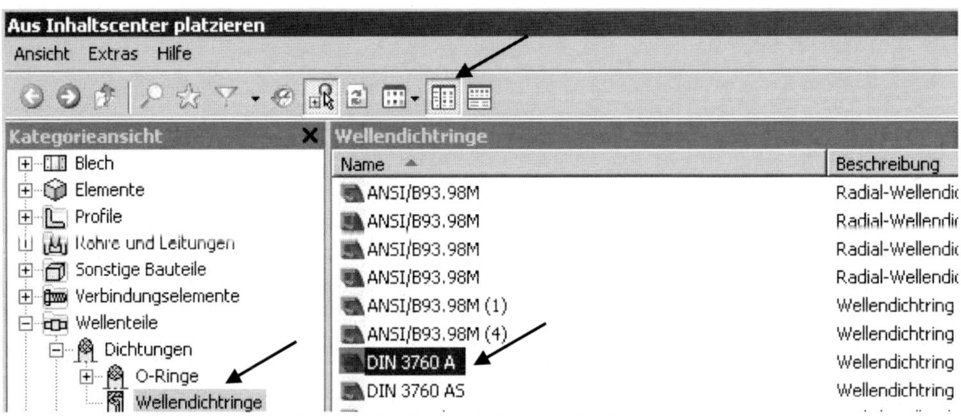

Abb. 254 Auswahl des Wellendichtringes aus dem Inhaltscenter

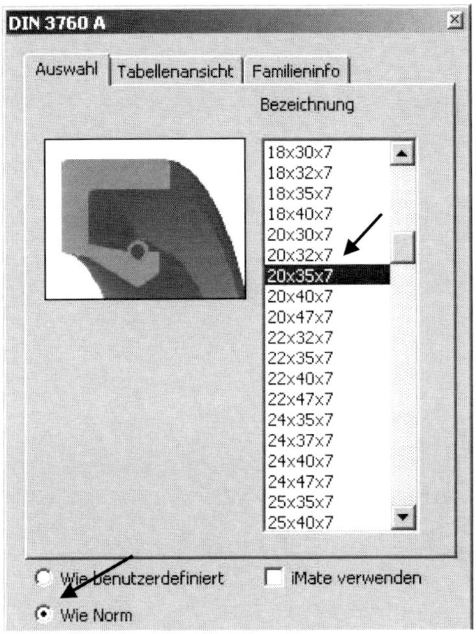

Abb. 255 Manuelle Konfiguration des Dichtrings

Eine automatisierte Konfiguration des Dichtringes per ***AutoDrop*** ist für diese Komponente nicht verfügbar. Die Auswahl der geometrischen Abmessungen muss manuell erfolgen.

- ***Aus Inhaltscenter platzieren***
- Dichtring: ***DIN 3760 A***
- Bezeichnung: 20 x 35 x 7 (Abb. 255)
-

Platzieren Sie den Wellendichtring in der hierfür speziell ausgearbeiteten Aussparung des Zylinderkopfes (Abb. 256 L).

Verwenden Sie eine ***axiale Abhängigkeit*** (Abb. 256 L) sowie eine ***Flächenabhängigkeit*** (Abb. 256 R), um beide Komponenten miteinander zu verbinden.

Abb. 256 (L) Achse auf Achse legen; (R) Flächen verbinden (Dichtring/ Zylinderkopf)

- ***Abhängigkeit platzieren***
- Typ: Baugruppe - Passend
- Modus: Passend
- Auswahl: Achsen (Abb. 256 L)
- Versatz: 0 mm
-
- Modus: Passend
- Auswahl: Flächen (Abb. 256 R)
- Versatz: 0 mm
-

HINWEIS: Achten Sie darauf, dass die offene Seite des Wellendichtringes in Richtung Riemenkanal zeigt (Abb. 256).

5.5.5 Materialien zuweisen

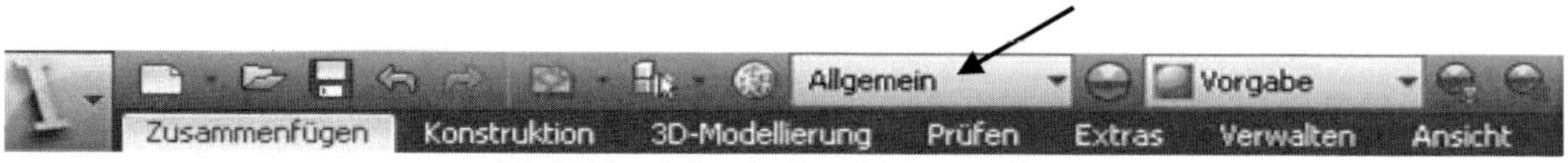

Abb. 257 Bearbeiten der Materialeigenschaften

Abschließend soll einigen Komponenten der Baugruppe ein ***Material*** zugewiesen werden. Die Komponenten ***Zündkerze*** (4 x) und ***Nockenwellenhalter*** (8 x) finden Sie in der ***Komponentenanordnung*** der einzelnen Elemente.

- ***Zylinderkopf***: Eisen - Guss
- ***Nockenwellenh***. (8 x): Eisen - Guss
- ***Zündkerzen*** (4x): Gold

Die Datei kann danach ***gespeichert*** und ***geschlossen*** werden (***Ja für alle***!).

5.6 Hauptbaugruppe 4-Takt-Motor

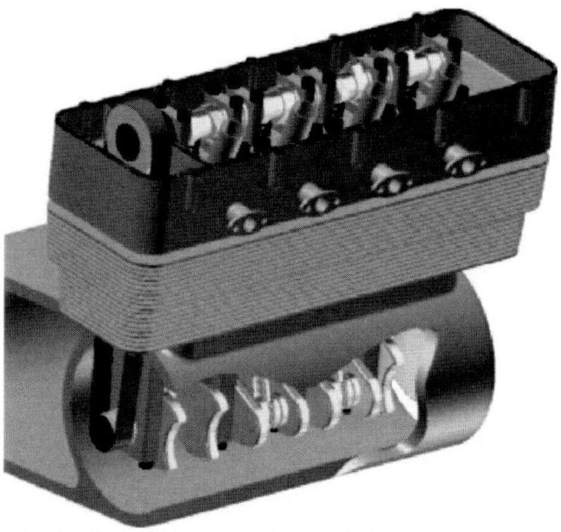

Abb. 258 Die Hauptbaugruppe: BG_4-Takt-Motor.iam

Die Hauptbaugruppe (***BG_4-Takt-Motor.iam***) besteht aus den Unterbaugruppen (Kurbelwelle, Zylinderkopf, Zylinderblock, Nockenwelle, Kolben) und weiteren Bauteilen und Komponenten aus dem Inhaltscenter.

Bauteile wie Steuerriemen und Dichtungen können aus der Baugruppe heraus erstellt werden. Die gesetzten Abhängigkeiten werden im Anschluss animiert und als Video exportiert.

5.6.1 Platzieren des Motorgehäuses als Basisobjekt

Erstellen Sie eine neue Baugruppe ***BG_4-Takt-Motor.iam*** (Norm.iam) und ***platzieren*** Sie im ersten Schritt die Komponente ***Motorgehäuse.ipt*** einmal in der Baugruppe.

Die automatisch vom Programm gesetzte ***Fixierung*** im Modellbaum, darf für dieses Bauteil nicht entfernt werden, da das Motorgehäuse als konstantes Basisteil dient.

5.6.2 Unterbaugruppen BG_Kurbelwelle und BG_Kolben platzieren

Abb. 259 Einfügen der Baugruppen: BG_Kurbelwelle.iam und BG_Kolben.iam

Platzieren Sie im nächsten Schritt die Unterbaugruppe ***BG_Kurbelwelle.iam*** einmal und die Unterbaugruppe ***BG_Kolben.iam*** viermal in der Hauptbaugruppe.

HINWEIS: Um eine Komponente innerhalb einer Baugruppe zu vervielfältigen, markieren Sie diese und wählen mit der ***rechten Maustaste*** die Optionen ***Kopieren*** und ***Einfügen*** (alternativ: Tastenkombinationen ***STRG*** + ***C*** und ***STRG*** + ***V***).

5.6.3 Flexibilität von Unterbaugruppen

Unterbaugruppen fügt das Programm automatisch als ***starre Elemente*** in eine Baugruppe ein. Das bedeutet, dass bewegliche Baugruppen nicht mehr beweglich sind, wenn Sie in eine andere Baugruppe eingefügt wurden. Bei der Baugruppe ***BG_Kolben.iam*** wäre das problematisch, da das Programm die Abhängigkeiten nicht richtig setzen könnte.

Um sie wieder beweglich zu gestalten, klicken Sie mit der ***rechten Maustaste*** nacheinander auf jede der vier Kolbenbaugruppen und aktivieren Sie die Option ***Flexibel***. Die betreffenden Baugruppen erhalten so ihre volle Beweglichkeit zurück, was im Modellbaum durch das Symbol ***Flexibel*** gekennzeichnet wird.

5.6.4 Abhängigkeiten zwischen Motorgehäuse, Kurbelwelle und Kolben

Die ***Kurbelwelle*** kann jetzt mit dem ***Motorgehäuse*** verbunden werden. Sie soll axial mit den Kurbelwellenhaltern des Motorgehäuses verbunden und gegen ein Herausrutschen gesichert werden (Flächenabhängigkeit).

Die vier ***Kolbenbaugruppen*** sollen danach mit ***Kurbelwelle*** und ***Motorgehäuse*** verbunden werden. In den folgenden Abbildungen (Abb. 260 - 264) ist die Vorgehensweise dargestellt.

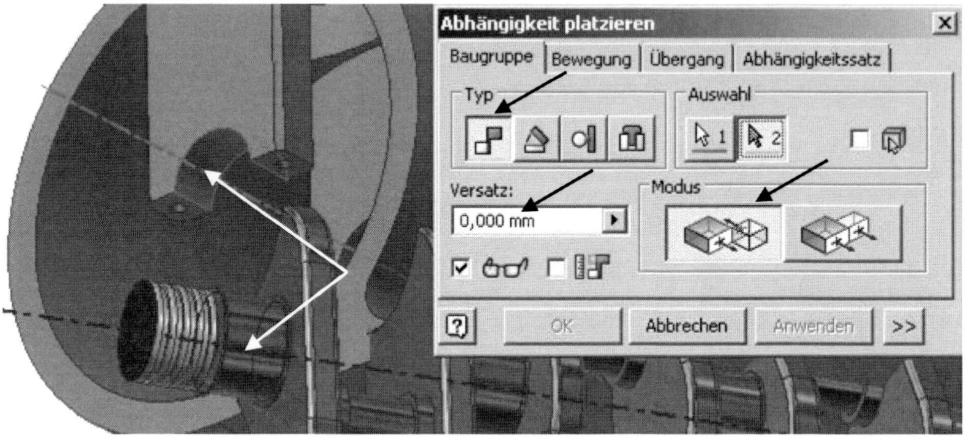

Abb. 260 Platzieren einer axialen Abhängigkeit (Kurbelwelle/ Motorgehäuse)

- ***Abhängigkeit platzieren***
- Typ: Baugruppe - Passend
- Modus: Passend
- Auswahl: Markierte Achsen
- Versatz: 0 mm
- OK

Abb. 261 Platzieren einer Flächenabhängigkeit (Kurbelwelle/ Motorgehäuse)

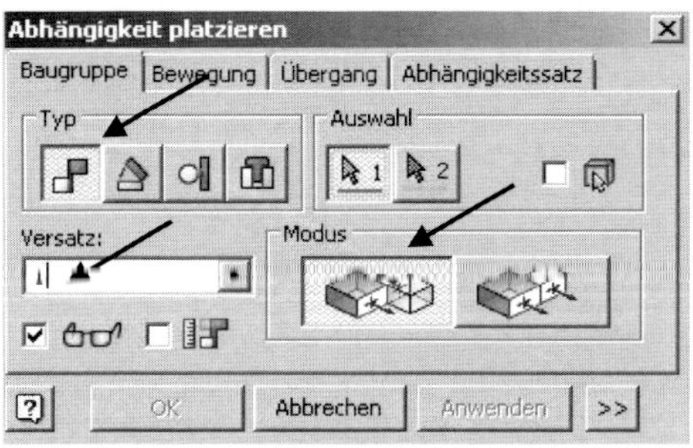

Abb. 262 Befehlsfenster: Abhängigkeit platzieren

- ***Abhängigkeit platzieren***
- Typ: Baugruppe - Passend
- Modus: Passend
- Auswahl: Markierte Flächen
- Versatz: ***1 mm***
- OK

Achten Sie auf den ***Versatz*** von ***1 mm*** zwischen beiden Flächen!

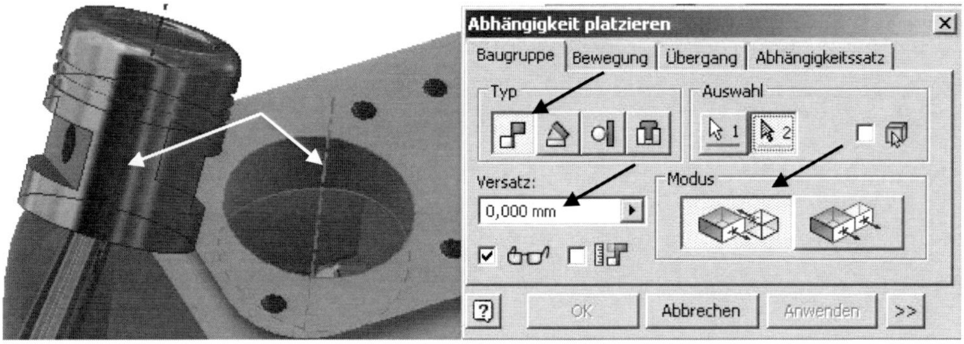

Abb. 263 Platzieren einer axialen Abhängigkeit (Kolben/ Motorgehäuse)

- ***Abhängigkeit platzieren***
- Typ: Baugruppe - Passend
- Modus: Passend
- Auswahl: Markierte Achsen
- Versatz: 0 mm
- OK

Platzieren Sie jetzt auch die ***restlichen drei Kolben*** in jeweils einer Zylinderbohrung des Motorgehäuses. Um die Pleuels mit der Kurbelwelle verbinden zu können, sollte das Motorgehäuse vorher ausgeblendet werden. Markieren Sie das ***Motorgehäuse*** im Modellbaum und deaktivieren mit der ***rechten Maustaste*** die Option ***Sichtbarkeit***.

Die Sicht auf die Kurbelwelle ist jetzt frei.

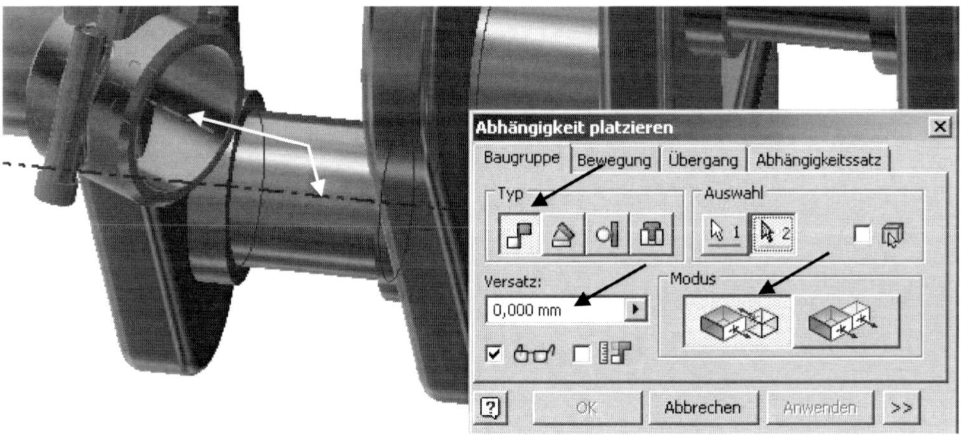

Abb. 264 Platzieren einer axialen Abhängigkeit (Pleuel/ Kurbelwelle)

- ***Abhängigkeit platzieren***
- Typ: Baugruppe - Passend
- Modus: Passend
- Auswahl: Markierte Achsen
- Versatz: 0 mm
- OK

Sobald alle vier Kolbenbaugruppen mit der Kurbelwelle verbunden wurden, kann der Kurbeltrieb manuell getestet werden. Drehen Sie die Kurbelwelle bei gedrückter linker Maustaste. Die Kolben sollten sich (analog zur Drehbewegung der Kurbelwelle) linear in den Zylinderbohrungen bewegen.

Wenn der Test erfolgreich war, kann die Sichtbarkeit des Motorgehäuses wieder aktiviert werden. Klicken Sie hierfür mit der ***rechten Maustaste*** auf das Motorgehäuse und reaktivieren Sie die ***Sichtbarkeit***.

5.6.5 Kurbelwellenhalter einfügen

Die Kurbelwelle soll jetzt durch die Kurbelwellenhalter gesichert werden. ***Platzieren*** Sie das Bauteil ***Kurbelwellenhalter.ipt*** (Downloadordner) einmal in der Baugruppe und positionieren Sie es, wie in Abb. 265 dargestellt.

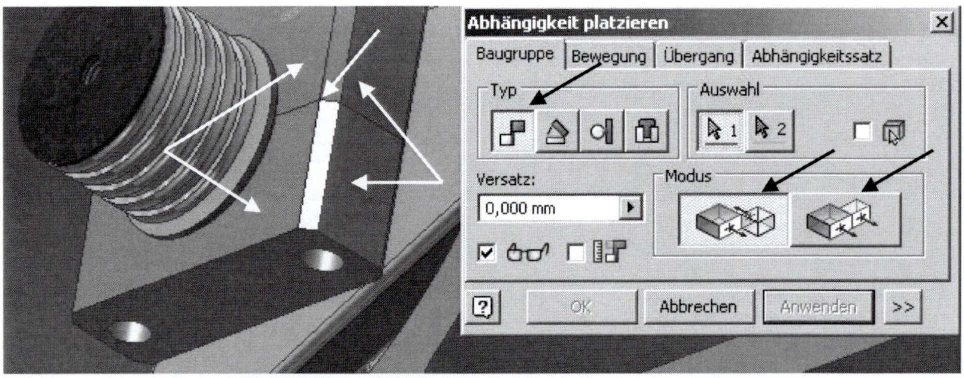

Abb. 265 Platzieren des ersten Kurbelwellenhalters am Motorgehäuse

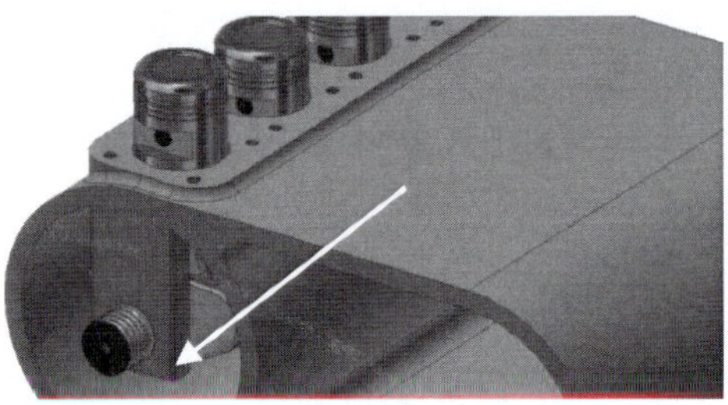

Abb. 266 Position des Kurbelwellenhalters am Motorgehäuse

Die Position des ersten Kurbelwellenhalters ist in Abb. 266 markiert. Er muss bündig mit den Flächen des Motorgehäuses abschließen. Die restlichen vier Kurbelwellenhalter sollen als ***Muster*** (Rechteckige Anordnung) erzeugt werden. Verwenden Sie als ***Richtungsreferenz*** die in Abb. 267 markierte ***Kante*** des Kurbelwellenhalters, eine ***Anzahl*** von ***5*** und einen Abstand von ***70 mm***. Sollte die Anordnung in die falsche Richtung erzeugt werden (aus dem Motorgehäuse heraus), kann mit der Option ***Richtung umkehren*** korrigiert werden.

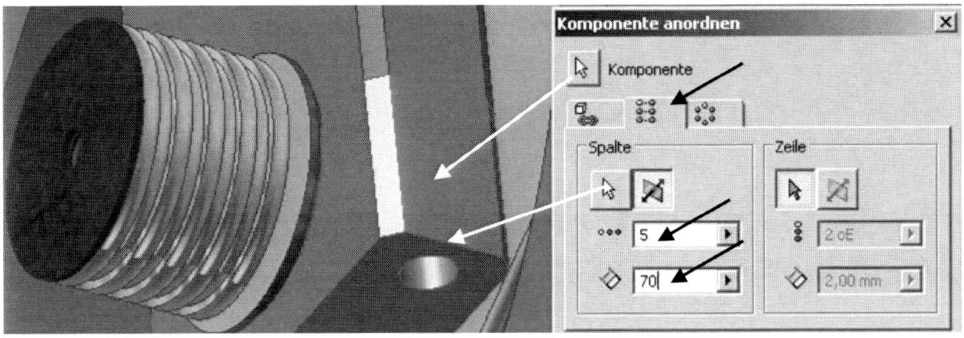

Abb. 267 Kopieren des Kurbelwellenhalters (Rechteckige Anordnung)

- ***Muster***
- Komponente: Kurbelwellenhalter
- Referenz für Spalte: Markierte Kante am Kurbelwellenhalter
- Anzahl: 5
- Abstand: 70 mm
- OK

5.6.6 Schrauben aus dem Inhaltscenter einfügen

Kurbelwellenhalter und Motorgehäuse sollen miteinander verschraubt werden. Starten Sie den Befehl ***Inhaltscenter***, folgen Sie dem Pfad ***Verbindungselemente*** > ***Schrauben*** > ***Zylinderkopf*** und wählen Sie die Schraube ***DIN EN ISO 4762***.

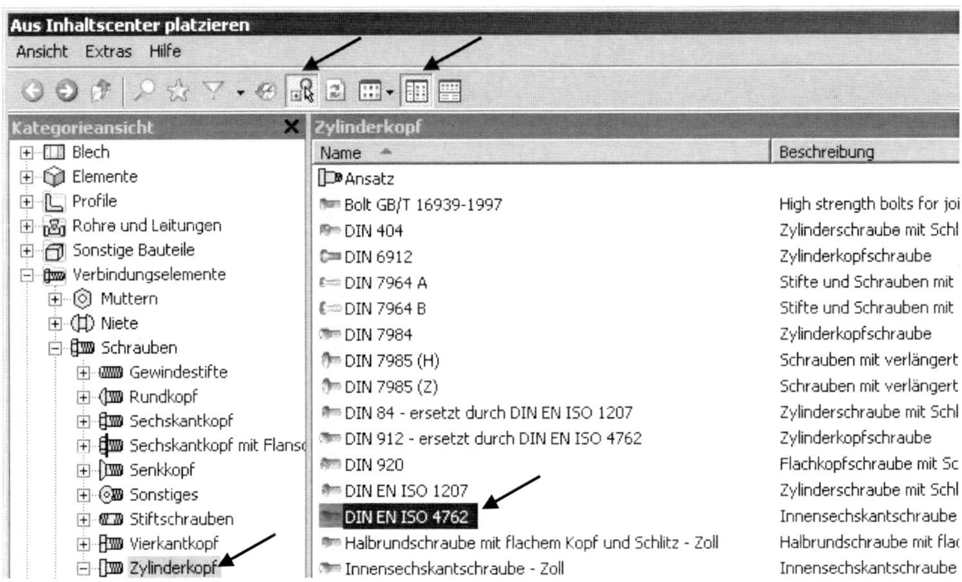

Abb. 268 Auswahl der Schraube aus dem Inhaltscenter

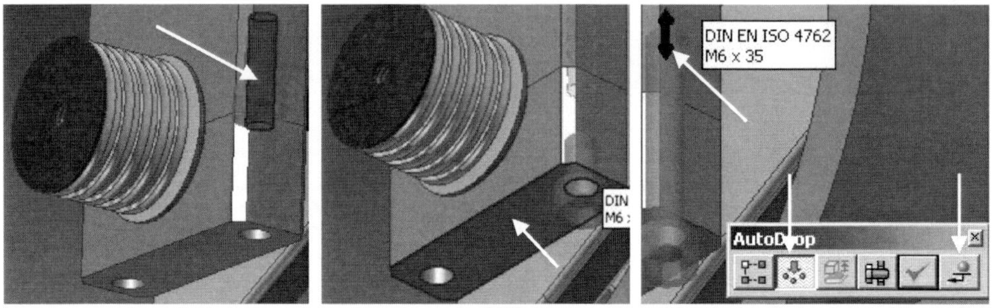

Abb. 269 (L) Gewindebohrung (Motorgehäuse); (M) Startfläche (Kurbelwellenhalter); (R) Schraubenlänge; Mehrere einfügen

- ***Aus Inhaltscenter platzieren***
- Schraube: ***DIN EN ISO 4762***
- Bohrung: Gewindebohrung (Motorgehäuse, Abb. 269 L)
- Startfläche: Fläche (Kurbelwellenhalter, Abb. 269 M)
- Doppelpfeil am Schraubenende ziehen, bis die Länge ***M6 x 35*** erreicht wurde
- ***Mehrere einfügen*** aktivieren
- ***Bestätigen***

5.6.7 Ordnerstrukturen im Modellbaum erzeugen

Strukturieren Sie Ihren Modellbaum durch das Erzeugen weiterer Ordner. Sammeln Sie die vier Baugruppen ***BG_Kolben.iam*** im Ordner ***Baugruppe Kolben*** und die zuletzt eingefügten ***Schrauben*** im Ordner ***Schrauben Kurbelwellenhalter*** (***rechte Maustaste*** > ***Zu neuem Ordner hinzufügen***).

5.6.8 Dichtung zwischen Motorgehäuse und Zylinderblock erstellen

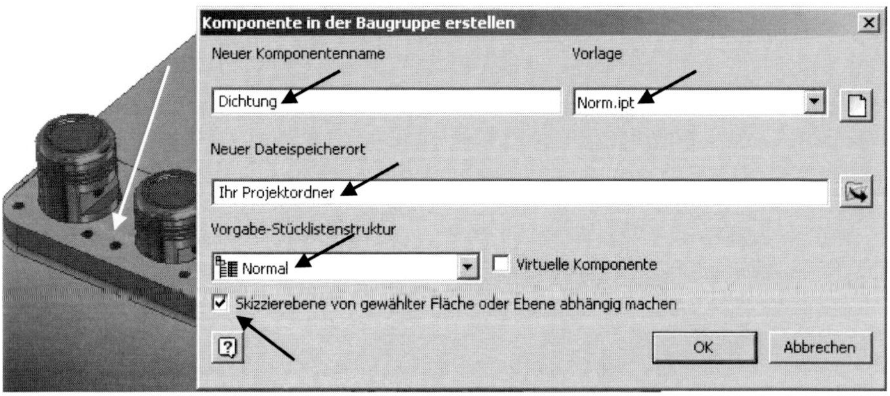

Abb. 270 Neue Komponente (Norm.ipt) auf der markierten Fläche erzeugen

Auf der in Abb. 270 markierten Fläche des Motorgehäuses soll ein neues Bauteil (***Dichtung.ipt***) erstellt werden. Die Kontur wird von der Fläche des Dichtungsflansches (Motorgehäuse) ***projiziert*** (Abb. 271 R).

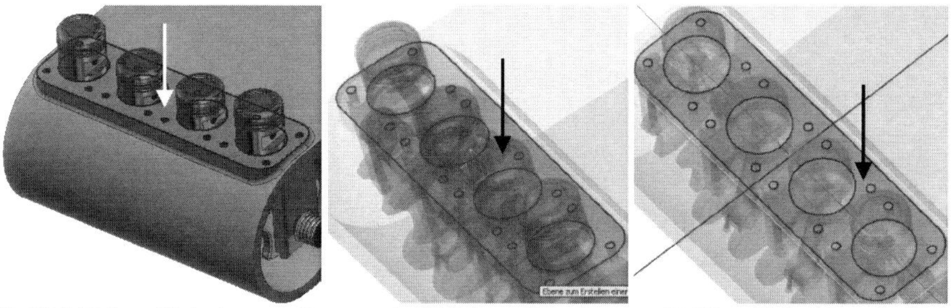

Abb. 271 (L) Referenzfläche der neuen Komponente; (M) Referenzfläche der neuen 2D-Skizze; (R) Projizieren der Fläche

- ***Komponente erstellen***
- Fläche: Fläche (Abb. 271 L)
- ***2D-Skizze*** (Fläche Abb. 271 M)
- ***Geometrie projizieren*** (A. 271 R)
- ***Skizze fertig stellen***

Zurück im Register ***3D-Modellierung***, soll die projizierte Kontur um ***2 mm*** ***extrudiert*** werden.

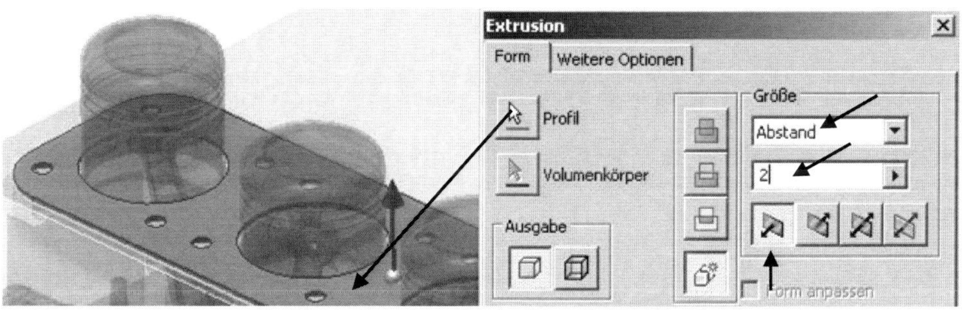

Abb. 272 Extrudieren der projizierten Geometrie (Vereinigung)

- ***Extrusion***
- Profil: Projizierte Fläche
- Vereinigung
- Größe: Abstand 2 mm
- Richtung: Dargestellt
- OK

Die Sichtbarkeit der vom Programm automatisch erzeugten neuen Ebene muss jetzt wieder deaktiviert werden (***rechte Maustaste*** > ***Sichtbarkeit***). Das Bauteil kann anschließend ***verlassen*** und die Baugruppe erst einmal gespeichert werden (Erstspeicherung der neuen Komponenten).

5.6.9 Unterbaugruppe BG_Zylinderblock einfügen

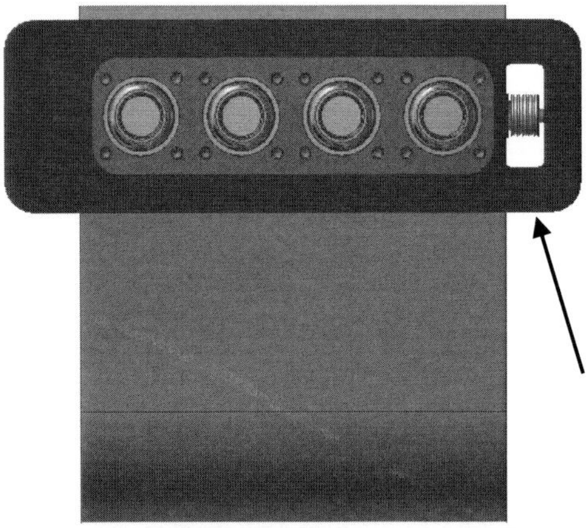

Abb. 273 Platzierte Baugruppe (ViewCube-Ansicht: HINTEN)

Platzieren Sie die Unterbaugruppe ***BG_Zylinderblock.iam*** einmal im Zeichenbereich und setzen Sie die in Abb. 274 dargestellten ***Abhängigkeiten***, um die Baugruppe mit dem Motorgehäuse zu verbinden. Achten Sie darauf, dass der Riemenkanal des Zylinderblocks auf der richtigen Seite platziert wird. Wenn Sie am ***ViewCube*** zur Ansicht ***HINTEN*** wechseln, muss sich dieser (wie in Abb. 273 dargestellt) auf der rechten Seite befinden.

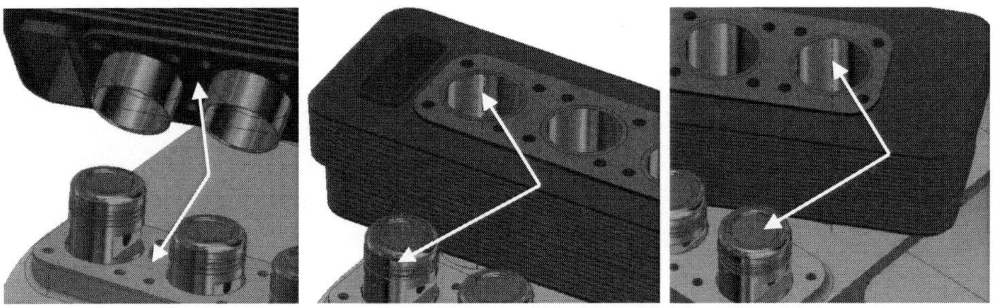

Abb. 274 (L) Flächenabhängigkeit; (M) Achsenabhängigkeit; (R) Achsenabhängigkeit

- ***Abhängigkeit platzieren***
- Typ: Baugruppe - Passend
- Modus: Passend
- Auswahl: Flächen (Abb. 274 L)
- Versatz: 0 mm
- Anwenden
- Modus: Passend
- Auswahl: Achsen (Abb. 274 M)
- Versatz: 0 mm
- Anwenden
- Modus: Passend
- Auswahl: Achsen (Abb. 274 R)
- Versatz: 0 mm
- OK

5.6.10 Dichtung zwischen Zylinderblock und Zylinderkopf einfügen

Oberhalb des Zylinderblocks soll im nächsten Schritt eine Dichtung platziert werden. Verwenden Sie das aus der Hauptbaugruppe heraus erzeugte Bauteil ***Dichtung.ipt***.

Platzieren Sie das Bauteil einmal im Zeichenbereich und ***positionieren*** Sie es im Anschluss wie in den folgenden Abbildungen dargestellt. Welche Art von Abhängigkeiten (Achsen/ Flächen) Sie verwenden, bleibt Ihnen überlassen. Wichtig ist, dass alle Bohrungen (von Dichtung und Zylinderblock) übereinstimmen.

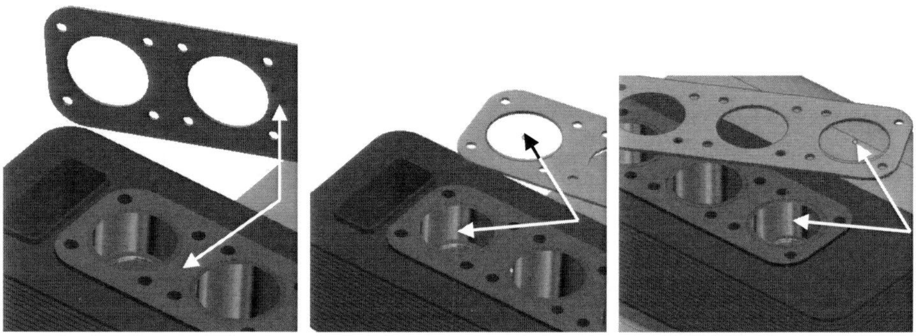

Abb. 275 (L) Flächenabhängigkeit; (M) Achsenabhängigkeit; (R) Achsenabhängigkeit

- ***Abhängigkeit platzieren***
- Typ: Baugruppe - Passend
- Modus: Passend
- Auswahl: Flächen (Abb. 275 L)
- Versatz: 0 mm
- Anwenden
- Modus: Passend
- Auswahl: Achsen (Abb. 275 M)
- Versatz: 0 mm
- Anwenden
- Modus: Passend
- Auswahl: Achsen (Abb. 275 R)
- Versatz: 0 mm
- OK

5.6.11 Unterbaugruppen BG_Zylinderkopf und BG_Nockenwelle einfügen

Platzieren und ***positionieren*** Sie die Baugruppe ***BG_Zylinderkopf.iam***. Achten Sie darauf, die Aussparung für den Riemenkanal auf die richtige Seite zu legen. Orientieren Sie sich an Abb. 276.

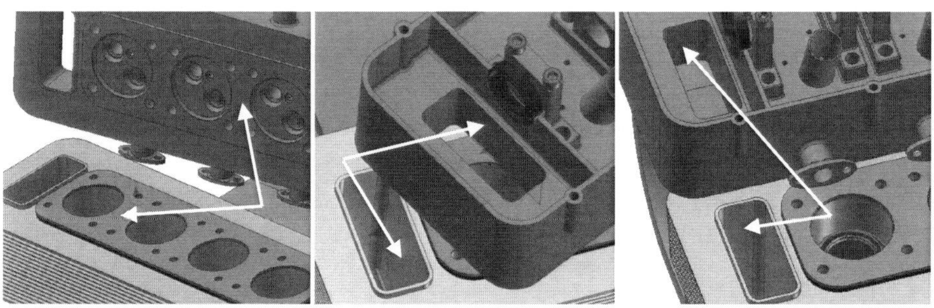

Abb. 276 (L) Flächenabhängigkeit; (M) Flächenabhängigkeit (Fluchtend); (R) Flächenabhängigkeit (Fluchtend)

- ***Abhängigkeit platzieren***
- Typ: Baugruppe - Passend
- Modus: Passend
- Auswahl: Flächen (Abb. 276 L)
- Versatz: 0 mm
- Anwenden
- Modus: Fluchtend
- Auswahl: Flächen (Abb. 276 M)
- Versatz: 0 mm
- Anwenden
- Modus: Fluchtend
- Auswahl: Flächen (Abb. 276 R)
- Versatz: 0 mm
- OK

HINWEIS: Achten Sie darauf, dass beim Setzen der beiden Flächenabhängigkeiten am Riemenkanal die Option ***Fluchtend*** verwendet wird.

Sobald der Zylinderkopf positioniert wurde, kann die Baugruppe ***BG_Nockenwelle.iam eingefügt*** werden. Verwenden Sie die folgenden beiden ***Abhängigkeiten***.

Abb. 277 (L) Achsenabhängigkeit; (R) Flächenabhängigkeit

- ***Abhängigkeit platzieren***
- Typ: Baugruppe - Passend
- Modus: Passend
- Auswahl: Achsen (Abb. 277 L)
- Versatz: 0 mm
- Anwenden
- Modus: Passend
- Auswahl: Flächen (Abb. 277 R)
- Versatz: 0 mm
- OK

5.6.12 Nockenwelle und Ventile miteinander verbinden

Die ***Ventile*** stellen in ihrer Platzierung innerhalb der Hauptbaugruppe eine Besonderheit dar. Sie werden linear im Zylinderkopf geführt, benötigen allerdings eine flexible Abhängigkeit, um den Flächen der Nocken (Nockenwelle) folgen zu können.

Platzieren Sie im ersten Schritt das Bauteil ***Ventil.ipt*** und legen Sie es viermal im Zeichenbereich ab. Starten Sie den Befehl ***Abhängigkeit platzieren*** und positionieren die Ventile mit einer ***axialen Abhängigkeit*** in die hierfür vorgesehenen ***Bohrungen*** des ***Zylinderkopfes*** (Abb. 278 L) des ersten Zylinders (Abb. 278 R).

Das Setzen der folgenden ***Übergangsabhängigkeiten*** erfordert eine hohe Rechenleistung Ihres Computers. Oftmals gibt es Probleme, wenn alle acht Ventile eingefügt und mit einer Übergangsabhängigkeit versehen werden. Aus diesem Grunde sollen in diesem Übungsbeispiel nur vier Ventile verwendet werden.

Abb. 278 (L) Achsenabhängigkeit; (R) Ventile wurden axial platziert

- ***Abhängigkeit platzieren***
- Typ: Baugruppe - Passend
- Modus: Passend
- Auswahl: Achsen (Abb. 278 L)
- Versatz: 0 mm
- Anwenden
- Abhängigkeit bei den restlichen drei Ventilen wiederholen (Abb. 278 R)
- OK

Achten Sie darauf, dass die vier Ventilköpfe, so wie in Abb. 278 R dargestellt, unterhalb der Nockenwelle angeordnet sind und nicht mit den Nocken kollidieren.

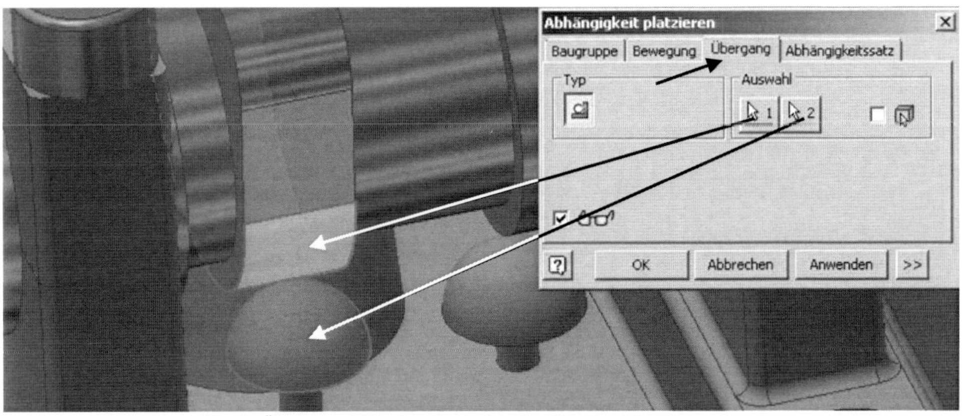

Abb. 279 Übergangsabhängigkeit zwischen Ventilkopf und Nocken erzeugen

- ***Abhängigkeit platzieren***
- Typ: Übergang
- Auswahl 1: Nockenfläche (Abb. 279)
- Auswahl 2: Ventilkopf (Abb. 279)
- OK

Mit welchem Ventil Sie starten bleibt Ihnen überlassen. Wichtig ist nur, dass diejenige Fläche am Nocken gewählt wird, die aktuell direkt oberhalb des Ventils angeordnet ist (der Nocken besteht aus vier einzelnen Flächen). Wiederholen Sie diese Übergangsabhängigkeit bei den restlichen Ventilen.

Drehen Sie die Nockenwelle anschließend bei gedrückter linker Maustaste, die Ventile sollten sich linear auf und ab bewegen und dem Verlauf des jeweils zugeordneten Nockens folgen. Je nach Rechenleistung Ihres PCs, kann die Darstellung dieser vereinfachten Bewegung sehr stockend verlaufen.

5.6.13 Die Suchfunktion im Inhaltscenter

Neben der bereits bekannten Methode, Inhaltscenter-Komponenten manuell aus der Kategorieansicht zu wählen, können diese auch mit einer ***Suchfunktion*** lokalisiert werden (wenn die Bezeichnung der gesuchten Komponente bekannt ist).

In der folgenden Übung sollen Zylinderkopfschrauben in die Baugruppe eingefügt werden, welche Zylinderkopf und Zylinderblock mit dem Motorgehäuse verschrauben. Deaktivieren Sie die Sichtbarkeit des Zylinderblocks (***rechte Maustaste*** > ***Sichtbarkeit***), um den Blick auf die Gewindebohrungen im Motorgehäuse freizulegen. Das folgende Fenster (***Assoziative Konstruktionsansichtsdarstellung*** > ***Verknüpfung entfernen***) kann mit OK bestätigt werden.

Starten Sie den Befehl ***Aus Inhaltscenter platzieren*** und achten Sie auf die aktivierten Optionen ***AutoDrop*** und ***Suchfunktion***. Folgen Sie der Befehlskette.

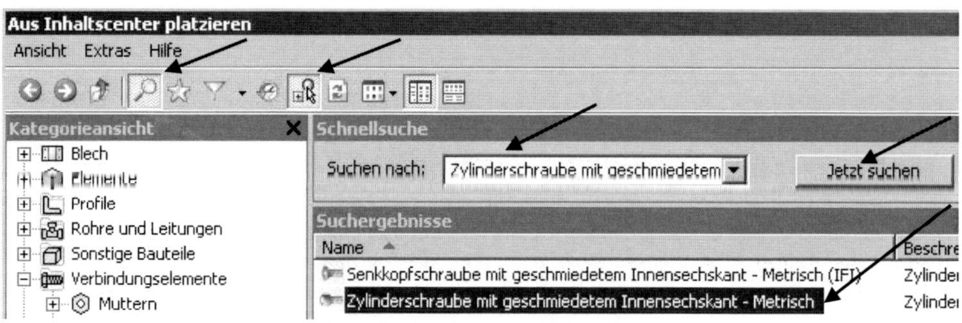

Abb. 280 Die Suchfunktion im Inhaltscenter

- ***Aus Inhaltscenter platzieren***
- ***Suchfunktion***
- Suchen nach: Zylinderschraube mit geschmiedetem Innensechskant
- [Jetzt suchen]
- Zylinderschraube mit geschmiedetem Innensechskant - Metrisch (Abb. 280)
- [OK]

Abb. 281 (L) Gewindebohrung (Motorgehäuse); (M) Startfläche (Zylinderkopf); (R) Schraubenlänge; Mehrere einfügen

Abb. 282 Alle Zylinderkopfschrauben wurden eingefügt

- Bohrung: Gewindebohrung (Motorgehäuse, Abb. 281 L)
- Startfläche: Fläche (Zylinderkopf, Abb. 281 M)
- Doppelpfeil am Schraubenende ziehen, bis die Größe ***M8 x 1,25 x 140*** erreicht wurde
- ***Mehrere einfügen***
- ***Bestätigen***

Strukturieren Sie Ihren Modellbaum und erzeugen Sie die folgenden Ordner:

- Alle ***16 Zylinderkopfschrauben*** markieren > Ordner ***Zylinderkopfschrauben***
- Alle ***4 Ventile*** markieren > Ordner ***Ventile***

Die Sichtbarkeit der Baugruppe ***BG_Zylinderblock.iam*** kann wieder aktiviert und die Hauptbaugruppe ***gespeichert*** werden. Sie muss allerdings noch geöffnet bleiben.

Im nächsten Schritt soll ein weiteres Bauteil (***Ventildeckeldichtung.ipt***) aus der Baugruppe heraus ***erstellt*** werden.

5.6.14 Komponenten isolieren

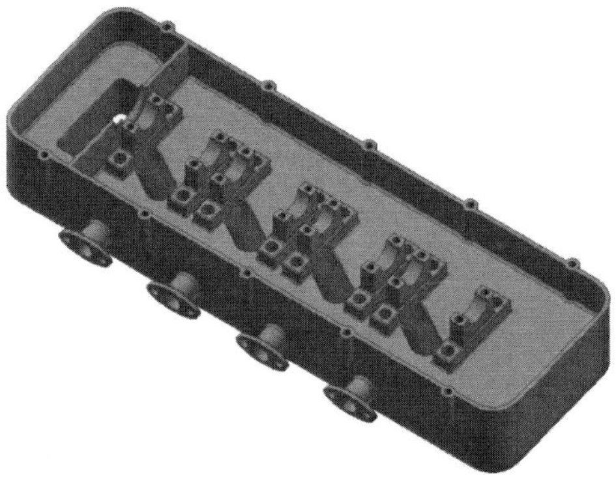

Abb. 283 Isolieren der Komponente: Zylinderkopf.ipt

Die neue Dichtung soll auf der oberen Dichtfläche des Zylinderkopfes erzeugt und von dieser Kontur abgeleitet werden. Um die Arbeit möglichst übersichtlich zu gestalten, soll nur der Zylinderkopf in der Baugruppe sichtbar bleiben. Um alle anderen Komponenten ausblenden zu können, bietet das Programm eine gute Lösung - die Isolation. Komponenten können damit schnell und einfach isoliert werden, der Rest wird ausgeblendet.

Klappen Sie im Modellbaum die Baugruppe ***BG_Zylinderkopf*** auf, klicken Sie dann mit der ***rechten Maustaste*** auf das Bauteil ***Zylinderkopf*** und wählen Sie die Option ***Isolieren***.

5.6.15 Erstellen der Ventildeckeldichtung

Starten Sie den Befehl ***Erstellen*** und erzeugen dann, auf der in Abb. 284 markierten Oberfläche des Zylinderkopfes, das neue Bauteil ***Ventildeckeldichtung.ipt***.

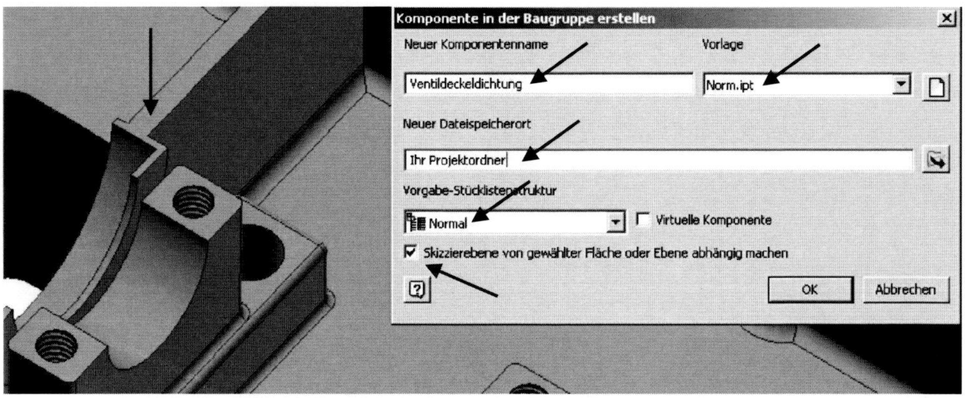

Abb. 284 Ventildeckeldichtung auf markierter Fläche erzeugen

- ***Komponente erstellen***
- Fläche: Markierte Fläche (Abb. 284)
- Name: Ventildeckeldichtung
- Vorlage: Norm.ipt
- Dateispeicherort: Ihr Projektordner
- OK

Im Bearbeitungsbereich des Bauteils (***3D-Modellierung***) soll auf derselben Fläche des Zylinderkopfes eine neue ***2D-Skizze*** erstellt werden. ***Projizieren*** Sie die Kontur dieser Fläche und ***extrudieren*** Sie diese im Anschluss um ***2 mm***.

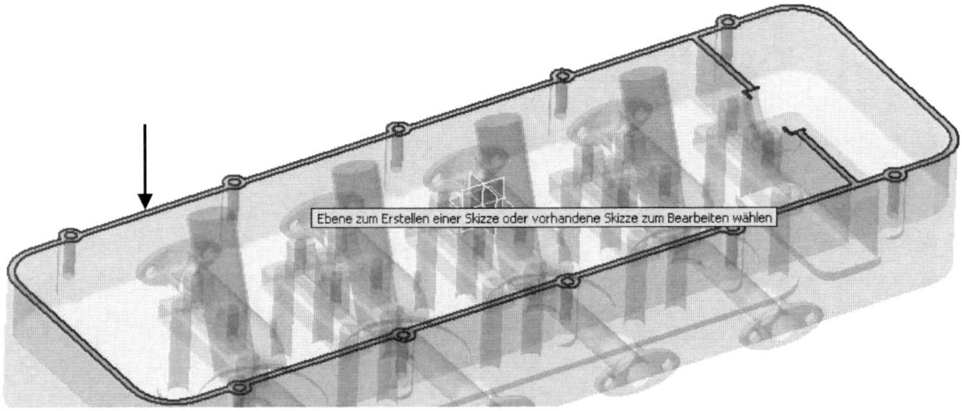

Abb. 285 2D-Skizze erzeugen; Kontur projizieren

- ***2D-Skizze*** (Fläche aus Abb. 284)
- ***Geometrie projizieren*** (markierte Fläche Abb. 285)
- ***Skizze fertig stellen***

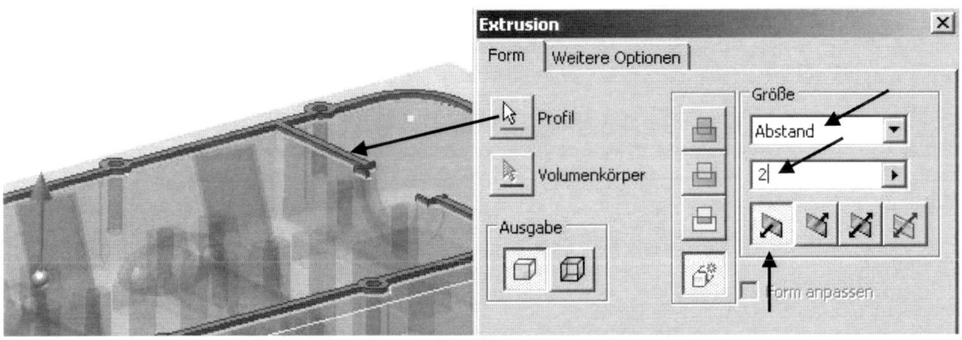

Abb. 286 Extrudieren der Ventildeckeldichtung (Vereinigung)

- ***Extrusion***
- Profil: Markierte Fläche (Abb. 286)
- Vereinigung
- Größe: Abstand (2 mm)
- OK

Entfernen Sie die Sichtbarkeit der vom Programm automatisch neu erzeugten Arbeitsebene und ***verlassen*** Sie anschließend den Bearbeitungsbereich der neuen Komponente.

5.6.16 Materialien zuweisen und Modellbaum strukturieren

In der Baugruppe befinden sich jetzt bereits drei Dichtungen. Diese sollen mit einem Material versehen und im Modellbaum in einen Ordner gesammelt werden. Vorab sollte allerdings die ***Isolation*** beendet werden.

Klicken Sie hierfür mit der ***rechten Maustaste*** auf einen freien Bereich im Zeichenfenster und wählen Sie die Option ***Isolieren rückgängig***. Alle Komponenten der Hauptbaugruppe werden wieder sichtbar.

HINWEIS: Wird die Sichtbarkeit von Komponenten reaktiviert, werden auch alle vorher mühsam ausgeblendeten ***Arbeitsebenen***, -***achsen*** und -***punkte*** wieder sichtbar. In diesem Fall müssen Sie jedes Bauteil einzeln öffnen und die Sichtbarkeit der Elemente manuell deaktivieren. Es gibt allerdings auch eine komfortablere Lösung, welche später erläutert werden soll.

Markieren Sie die drei Dichtungen im Modellbaum und weisen Sie ihnen das Material ***Kautschuk*** zu. Markieren Sie die drei Dichtungen im Anschluss erneut und legen Sie diese in einen gemeinsamen Ordner ***Dichtungen***.

5.6.17 Ventildeckel einfügen

Platzieren Sie aus dem ***Downloadordner*** das Bauteil ***Uebung-Ventildeckel.ipt*** und legen Sie es einmal im Zeichenbereich ab. Setzen Sie anschließend die in Abb. 287 dargestellten drei Flächenabhängigkeiten zwischen ***Ventildeckeldichtung***, ***Ventildeckel*** und ***Zylinderkopf***.

Die Flächen des Ventildeckels sollten ***bündig*** mit den Flächen des Zylinderkopfes abschließen, und die Zündkerzenkanäle im Ventildeckel sollten mit den Zündkerzenkanälen des Zylinderkopfes übereinstimmen (Abb. 287).

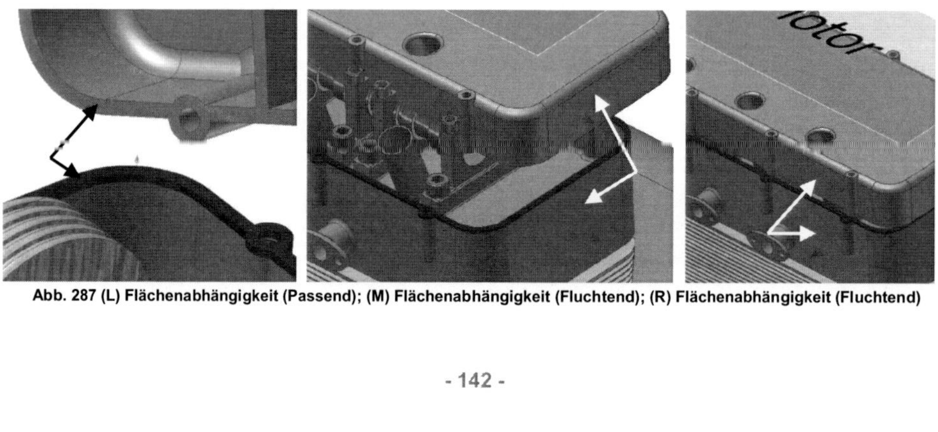

Abb. 287 (L) Flächenabhängigkeit (Passend); (M) Flächenabhängigkeit (Fluchtend); (R) Flächenabhängigkeit (Fluchtend)

- ***Abhängigkeit platzieren***
- Typ: Baugruppe - Passend
- Modus: Passend
- Auswahl: Flächen (Abb. 287 L)
- Versatz: 0 mm
- Anwenden
- Modus: Fluchtend
- Auswahl: Flächen (Abb. 287 M)
- Versatz: 0 mm
- Anwenden
- Modus: Fluchtend
- Auswahl: Flächen (Abb. 287 R)
- Versatz: 0 mm
- OK

5.6.18 Erstellen einer neuen Kopie des Ventildeckels

Der Ventildeckel soll jetzt aus der Baugruppe heraus bearbeitet werden. Markieren Sie den Ventildeckel und wählen Sie mit der ***rechten Maustaste*** die Option ***Öffnen***. Das Bauteil wird in einem separaten Arbeitsfenster geöffnet.

Verwenden Sie den Befehl ***Speichern unter***, um die aktuelle Datei ***Uebung-Ventildeckel.ipt*** als ***Ventildeckel.ipt*** in Ihrem Projektordner zu sichern. Achten Sie darauf, das neue Bauteil direkt in den Projektordner zu speichern (nicht in den Downloadordner).

5.6.19 Prägen und Gravieren von Flächen

Abb. 288 Der Befehl: Prägen

Mit dem Befehl ***Prägen*** kann Material auf die Oberfläche eines Volumenkörpers aufgetragen (Prägung) oder von dieser entfernt werden (Gravur). Der Befehl benötigt dafür eine 2D-Skizze mit einer geschlossenen Kontur oder einem Text.

Der Ventildeckel enthält eine 2D-Skizze mit dem Text ***4-Takt-Motor***. Dieser Text soll in die Oberfläche des Ventildeckels graviert werden.

Starten Sie den Befehl, wählen Sie als ***Profil*** den ***Text*** der 2D-Skizze, die Option ***Von Fläche gravieren*** und eine Tiefe von ***1 mm***. Setzen Sie einen Haken bei der Option ***Auf Fläche aufbringen***, wählen Sie als ***Fläche*** die in Abb. 289 markierte Oberfläche und legen Sie die Farbe ***Rot*** fest.

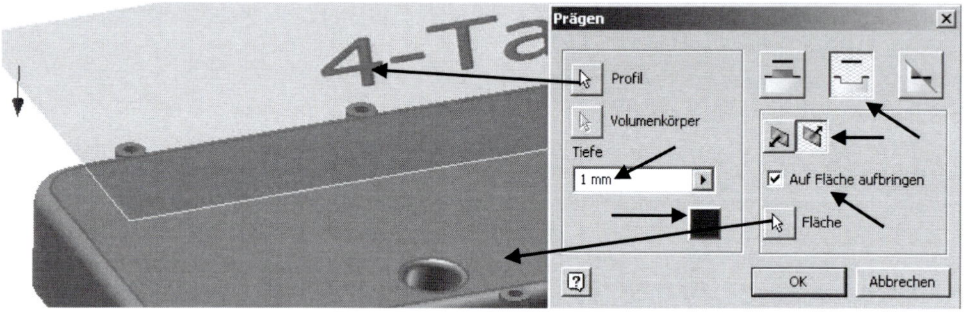

Abb. 289 Gravieren der 2D-Kontur (Text)

Abb. 290 Gravur wurde erzeugt

- ***Prägen***
- Profil: Text (*4-Takt-Motor*)
- Option: Von Fläche gravieren
- Tiefe: 1 mm
- Haken bei: Auf Fläche aufbringen
- Fläche: Markierte Fläche
- Farbe für Oberfläche: Rot
- OK

Die Sichtbarkeit der Arbeitsebene kann danach deaktiviert werden. ***Speichern*** Sie die Änderungen des Bauteils ***Ventildeckel.ipt*** und schließen Sie anschließend die Datei.

5.6.20 Austauschen von Komponenten einer Baugruppe

Zurück in der Hauptbaugruppe, soll das Bauteil ***Uebung-Ventildeckel.ipt*** gegen das neue Bauteil ***Ventildeckel.ipt*** ausgetauscht werden. Hier bietet das Programm eine komfortable Lösung:

Markieren Sie im Modellbaum ***Uebung-Ventildeckel*** und wählen Sie mit der ***rechten Maustaste*** die Option ***Komponente*** > ***Ersetzen***. Im Auswahlfenster ***Komponente platzieren*** muss dann ***Ventildeckel.ipt*** (Downloadordner) ausgewählt werden. Das neue Bauteil sollte dann problemlos eingefügt und an die alte Position gesetzt werden können. Mit dieser Funktion können Komponenten mit geringen Abweichungen (Varianten) schnell und komfortabel gegeneinander ausgetauscht werden, ohne ständig neue Abhängigkeiten erzeugen zu müssen.

HINWEIS: Einzelne Komponenten einer Baugruppe können mit der Option ***Komponente*** > ***Ersetzen*** ausgetauscht werden. Alle (identischen) Komponenten derselben Quelldatei können mit der Option ***Komponente*** > ***Alle ersetzen*** ausgetauscht werden.

5.6.21 Schrauben aus dem Inhaltscenter einfügen

Ventildeckel und Zylinderkopf sollen durch Schrauben aus dem ***Inhaltscenter*** gesichert werden. Starten Sie den Befehl, folgen dem Pfad ***Verbindungselemente*** > ***Schrauben*** > ***Rundkopf*** und öffnen Sie hier die ***Zylinderkopfschraube mit Schlitz - Metrisch***.

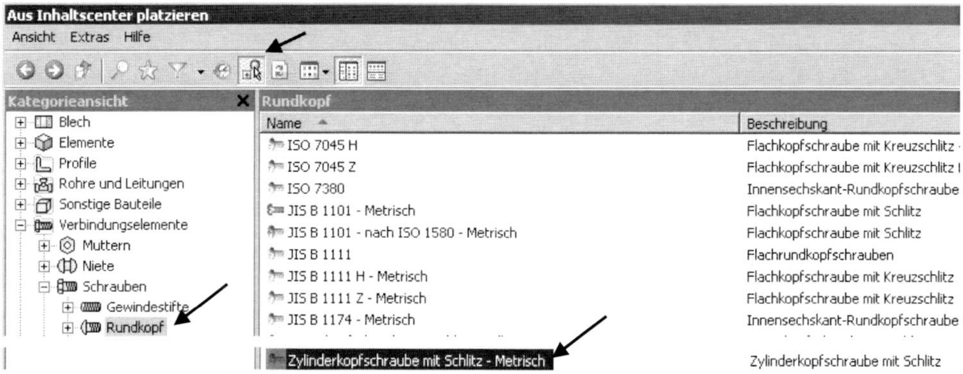

Abb. 291 Auswahl der Schlitzschraube aus dem Inhaltscenter (gekürzte Ansicht)

- ***Aus Inhaltscenter platzieren***
- Pfad: Verbindungselemente > Schrauben > Rundkopf
- Zylinderkopfschraube mit Schlitz - Metrisch
- OK

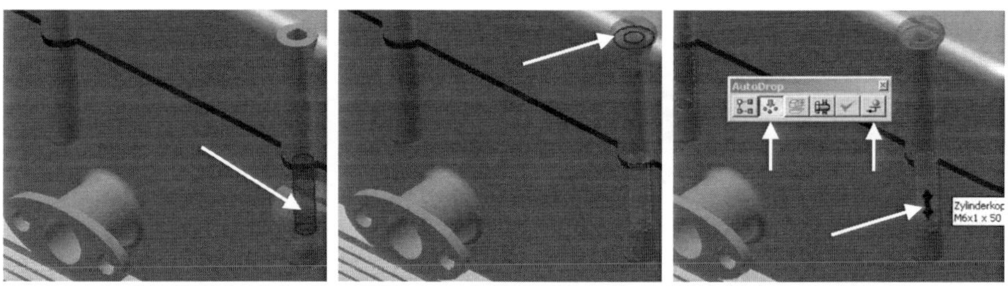

Abb. 292 (L) Gewindebohrung (Zylinderkopf); (M) Startfläche (Ventildeckel); (R) Schraubenlänge

- Bohrung: Gewindebohrung (Zylinderkopf, Abb. 292 L)
- Startfläche: Fläche (Ventildeckel, Abb. 292 M)
- Doppelpfeil am Schraubenende ziehen, bis die Länge ***M6 x 50*** erreicht wurde
- ***Mehrere einfügen*** aktivieren
- ***Bestätigen***

Markieren Sie die neuen Schrauben im Modellbaum und legen Sie diese in den gemeinsamen Ordner ***Schrauben Ventildeckel***. ***Speichern*** Sie die Baugruppe.

5.6.22 Bewegungsabhängigkeiten

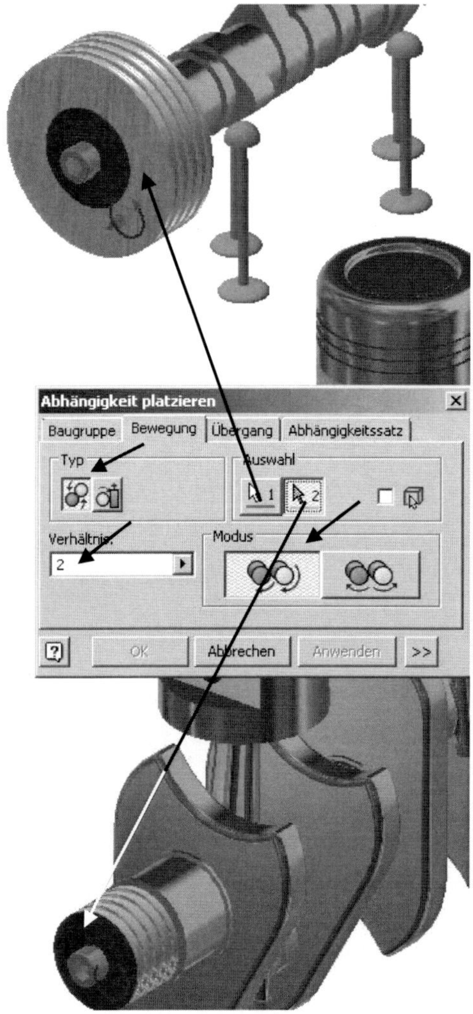

Abb. 293 Bewegungsabhängigkeit zwischen Kurbelwelle und Nockenwelle erzeugen

Vor dem Setzen der Bewegungsabhängigkeit sollen einige Komponenten ausgeblendet werden.

Markieren Sie im Modellbaum ***BG_Kurbelwelle***, ***BG_Nockenwelle*** sowie die beiden Ordner ***Baugruppe Kolben*** und ***Ventile***, klicken Sie dann mit der ***rechten Maustaste*** auf eine der markierten Komponenten und wählen Sie die Option ***Isolieren***.

Starten Sie den Befehl ***Abhängig machen*** und wechseln Sie dort ins Register ***Bewegung***. Hier können zwei Drehbewegungen (Zahnrad/ Zahnrad) oder eine Drehbewegung und eine lineare Bewegung (Zahnrad/ Zahnstange) voneinander abhängig gemacht werden. Um ***Kurbelwelle*** und ***Nockenwelle*** in ihrer Bewegung miteinander verbinden zu können, benötigen Sie die erste Option (Drehbewegung) in einem ***Verhältnis*** von ***2:1***.

- ***Abhängig machen***
- Register: Bewegung
- Typ: Drehung
- Verhältnis: 2:1
- Auswahl 1: Fläche (Nockenwelle)
- Auswahl 2: Fläche (Kurbelwelle)
- Modus: Vorwärts
- OK

Drehen Sie die Kurbelwelle bei gedrückter linker Maustaste. Die Nockenwelle sollte sich ebenfalls drehen (halb so schnell).

5.6.23 Erstellen des Steuerriemens aus der Baugruppe heraus

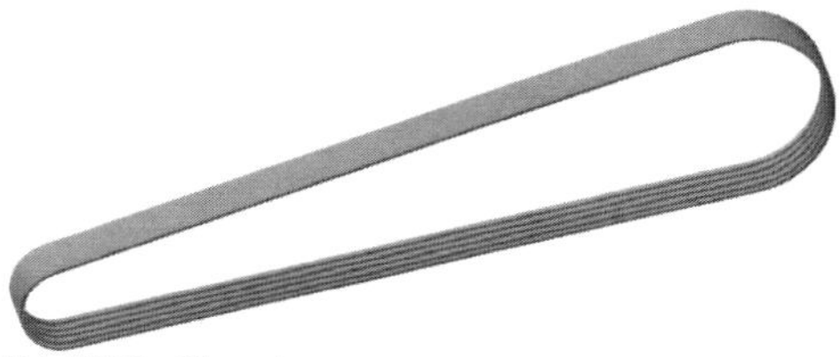

Abb. 294 Der Steuerriemen

Der ***Steuerriemen*** verbindet Kurbel- und Nockenwelle miteinander. In unserem Übungsbeispiel soll er als einfacher Keilrippenriemen ausgeführt werden. Der Steuerriemen wird hier als statisches (unflexibles) Bauteil konstruiert.

Erstellen Sie das neue Bauteil ***Steuerriemen.ipt*** (Norm.ipt) und positionieren Sie es auf der in Abb. 295 markierten Seitenfläche des Riemenrades der Nockenwelle.

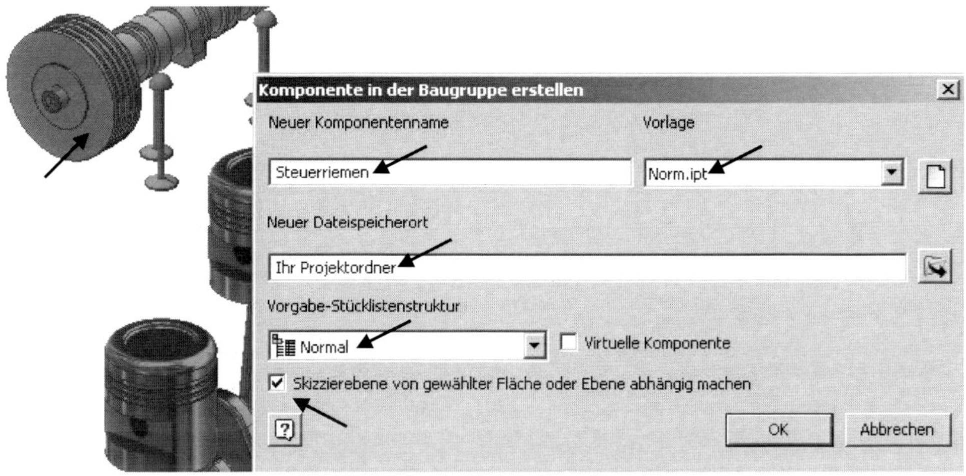

Abb. 295 Erstellen des Bauteils: Steuerriemen.ipt

- ***Komponente erstellen***
- Fläche: Markierte Fläche
- Name: Steuerriemen
- Vorlage: Norm.ipt
- Dateispeicherort: Ihr Projektordner
- OK

Auf derselben Fläche soll anschließend eine ***2D-Skizze*** erstellt werden. Wechseln Sie am ***ViewCube*** zur Ansicht ***UNTEN***. Projizieren Sie in der neuen Skizze die in Abb. 296 L markierten ***Außenkanten*** der beiden ***Riemenräder*** (Nockenwelle, Kurbelwelle) und definieren Sie die beiden projizierten ***Kreise*** als ***Konstruktionselemente*** (Befehlsgruppe ***Format***).

Sie sollen als Ausgangspunkt der anschließend zu zeichnenden Kontur dienen.

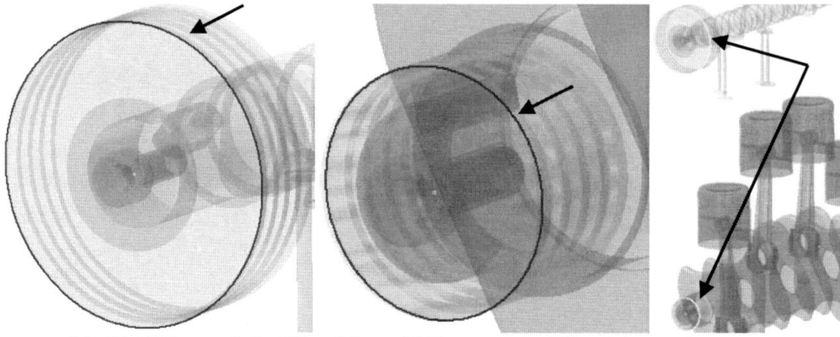

Abb. 296 (L) Riemenscheibe NW projizieren; (M) Riemenscheibe KW projizieren; (R) Gesamtdarstellung

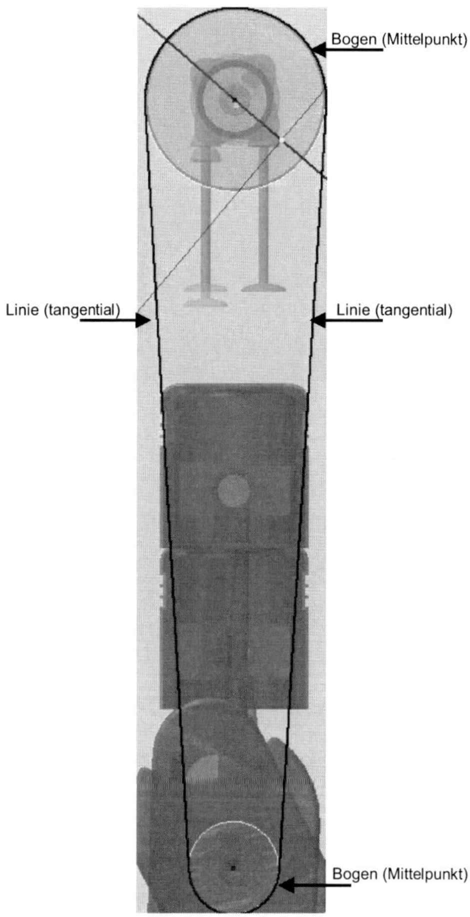

Abb. 297 Zeichnen der Linien und Bögen

- ***2D-Skizze*** (auf markierter Fläche Abb. 295)
- ***Geometrie projizieren*** (markierte Außenkonturen der Riemenscheiben Nockenwelle/ Kurbelwelle, Abb. 296)
- Projizierte Kreise markieren und als ***Konstruktion*** definieren

Zeichnen Sie zwei ***Linien*** neben den projizierten Kreisen (in ausreichender Länge). Verwenden Sie die Abhängigkeit ***Tangential***, um die Linien an die projizierten Kreise zu legen. Die überstehenden Enden der Linien können danach ***gestutzt*** werden.

Zwei ***Bögen*** (Mittelpunkt) sollen die Kontur oben und unten schließen. Sie sollen konzentrisch zu den projizierten Kreisen liegen und sauber mit den gestutzten Linienenden abschließen (Abb. 297).

- Zwei ***Linien*** zeichnen
- Linien ***tangential*** an Bögen legen
- Linienenden ***stutzen***
- Zwei ***Bögen*** (Mittelp.) zeichnen

Achten Sie darauf, dass die Linien in ausreichender Länge gezeichnet werden, um diese anschließend stutzen zu können. Die Bögen müssen sauber mit den Anfangs- und Endpunkten der Linien abschließen und die Mittelpunkte der Bögen sollen jeweils auf den Mittelpunkten der projizierten Kreise liegen (konzentrisch).

Um zu prüfen, ob die Linienkontur erfolgreich geschlossen wurde, bietet das Programm eine komfortable Lösung: Klicken Sie mit der ***rechten Maustaste*** auf eine der Linien oder Bögen, und wählen Sie die Option ***Kontur schließen***.

Das Programm erwartet dann, dass nacheinander alle angrenzenden (zur Kontur gehörenden) Zeichenelemente mit der linken Maustaste gewählt werden, bis die Kontur geschlossen ist. Hierbei muss (von der ersten gewählten Geometrie aus) entweder im UZS oder gegen diesen vorgegangen werden. Die Skizze kann anschließend ***beendet*** werden.

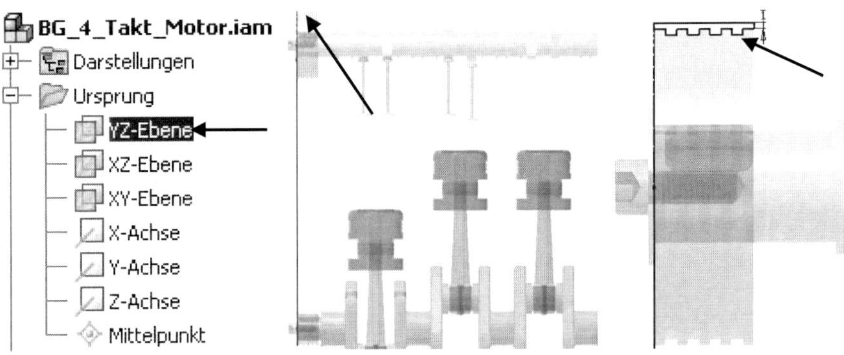

Abb. 298 (L) YZ-Ebene der Hauptbaugruppe; (M) ViewCube-Ansicht: LINKS; (R) Position der neuen Kontur

Zurück im Register ***3D-Modellierung***, öffnen Sie den Ordner ***Ursprung*** der Hauptbaugruppe (Abb. 298 L), markieren dort die ***YZ-Ebene*** und starten den Befehl ***2D-Skizze***.

Am ***ViewCube*** ist anschließend die Ansicht ***LINKS*** zu wählen, welche um ***90°*** im ***UZS*** zu drehen ist. Die Ansicht im Zeichenbereich sollte jetzt (wie in Abb. 298 M dargestellt) vor Ihnen liegen.

In diese neue Skizze soll die obere Kontur des Riemenrades der Nockenwelle ***projiziert*** werden. Die projizierten Kanten sind anschließend durch weitere ***Linien*** zu ergänzen (die Kontur muss geschlossen werden) und mit einem ***Maß*** zu versehen.

Beide Skizzen werden die Grundlage für den 3D-Befehl ***Sweeping*** bilden, welcher daraus den Steuerriemen erzeugen soll.

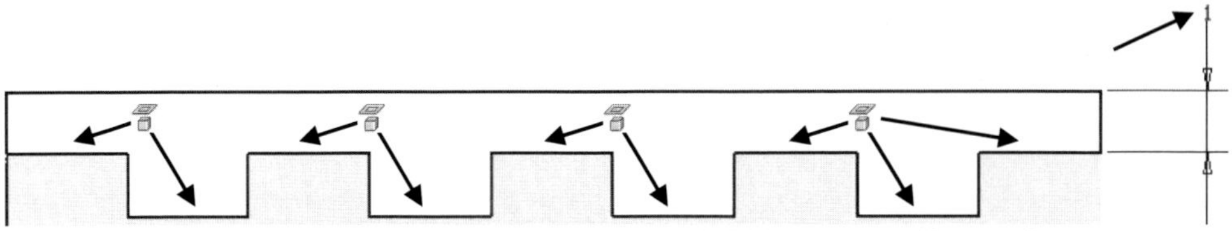

Abb. 299 Projizieren der Kanten am Riemenrad (Nockenwelle), Zeichnen einer geschlossenen Kontur

- **2D-Skizze** (YZ-Ebene der Hauptbaugruppe, Abb. 298 L)
- **ViewCube**: Ansicht **LINKS**, **90°** im **UZS** drehen (Abb. 298 M)
- **Projizieren** der markierten Kanten (Abb. 299)
- Zeichnen der restlichen **Linien** (Abb. 299)
- **Bemaßen** (1 mm)
- **Skizze fertig stellen**

Zurück im Register ***3D-Modellierung***, starten Sie den Befehl ***Sweeping***. Als ***Profil*** ist die ***Kontur*** der ***zuletzt erzeugten Skizze*** zu verwenden, als ***Pfad*** die ***Kontur*** der ***vorletzten Skizze***. Sollte das Profil vom Befehl nicht akzeptiert werden, wechseln Sie noch einmal in die letzte Skizze und schließen die Kontur (***rechte Maustaste*** > ***Kontur schließen***).

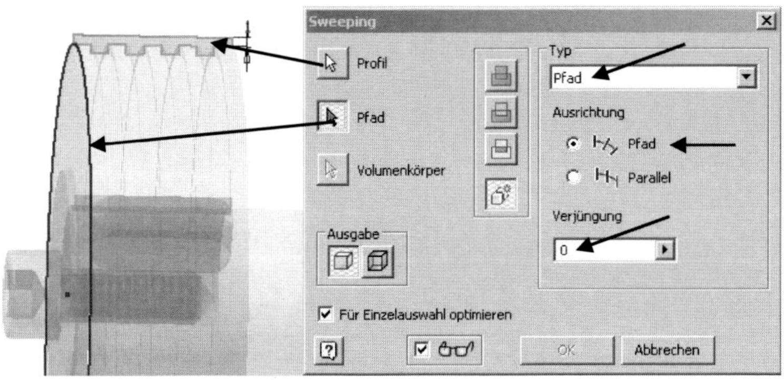

Abb. 300 Sweepen des Steuerriemens

- ***Sweeping***
- Profil: Kontur der letzten 2D-Skizze
- Pfad: Kontur der vorletzten 2D-Skizze
- Typ: Pfad
- Ausrichtung: Pfad
- Verjüngung: 0°
- OK

Der Bearbeitungsbereich des ***Steuerriemens*** kann jetzt ***verlassen*** werden. ***Speichern*** Sie die gesamte Baugruppe mit allen neuen Komponenten.

5.6.24 Animation einer Bewegungsabhängigkeit

Die vereinfachte Animation einer Baugruppe kann durch das Bewegen einer einzelnen Abhängigkeit erreicht werden. Hierfür bietet das Programm eine einfache Lösung:

Starten Sie den Befehl ***Abhängigkeit platzieren***, wechseln Sie ins Register ***Baugruppe*** und aktivieren Sie den Typ ***Winkel*** (0°). Als Modus ist ***Gerichteter Winkel***, als ***Auswahl 1*** die ***YZ-Ebene*** der Hauptbaugruppe ***BG_4_Takt_Motor.iam*** und als ***Auswahl 2*** die ***YZ-Ebene*** der Unterbaugruppe ***BG_Nockenwelle.iam*** zu wählen.

Die Ebenen finden Sie im Modellbaum, im Ordner ***Ursprung*** der jeweiligen Baugruppe. Orientieren Sie sich an Abb. 301.

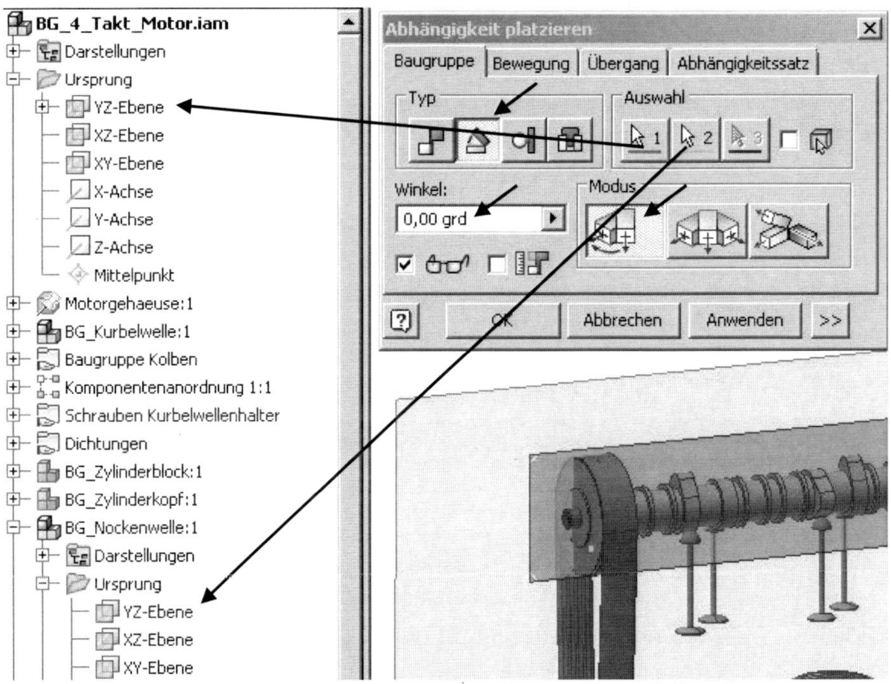

Abb. 301 Setzen einer Winkelabhängigkeit zwischen YZ-Ebene (Nockenwelle) und YZ-Ebene (Hauptbaugruppe)

- ***Abhängigkeit platzieren***
- Typ: Winkel (0°)
- Modus: Gerichteter Winkel
- Auswahl 1: YZ-Ebene (BG_4-Takt-Motor)
- Auswahl 2: YZ-Ebene (BG_Nockenwelle)
- OK

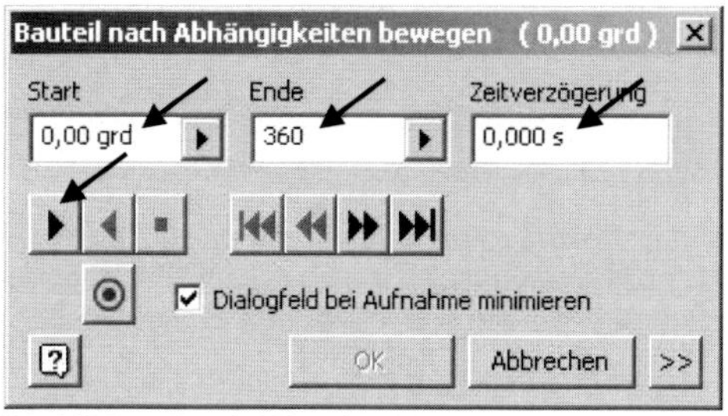

Abb. 302 Bauteil nach Abhängigkeit bewegen

Unterhalb der ***BG_Nockenwelle*** (Modellbaum) wird jetzt die soeben erzeugte Abhängigkeit ***Winkel*** angezeigt. Klicken mit der ***rechten Maustaste*** darauf und wählen Sie die Option ***Bauteil nach Abhängigkeit bewegen***. Übernehmen Sie die Einstellungen aus Abb. 302, aktivieren Sie in den >> erweiterten Optionen die ***Bewegungsadaptivität*** und ***starten*** Sie im Anschluss daran.

HINWEIS: Um die Animation auf Video aufnehmen zu können, aktivieren Sie ***vor*** dem ***Start*** die ***Aufnahme***. Am Ende der Animation muss der Befehl erneut gewählt werden.

Sollte es Probleme bei der Animation geben, wurden eventuell falsche Abhängigkeiten gesetzt. In diesem Fall sollten alle Abhängigkeiten überprüft werden. Klicken Sie mit der ***rechten Maustaste*** auf die Abhängigkeit ***Winkel*** (Modellbaum) und wählen Sie die Option ***Unterdrücken***. Beide Wellen können jetzt wieder manuell gedreht werden.

5.6.25 Ausblenden aller Arbeitselemente in einem Schritt

Abb. 303 Der Befehl: Objektsichtbarkeit

Alle ausgeblendeten Komponenten der Baugruppe, können jetzt mit der ***linken Maustaste*** (bei gedrückter ***STRG***-Taste) ***markiert*** und wieder sichtbar gemacht werden (***rechte Maustaste*** > ***Sichtbarkeit***). Leider werden auch hier alle vor der letzten Übung mühsam deaktivierten Arbeitselemente (Ebenen, Achsen, Punkte) wieder sichtbar. Um nicht jedes Bauteil und jede Baugruppe einzelnen öffnen zu müssen, um die Arbeitselemente einzeln zu deaktivieren, bietet das Programm eine komfortable Lösung: Wechseln Sie ins Register ***Ansicht*** und wählen Sie in der Befehlsgruppe ***Sichtbarkeit*** den Befehl ***Objektsichtbarkeit***. Deaktivieren Sie im Fenster alle (freigegebenen) Optionen und blenden Sie auf diese Weise sämtliche Arbeitselemente zeitgleich aus.

Mit dieser Übung verlassen wir den Baugruppenbereich und wenden uns den Zeichnungen zu. ***Speichern*** und ***schließen*** Sie die Baugruppe zum Abschluss.

6 ZEICHNUNGEN

Bauteile werden im Skizzenbereich gezeichnet, im Modellbereich in Volumen- oder Flächenelemente konvertiert und in Baugruppen eingefügt und können im Anschluss als Zeichnung abgeleitet werden. Auf dem Zeichenblatt, können beliebig viele Ansichten eines Bauteils/ einer Baugruppe dargestellt und mit Anmerkungen versehen werden.

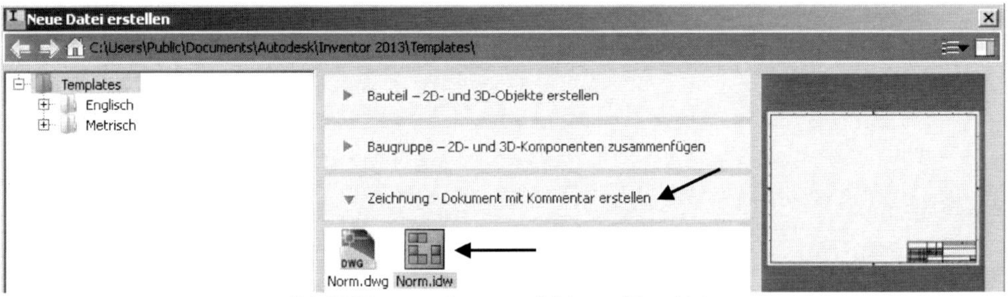

Abb. 304 Erzeugen einer neuen Zeichnung (Norm.idw)

Starten Sie den Befehl ***Neu*** und wählen Sie im Bereich ***Zeichnung*** die ***Norm.idw***. Speichern Sie die neue Datei als ***Nockenwelle-Riemenrad.idw***.

6.1 Das Register ANSICHTEN PLATZIEREN im Überblick

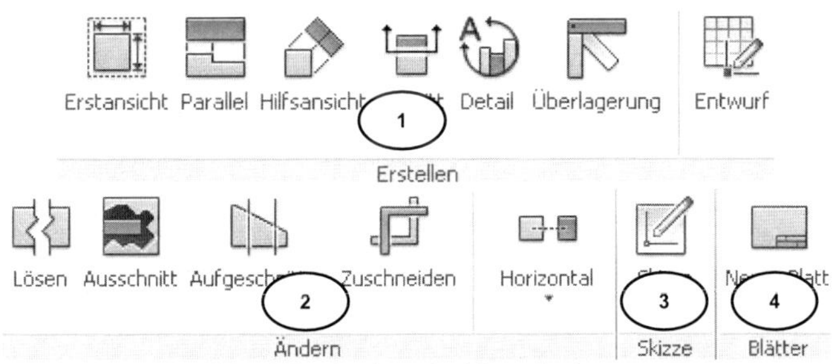

Abb. 305 Das Register: Ansichten platzieren

OPTIONEN

1) Erstellen neuer Ansichten (Haupt- und Nebenansichten)
2) Bearbeiten vorhandener Ansichten (Lösen, Schneiden, Bearbeiten)
3) Erstellen einer neuen 2D-Skizze
4) Erstellen eines neuen Zeichenblattes

6.2 Das Register *MIT ANMERKUNG VERSEHEN* im Überblick

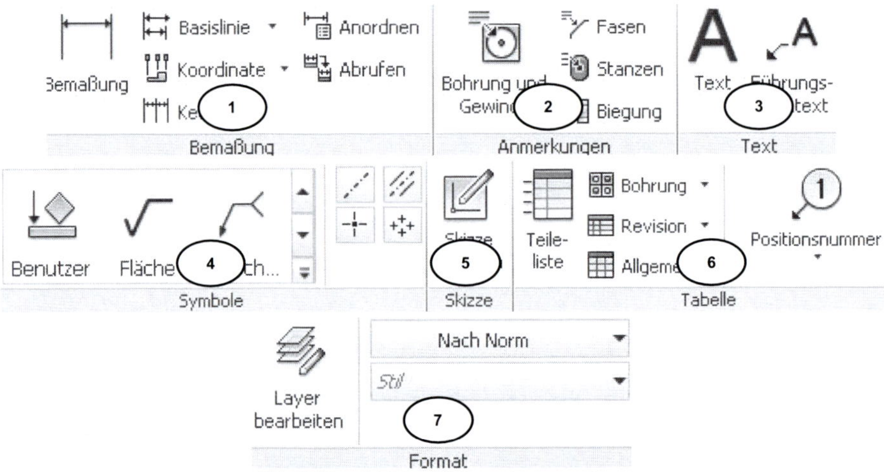

Abb. 306 Das Register: Mit Anmerkung versehen

OPTIONEN

1) Bemaßungen erzeugen/ abrufen
2) Anmerkungen an Bohrungen, Fasen, Stanzungen, Biegungen platzieren
3) Texte erzeugen
4) Symbole, Symmetrielinien, Mittelpunktmarkierungen einfügen
5) Erstellen einer neuen 2D-Skizze
6) Tabellen und Positionsnummern
7) Linien und Texte formatieren

6.3 Bearbeiten der Grundeinstellungen

6.3.1 Ändern der Blattgröße

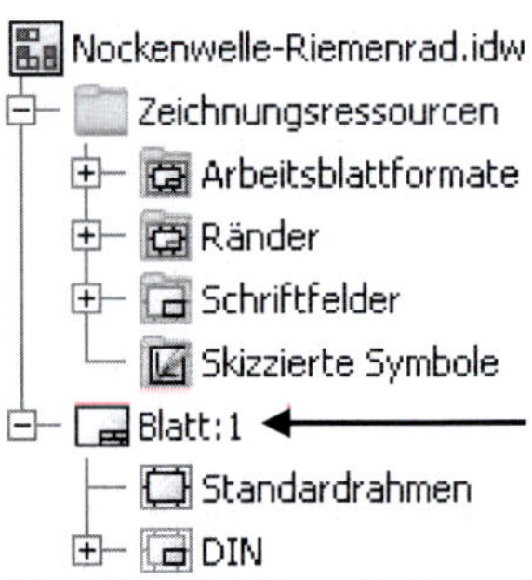

Abb. 307 Der Modellbaum (Zeichnungsbereich)

Standardmäßig öffnet sich ein neues Zeichenblatt in der Größe ***DIN A2***. Für die Darstellung der ersten Komponente (Riemenrad der Nockenwelle) ist diese Größe ungeeignet.

Klicken Sie mit der ***rechten Maustaste*** im Modellbaum auf ***Blatt:1*** und wählen die Option ***Blatt bearbeiten***. Ändern Sie die Größe auf ***A3*** (Querformat).

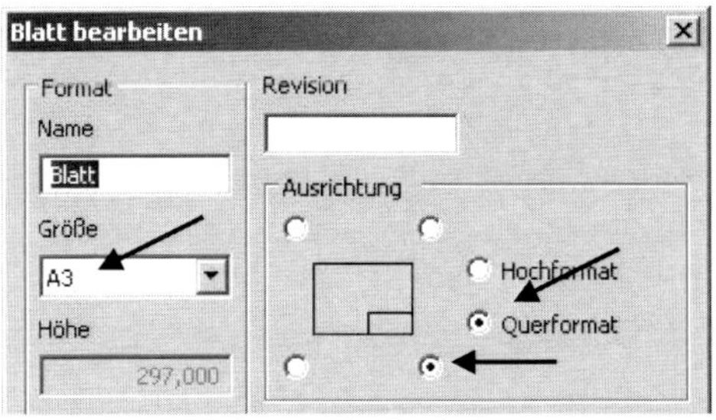

Abb. 308 Das Befehlsfenster: Blatt bearbeiten

Achten Sie darauf, im Bereich ***Ausrichtung*** die Option ***Querformat*** und die ***Position*** des Schriftfeldes ***unten links*** zu wählen. Das Fenster kann anschließend durch OK bestätigt und geschlossen werden. Um den Inhalt des Schriftfeldes zu ändern, können die ***iProperties*** bearbeitet werden.

6.3.2 Bearbeiten der iProperties

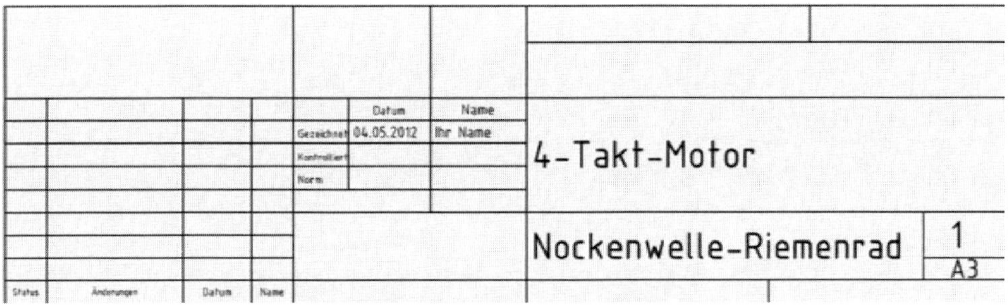

Abb. 309 Das Schriftfeld der neuen Zeichnung

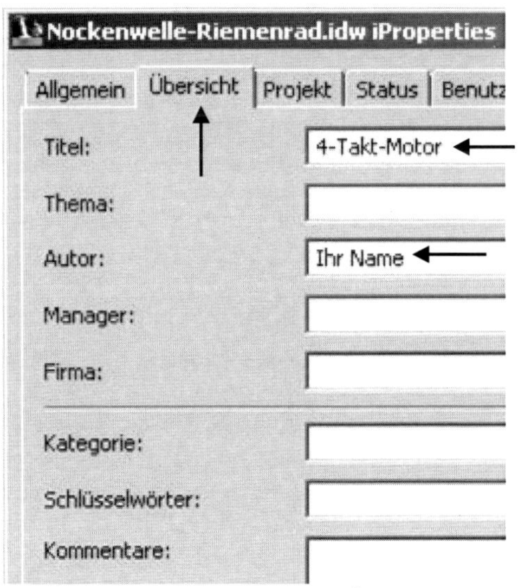

Abb. 310 Bearbeiten der iProperties (Reiter: Übersicht)

Die ***iProperties*** sind die Eigenschaften einer Datei. Einige davon werden im Schriftfeld eines Zeichenblattes dargestellt. Um Teile des Schriftfeldes zu füllen, können also die ***iProperties*** bearbeitet werden.

Klicken Sie im Modellbaum mit der ***rechten Maustaste*** auf ***Kurbelwelle-Riemenrad.idw*** und wählen Sie die Option ***iProperties***. Wechseln Sie ins Register ***Übersicht***, tragen Sie in der Zeile ***Titel*** die Bezeichnung ***4-Takt-Motor*** und in der Zeile ***Autor*** Ihren eigenen Namen ein. ***Übernehmen*** Sie im Anschluss daran die Änderungen und bestätigen Sie dann mit OK ***OK***.

6.4 Erzeugen und Bearbeiten von Ansichten

6.4.1 Erstellen von Erst- und Parallelansichten

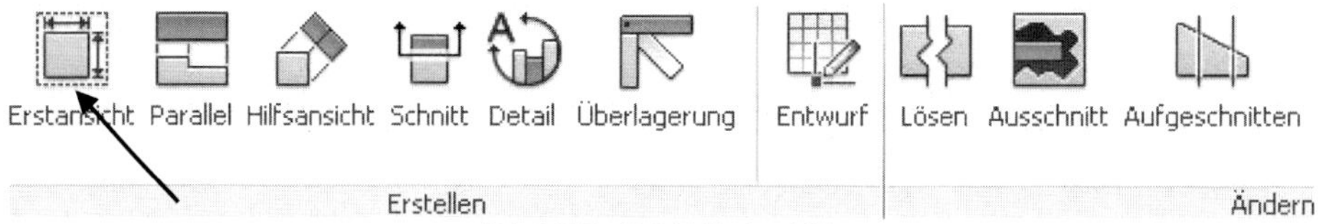

Abb. 311 Der Befehl: Erstansicht

Das Programm ermöglicht ein schnelles und unkompliziertes Ableiten verschiedener Ansichten eines 3D-Objektes. Im ersten Schritt erfolgt stets die Platzierung einer ***Erstansicht***. Diese Ansicht zeigt das 3D-Objekt in einer beliebigen Darstellung, welche über das Fenster ***Zeichnungsansicht*** definiert werden kann.

Starten Sie den Befehl. Das Programm öffnet das Befehlsfenster ***Zeichnungsansicht***. Im Register ***Komponente*** werden hier die Grundeinstellungen der Erstansicht definiert. Wählen Sie in der Zeile ***Datei*** die Datei ***Nockenwelle-Riemenrad.ipt*** (Projektordner). Im Auswahlfenster (rechte Seite), ist die Ansicht ***Vorne*** zu wählen. Achten Sie auf die deaktivierte Option ***Bezeichnung anzeigen*** und tragen im Feld ***Maßstab*** den Wert ***2:1*** ein. Aktivieren Sie die Option ***Parallele Ansichten nach Ersterstellung erstellen*** und wählen Sie darauf folgend den Stil ***Mit verdeckten Linien***. Das Fenster kann dann bestätigt werden.

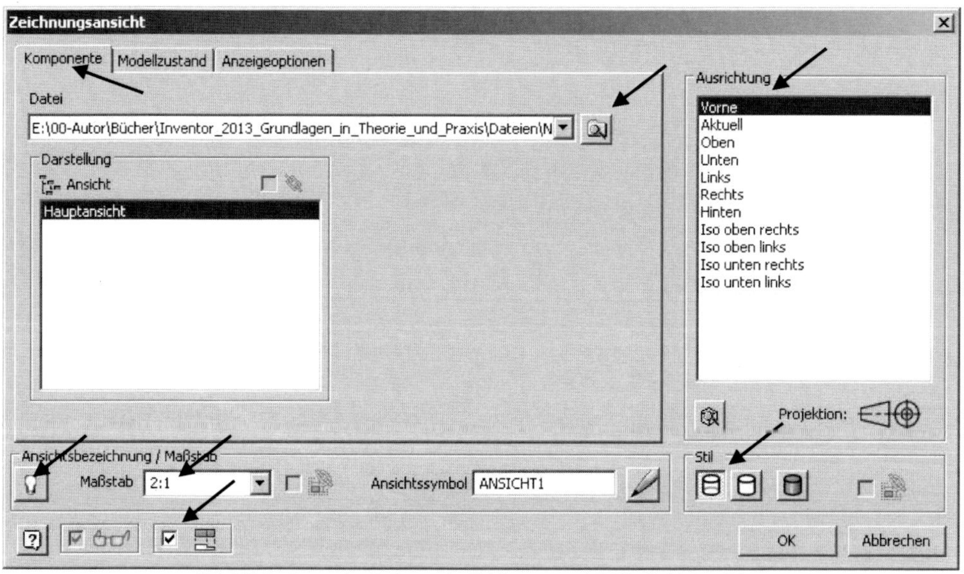

Abb. 312 Festlegen der Optionen der Zeichnungsansicht für die Erstansicht

- ***Erstansicht***
- Register: Komponente
- Datei: Nockenwelle-Riemenrad.ipt (Projektordner) auswählen
- Ausrichtung: Vorne
- Bezeichnung anzeigen: Deaktivieren
- Maßstab: 2:1
- Parallele Ansichten nach Erststellung erstellen: Aktivieren
- Stil: Mit verdeckten Linien
- OK

Beachten Sie, dass die Komponente ***Nockenwelle-Riemenrad.ipt*** die ganze Zeit über bereits im Hintergrund am Mauspfeil hängt. Wenn Sie also mit der linken Maustaste unbeabsichtigt auf einen Punkt außerhalb des Eingabefensters ***Zeichnungsansicht*** klicken, wird die Erstansicht sofort an dieser Position abgelegt und alle aktuellen Einstellungen übernommen.

HINWEIS: Die Option ***Ansichtsausrichtung ändern*** öffnet ein weiteres Register ***Benutzerdefinierte Ansicht***. Die aktuelle Ansicht auf die darzustellende Komponente kann hier ausgerichtet werden. Die Ansicht kann frei oder um einen bestimmten Wert gedreht und so in eine optimale Position manövriert werden.

Abb. 313 Der Befehl: Parallele Ansicht

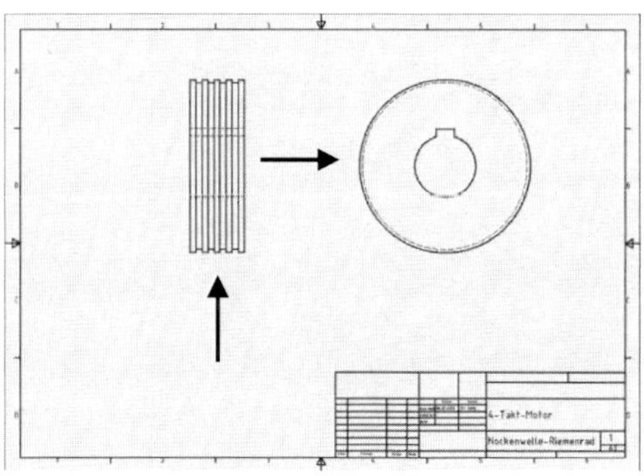

Abb. 314 Erzeugen einer Parallelansicht

Wenn alle Einstellungen übernommen wurden, kann das Fenster ***Zeichnungsansicht*** (gedrückte linke Maustaste auf den oberen Fensterrand) etwas beiseite geschoben und die Erstansicht im oberen, linken Bereich (Abb. 314) abgelegt werden. Durch die aktivierte Option ***Parallele Ansicht nach Ersterstellung erstellen***, gelangen Sie automatisch in den Befehl ***Parallele Ansicht***.

Das Programm erwartet jetzt die Vorgabe der neuen Position für die Parallelansicht. Legen Sie diese wie in Abb. 314 dargestellt, rechts neben der Erstansicht ab und beenden Sie den Befehl mit der ***rechten Maustaste*** und der Option ***Erstellen***.

6.4.2 Detailansichten

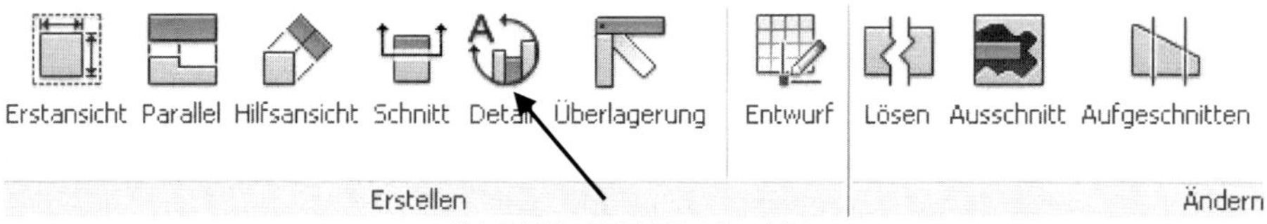

Abb. 315 Der Befehl: Detailansicht

Mit ***Detailansichten*** können vergrößerte Ausschnitte einer bereits vorhandenen Ansicht erzeugen und separat dargestellt werden.

Starten Sie den Befehl. Das Programm erwartet die Definition der Quellansicht. Markieren Sie hierfür die ***Erstansicht***. Im Feld Ansichtssymbol ist der Buchstabe ***A*** zu übernehmen, die Skalierung soll im Verhältnis ***4:1*** erfolgen, der Darstellungsstil ist ***mit verdeckten Linien*** auszuführen.

Aktivieren Sie die Option ***Bezeichnung anzeigen***, wählen Sie als Form der Begrenzungsmarke die Option ***Kreisförmig*** und die Ausschnitt-Form ***Gezackt***.

Der ***Mittelpunkt*** der (kreisförmigen) Begrenzungsmarke soll an der in Abb. 316 markierten Ecke des Riemenrades platziert werden. Durch das Bewegen der Maus wird die Größe der Ansicht definiert. Ziehen Sie den Kreis auf, bis die in Abb. 316 dargestellte Größe erreicht wurde, und bestätigen Sie diesen Schritt dann mit der linken Maustaste.

Die Detailansicht kann anschließend auf die in Abb. 316 markierte Position geschoben und dort mit der linken Maustaste abgelegt werden.

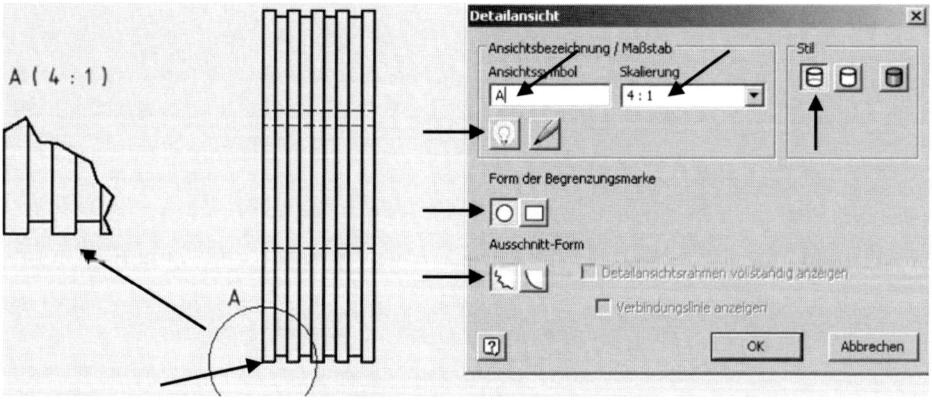

Abb. 316 Erzeugen der Detailansicht

- ***Detailansicht***
- Erstansicht markieren (Abb. 316)
- Ansichtssymbol: A
- Skalierung: 10:1
- Bezeichnung anzeigen: Aktivieren
- Stil: Mit verdeckten Linien
- Form der Begrenzungsmarke: Kreisförmig
- Ausschnitt-Form: Gezackt
- OK

6.4.3 Allgemeines Bemaßen

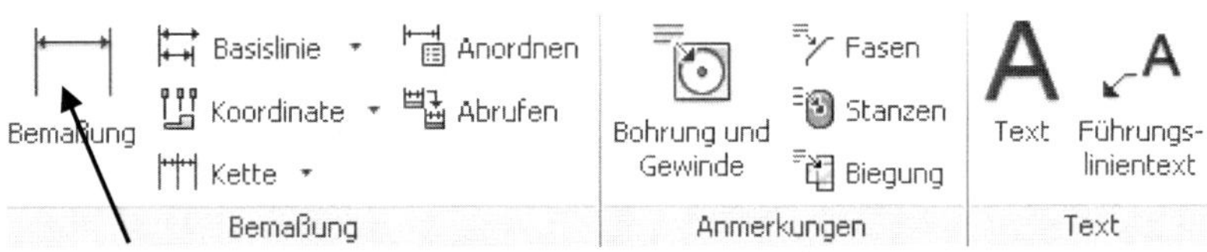

Abb. 317 Der Befehl: Allgemeine Bemaßung

Die drei erzeugten Ansichten des Bauteils ***Nockenwelle-Riemenrad.ipt*** sind ausreichend, um es vollständig bemaßen zu können. Wechseln Sie ins Register ***Mit Anmerkung versehen*** und erzeugen Sie im ersten Schritt eine ***allgemeine Bemaßung***.

Starten Sie den Befehl, klicken Sie anschließend auf den äußeren Kreis (***D = 56 mm***) der rechten Ansicht (Abb. 318) und legen Sie die Bemaßung danach an der markierten Position ab. Das Programm erkennt die Kreisgeometrie automatisch und erzeugt eine Durchmesserbemaßung.

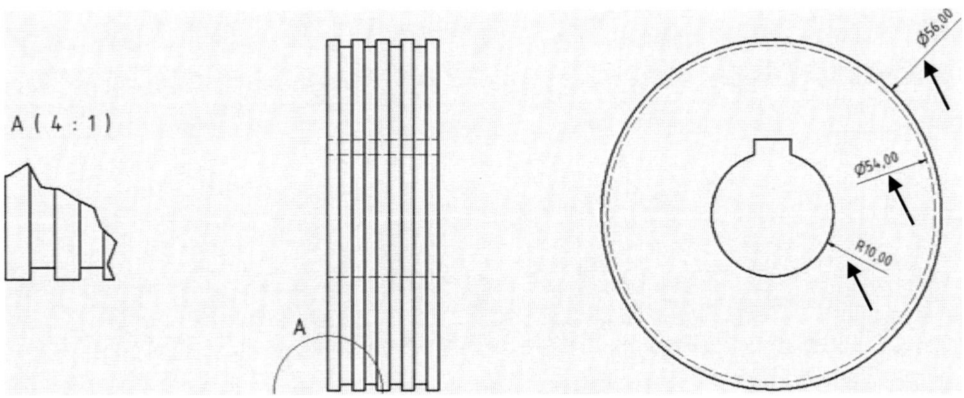

Abb. 318 Erzeugen einer allgemeinen Bemaßung

Standardmäßig öffnet sich nach dem Ablegen eines Maßes das Fenster ***Bemaßung bearbeiten***, in welchem der Bemaßungstext bearbeitet werden kann.

Deaktivieren Sie die Option ***Bemaßung nach Erstellung bearbeiten*** und schließen Sie danach das Fenster. Es wird jetzt nicht mehr automatisch mit jeder Bemaßung geöffnet, kann allerdings jederzeit durch einen Doppelklick (auf ein Maß) gestartet werden.

Bemaßen Sie anschließend den ***gestrichelten Kreis*** (D = 54 mm) sowie den ***inneren Bogen*** (R = 10 mm). Beenden Sie den Befehl mit ***ESC***.

HINWEIS: Nach Auswahl eines Kreises/ Bogens kann vor dem Ablegen des Maßes mit der ***rechten Maustaste*** die Option ***Bemaßungstyp*** gewählt werden. Hier können Sie festlegen, ob die Bemaßung als ***Radius*** oder als ***Durchmesser*** erzeugt werden soll. Standardmäßig werden Kreise als Durchmesser und Bögen als Radius bemaßt.

6.4.4 Mittelpunktmarkierung

Abb. 319 Der Befehl: Mittelpunktmarkierung

Zur weiteren Bemaßung der aktuellen Ansicht ist eine ***Markierung*** des ***Mittelpunktes*** erforderlich.

Starten Sie den Befehl ***Mittelpunktmarkierung*** und klicken Sie auf den in Abb. 320 markierten Bogen. Das Programm erzeugt die Markierung des Mittelpunktes und der Befehl kann mit ***ESC*** beendet werden.

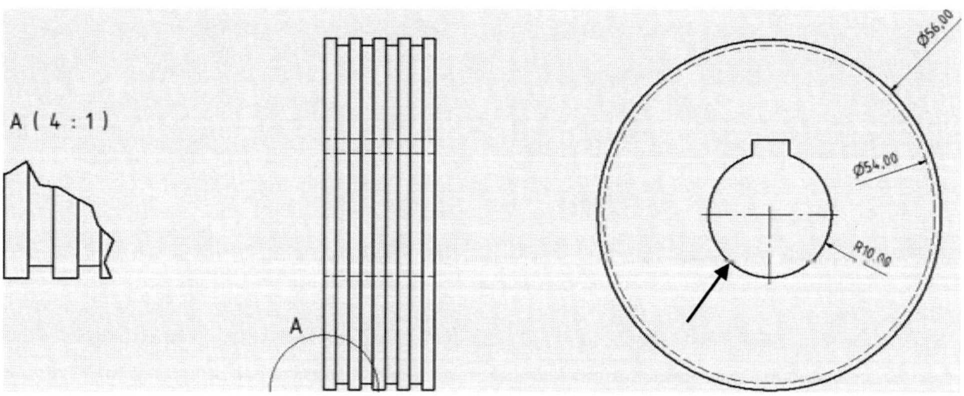

Abb. 320 Erzeugen einer Mittelpunktmarkierung

6.4.5 Weitere Bemaßungen

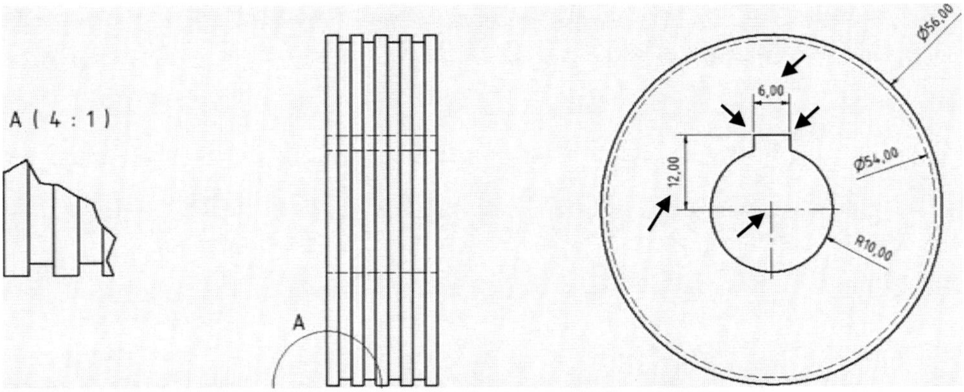

Abb. 321 Bemaßen der Passfederaussparung (Höhe und Breite)

Mit Hilfe der Mittelpunktmarkierung kann jetzt die Höhe der Passfederaussparung bemaßt werden. Starten Sie den Befehl ***Allgemeine Bemaßung*** und wählen Sie den markierten ***Mittelpunkt des Riemenrades*** und die ***markierte Ecke*** der ***Passfederaussparung*** (Abb. 321). Das Maß (12 mm) kann anschließend wie dargestellt abgelegt werden.

Um die Breite der Passfederaussparung zu bemaßen (6 mm), wählen Sie nacheinander Start- und Endpunkt der Linie (das Maß ist oberhalb der Linie abzulegen).

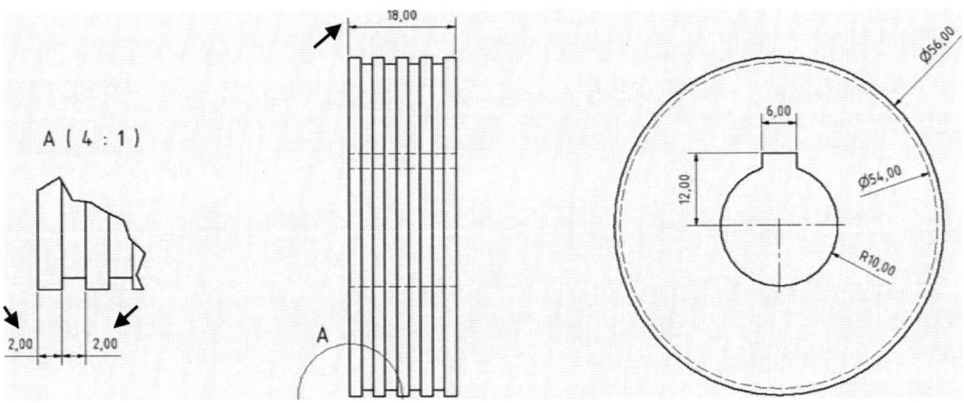

Abb. 322 Erzeugen weiterer Bemaßungen

Bemaßen Sie die ***Breite des Riemenrades*** (18 mm) und die beiden Abstände der ***Detaildarstellung*** (2 x 2 mm). Beenden Sie den Befehl anschließend mit ***ESC***. Die Maßtexte der letzten beiden Bemaßungen sollen danach rechts und links neben das Maß gezogen werden (Abb. 322). Hierfür muss der Text bei ***gedrückter linker Maustaste*** bewegt werden.

HINWEIS: Um einen Maßtext in seiner Position zu verändern, ziehen Sie diesen bei gedrückter linker Maustaste an die gewünschte Position. Auf diese Weise kann auch der Abstand des Maßtextes von den Referenzpunkten geändert werden. Achten Sie darauf, dass der Bemaßungsbefehl vorher beendet wurde (***ESC***).

6.4.6 Mittellinie

Abb. 323 Der Befehl: Mittellinie

Im letzten Schritt soll der Erstansicht noch eine ***Mittellinie*** hinzugefügt werden. Starten Sie den Befehl, fahren Sie mit dem Mauspfeil über die in Abb. 324 markierte linke Linie des Riemenrades (bis der grüne Mittelpunkt dieser Linie erscheint) und klicken Sie diesen mit der linken Maustaste an.

Anschließend muss der Mittelpunkt der rechten Linie gewählt werden. Um die Linie zu erstellen, wählen Sie mit der ***rechten Maustaste*** die Option ***Erstellen***.

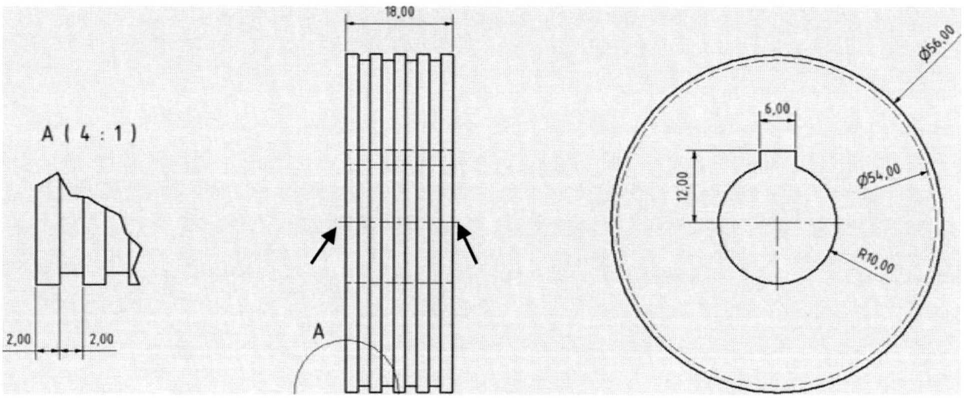

Abb. 324 Erzeugen einer Mittellinie

6.4.7 Schattierte Parallelansicht

Zum besseren Verständnis für den Betrachter einer Zeichnung ist es üblich, eine verkleinerte, ***schattierte Darstellung*** des abgebildeten ***Objektes*** in den unteren Bereich der Zeichnung einzufügen. Hier kann entweder eine neue Erstansicht erzeugt oder eine Parallelansicht von einer bereits vorhandenen Ansicht abgeleitet werden.

Abb. 325 Der Befehl: Parallele Ansicht

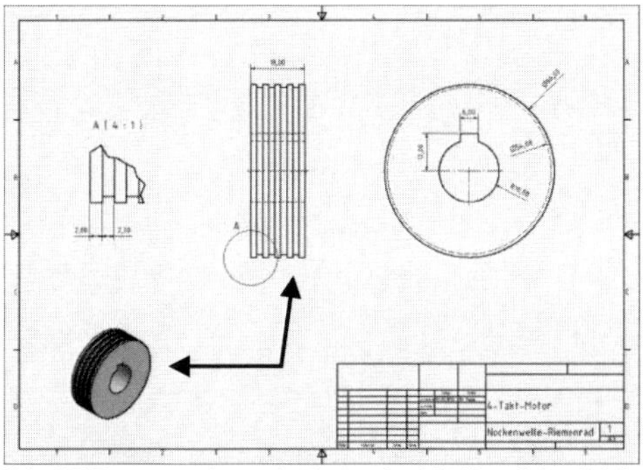

Abb. 326 Erzeugen einer schattierten Ansicht (Parallelansicht)

Wechseln Sie ins Register ***Ansichten platzieren*** und starten Sie dort den Befehl ***Parallele Ansicht***. Das Programm erwartet die Auswahl der Quellansicht.

Wählen Sie die markierte Erstansicht (Abb. 326) und legen Sie die Parallelansicht unten im Zeichenbereich ab. Die Option ***Erstellen*** (rechte Maustaste) beendet den Befehl und erstellt die Ansicht.

Doppelklicken Sie die neu erzeugte Ansicht, ändern Sie den Maßstab im Fenster ***Zeichnungsansicht*** auf ***1:1*** und wählen Sie den Stil ***Schattiert***. Nachdem die Eingaben bestätigt wurden, kann die Position der neuen Ansicht noch einmal korrigiert werden.

Fahren Sie hierfür mit dem Mauspfeil über die Ansicht, bis eine gestrichelte rote Linie erscheint. Das Ansichtsfenster kann bei gedrückter linker Maustaste auf diese Linie zur gewünschten Position geschoben werden. Die Zeichnung danach ***speichern*** und ***schließen***.

6.4.8 Ausschnittansicht

Für die folgenden Übungen benötigen Sie eine neue ***Zeichnung***. Speichern Sie diese als ***Kolben.idw*** im Projektordner ab, ändern Sie danach das Blattformat auf die Größe ***A3***, ***Querformat*** (***rechte Maustaste*** auf ***Blatt*** im Modellbaum > ***Blatt bearbeiten***) und fügen Sie anschließend eine ***Erstansicht*** der Komponente ***Kolben.ipt*** in die Zeichnung ein (Abb. 327).

Verwenden Sie die Ausrichtung ***Vorne*** den Maßstab ***2:1*** und den Stil ***Mit verdeckten Linien***. Achten Sie darauf, dass die Option ***Bezeichnung anzeigen*** deaktiviert und die Option ***Parallele Ansichten nach Ersterstellung erstellen*** aktiviert sein muss.

Die Ansicht soll, wie in Abb. 327 dargestellt, links auf dem Zeichenblatt positioniert werden. Eine Parallelansicht soll im Anschluss rechts daneben abgelegt werden. Beenden Sie den Befehl per ***rechter Maustaste*** > ***Erstellen***.

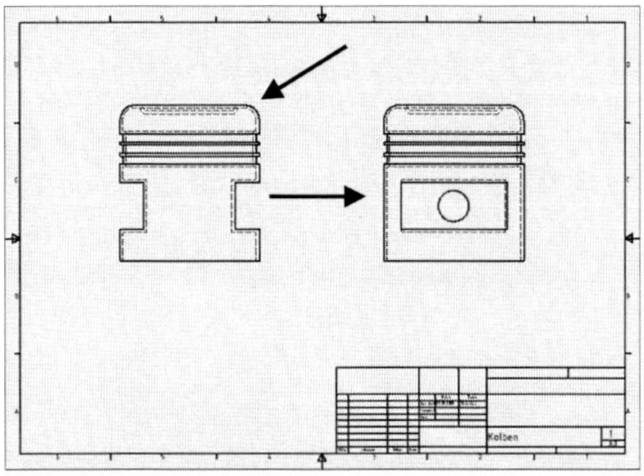

Abb. 327 Erstansicht und Parallelansicht des Kolbens

Bei einer ***Ausschnittansicht*** wird keine neue Ansicht erzeugt, sondern eine vorhandene Ansicht bearbeitet. Der Befehl erfordert eine (mit der betroffenen Ansicht verbundene) 2D-Skizze mit einer geschlossenen Kontur.

Um eine 2D-Skizze mit einer Ansicht zu verbinden, muss diese vor dem Start des Skizzenbefehls aktiviert werden.

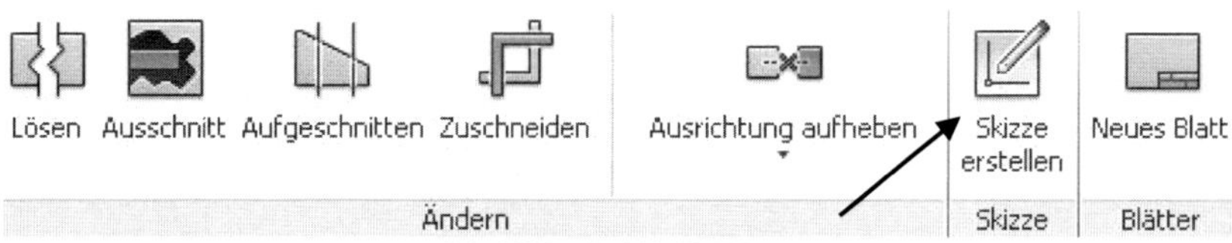

Abb. 328 Der Befehl: 2D-Skizze

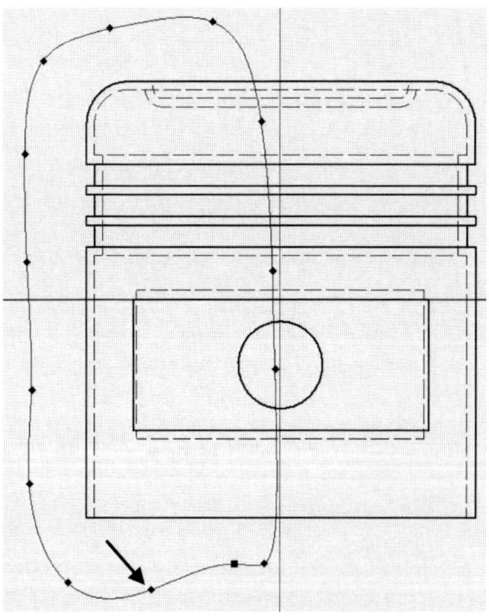

Abb. 329 Zeichnen der geschlossenen Kontur (Spline)

Klicken Sie einmal mit der ***linken Maustaste*** auf die ***Parallelansicht***, sodass die gestrichelte Linie dieser Ansicht angezeigt wird, und starten Sie danach den Befehl ***Skizze erstellen***.

Verwenden Sie den Zeichenbefehl ***Spline***, um die in Abb. 329 dargestellte Kontur zu zeichnen. ***Startpunkt*** und ***Endpunkt*** des Splines müssen identisch sein, um die Kontur erfolgreich zu schließen (mit einer offenen Kontur kann der Befehl nicht ausgeführt werden).

Anschließend ***beenden*** Sie die Skizze.

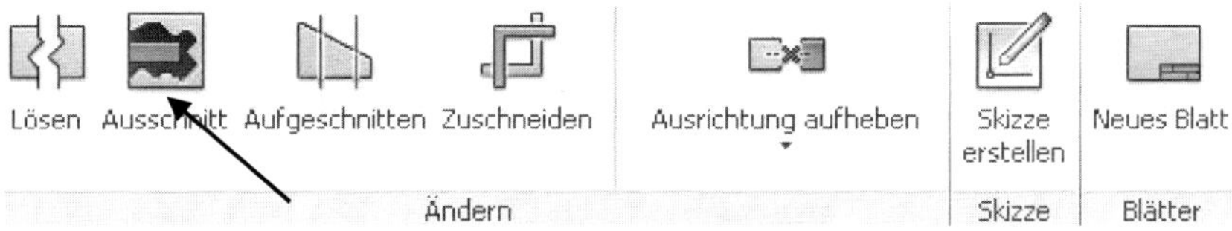

Abb. 330 Der Befehl: Ausschnittansicht

Zurück im Register ***Ansichten platzieren***, ist der Befehl ***Ausschnittansicht*** zu starten. Wählen Sie die ***Parallelansicht***. Das Profil der Begrenzung (Spline) sollte automatisch erkannt werden.

Wählen Sie den in Abb. 331 markierten Linienmittelpunkt der Erstansicht, um den Referenzpunkt der Tiefe zu definieren. Die Tiefe ist ***Von Punkt*** in einem Abstand von ***0 mm*** zu übernehmen. Aktivieren Sie die Option ***Verdeckte Kanten anzeigen*** und bestätigen Sie den Befehl abschließend.

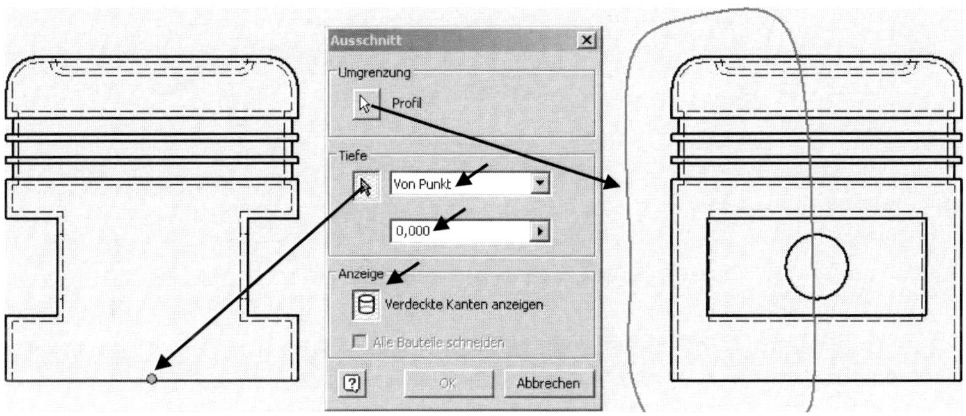

Abb. 331 Erzeugen einer Ausschnittansicht

6.4.9 Bemaßungen abrufen

Bemaßungen können manuell erzeugt oder von einer Ansicht abgeleitet werden. Wechseln Sie ins Register ***Mit Anmerkung versehen*** und starten Sie hier den Befehl ***Abrufen***.

Das Abrufen von Maßen geht schnell vonstatten, da alle verfügbaren Maße mit wenigen Handgriffen übernommen werden können. Die erforderliche Nacharbeit ist allerdings zeitaufwendig, da die Maße sehr unübersichtlich und ungeordnet erzeugt werden.

In der folgenden Übung sollen alle verfügbaren Maße der Erstansicht des Kolbens abgerufen werden.

Abb. 332 Der Befehl: Bemaßungen abrufen

Das Programm öffnet das Befehlsfenster ***Bemaßungen abrufen*** und erwartet die ***Auswahl*** der ***Ansicht***, welche bemaßt werden soll. Klicken Sie auf die in Abb. 333 markierte ***Erstansicht*** des Kolbens. Als ***Quelle*** ist die Option ***Bauteile auswählen*** zu aktivieren und im Anschluss der ***Kolben*** zu markieren.

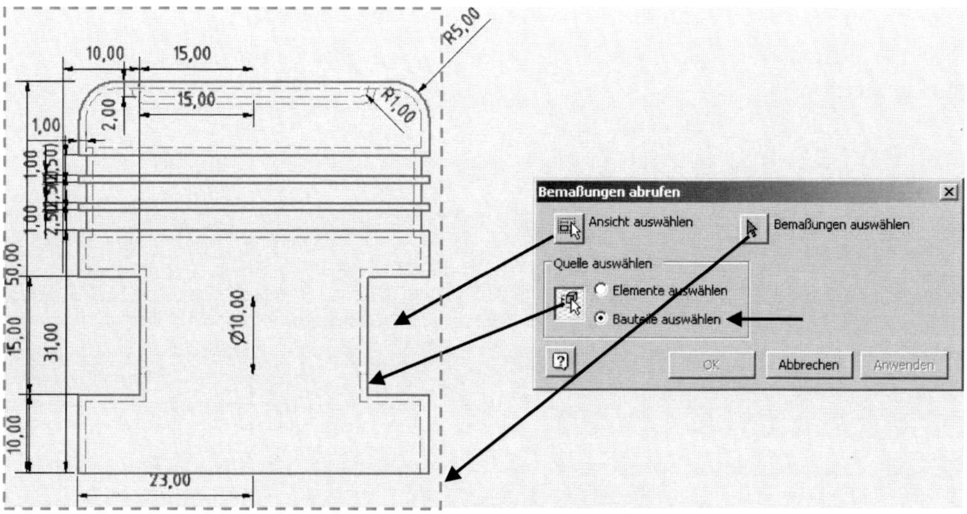

Abb. 333 Abrufen aller Bemaßungen der Erstansicht

Alle verfügbaren Maße werden in einer Vorschau angezeigt. Ziehen Sie bei ***gedrückter linker Maustaste*** ein ***Fenster*** über alle angezeigten Maße und **bestätigen** Sie den Befehl abschließend. Die Maße werden übernommen und endgültig dargestellt.

6.4.10 Bemaßungen anordnen

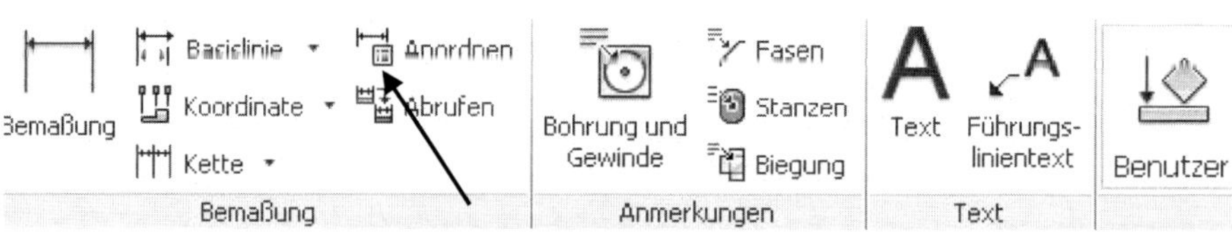

Abb. 334 Der Befehl: Bemaßungen anordnen

Das Ergebnis ist eine ungeordnete Darstellung aller Maße. Hier hält das Programm eine Lösung bereit, die allerdings nur teilweise Erleichterung verschafft:

Starten Sie den Befehl ***Bemaßungen anordnen*** und ziehen Sie anschließend bei gedrückter ***linker Maustaste*** ein ***Fenster*** über alle vorhandenen Bemaßungen. ***ENTER*** bestätigt den Befehl und richtet die Bemaßungen aneinander aus.

Zwar ist das Ergebnis etwas übersichtlicher, eine zusätzliche (manuelle) Nacharbeit ist aber trotzdem erforderlich. Entfernen Sie alle überflüssigen Maße (Maß markieren und mit ***ENTF*** löschen). Erzeugen Sie weitere (allgemeine) ***Bemaßungen*** an beiden Ansichten und fügen Sie Markierungen der ***Mittelpunkte*** und ***Mittellinien*** hinzu.

Bei dieser Übung kommt es nicht auf eine Bemaßung nach DIN an, hier geht es um den reinen Übungseffekt.

6.4.11 Schnittansicht

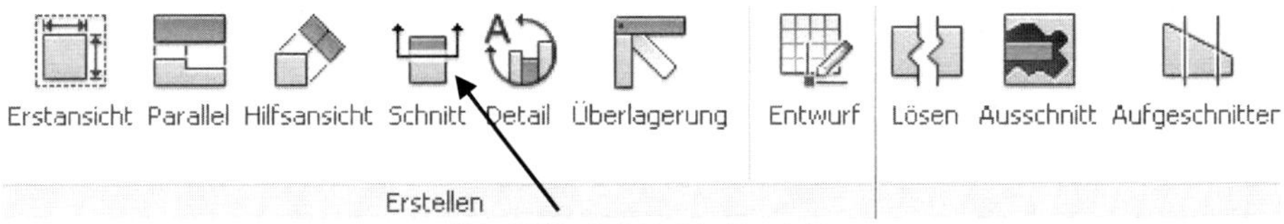

Abb. 335 Der Befehl: Schnittansicht

Mit einer ***Schnittansicht*** kann eine vorhandene Ansicht, entlang einer Linie (welche auch in verschiedenen Stufen erstellt werden kann) aufgeschnitten und lotrecht dazu als neue Ansicht erzeugt werden. Die Erstansicht des Kolbens soll in der dargestellten Höhe (Abb. 336) geschnitten werden.

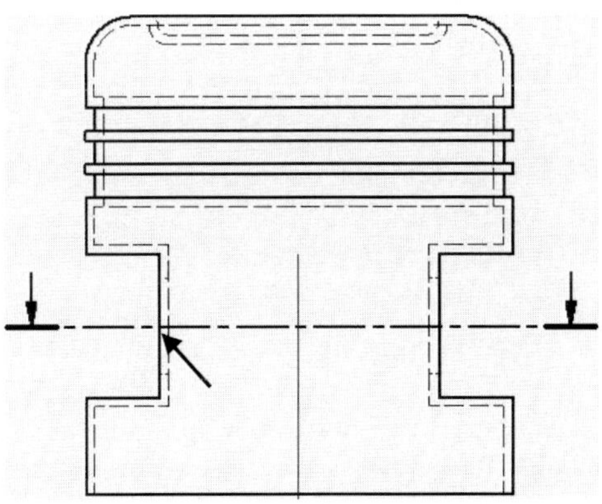
Abb. 336 Start- und Endpunkt der Schnittlinie definieren

Wechseln Sie ins Register ***Ansichten platzieren*** und starten Sie dort den Befehl. Wählen Sie die ***Erstansicht*** des Kolbens. Zur Definition der Schnittlinie, fahren Sie mit dem Mauspfeil über die in Abb. 336 markierte Linie, bis der grüne Punkt erscheint. Diesen nicht auswählen, sondern die Maus waagerecht nach links (bis zur dargestellten Position) ziehen, wo der Startpunkt der Schnittlinie mit der linken Maustaste abgelegt werden kann.

Ziehen Sie den Mauspfeil anschließend waagerecht nach rechts, bis die in Abb. 336 dargestellten Position erreicht ist. Legen Sie hier den Endpunkt der Schnittlinie mit der linken Maustaste ab und wählen Sie mit der ***rechten Maustaste*** die Option ***Weiter***.

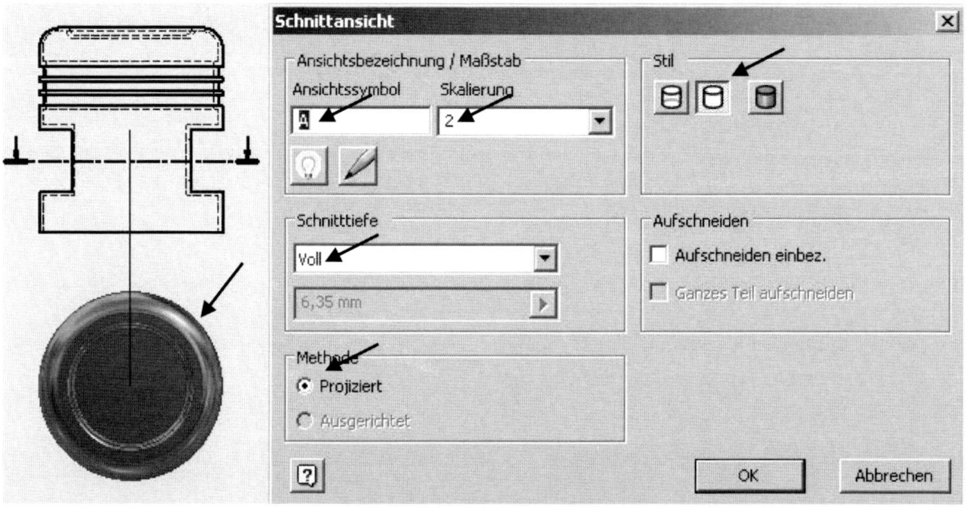

Abb. 337 Das Befehlsfenster: Schnittansicht

Im Befehlsfenster ***Schnittansicht*** ist als Ansichtssymbol der Buchstabe ***A***, für die Skalierung der Faktor ***2***, als Schnitttiefe die Option ***Voll*** und als Stil die Option ***Ohne verdeckte Linien*** zu übernehmen. Schieben Sie das Ansichtsfenster etwas beiseite und platzieren Sie die neue Ansicht unterhalb der vorhandenen (Abb. 337). Üben Sie die Befehle ***Allgemeine Bemaßung*** und ***Mittellinie*** an der neuen Ansicht. Die Zeichnung kann im Anschluss ***gespeichert*** und ***geschlossen*** werden.

6.4.12 Positionsnummern

Die Darstellung von Baugruppen unterscheidet sich in der Darstellung von Bauteilen dadurch, dass hier keine detaillierten Maße einzelner Konturen aufgezeigt, sondern wenige Bemaßungen (äußerer Abmessungen) erzeugt und die Komponenten der Baugruppe in ihrer Position dargestellt werden.

Sie benötigen eine neue ***Zeichnung***, welche als ***BG_Nockenwelle.idw*** gespeichert werden soll. Die ***Größe*** des ***Zeichenblattes*** soll diesmal ***A2*** sein. Platzieren Sie eine ***Erstansicht*** der Baugruppe ***BG_Nockenwelle.iam*** im Zeichenbereich auf der linken Seite (***Ausrichtung Oben***, ***Maßstab 1:1***), leiten Sie von dieser eine ***parallele Ansicht*** (rechts daneben) ab und bestätigen Sie dies mit der ***rechten Maustaste*** und ***Erstellen*** (Abb. 338, 339).

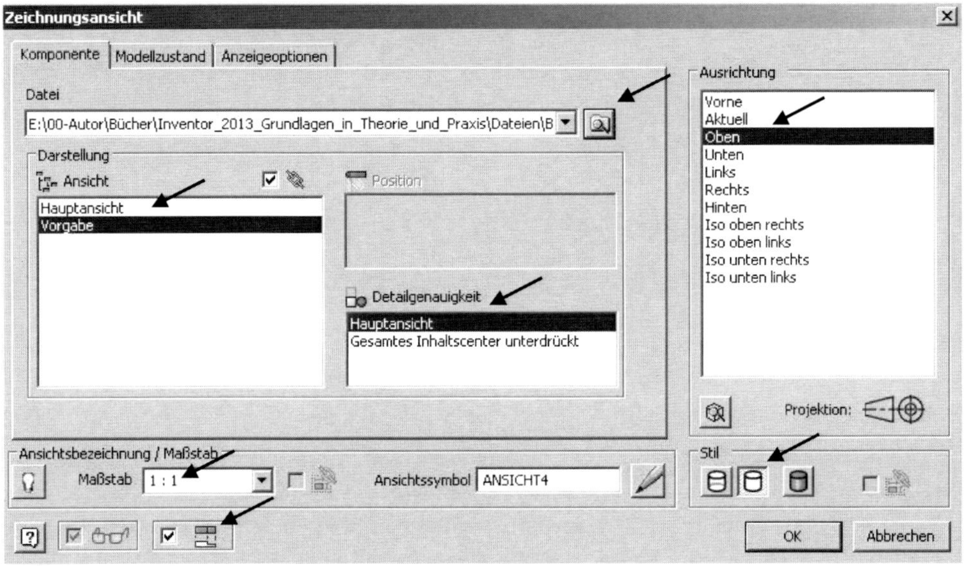

Abb. 338 Erst- und Parallelansicht der Baugruppe: BG_Nockenwelle.iam erzeugen

Vor dem Platzieren der ***Positionsnummern*** sollte die freie Sicht auf alle Komponenten gewährleistet sein. Die Passfeder ist keiner der Ansichten zu sehen, deshalb soll der in Abb. 339 R dargestellte Ausschnitt (an der Parallelansicht) erzeugt werden.

Markieren Sie die ***Parallelansicht*** und starten Sie danach den Befehl ***2D-Skizze***. Zeichnen Sie die in Abb. 339 R dargestellte Kontur (***Spline***) und ***beenden*** Sie anschließend die Skizze. Achten Sie darauf, dass die Kontur vollständig geschlossen wird.

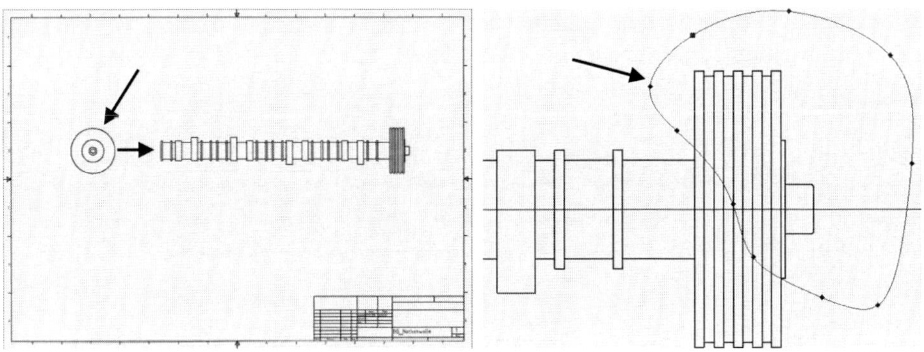

Abb. 339 (L) Erst- und Parallelansicht; (R) 2D-Kontur (Spline) für den Ausschnitt erzeugen

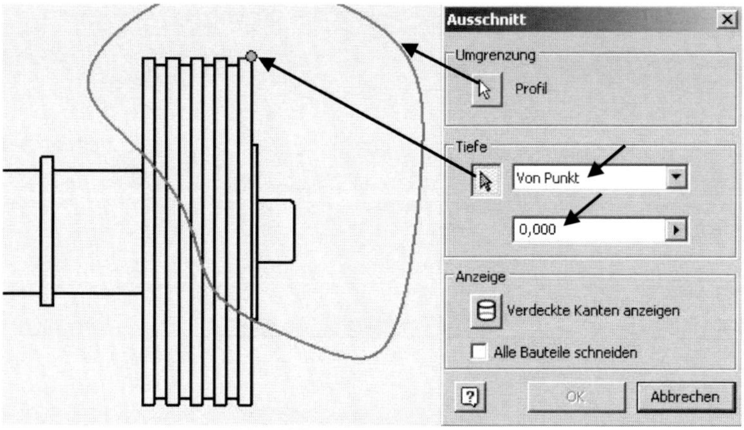

Abb. 340 Ausschnittansicht erzeugen

Starten Sie den Befehl ***Ausschnittansicht***, wählen Sie als Referenz für die Tiefe den in Abb. 340 markierten Eckpunkt der Riemenscheibe und übernehmen Sie die restlichen Einstellungen der Abbildung. Die Passfeder sollte jetzt gut sichtbar sein. Wechseln Sie ins Register ***Mit Anmerkung versehen***.

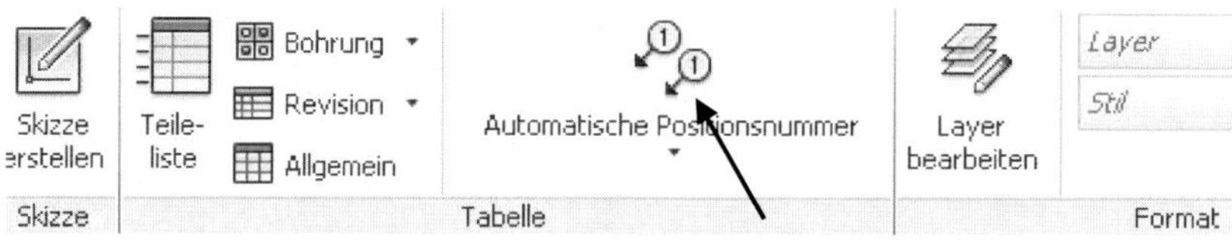

Abb. 341 Der Befehl: Automatische Positionsnummer

Positionsnummern können manuell und für jede Komponente einzeln (***Positionsnummer***) oder automatisch, für alle Komponenten gleichzeitig (***Automatische Positionsnummern***) erzeugt werden. In der folgenden Übung sollen die Positionsnummern automatisch erzeugt und der Parallelansicht zugeordnet werden.

Starten Sie den Befehl ***Automatische Positionsnummer*** und wählen Sie die rechte Ansicht der Baugruppe. Als Auswahl für die Option ***Komponenten hinzu/ entfernen*** ziehen Sie bei gedrückter linker Maustaste ein Fenster über die gesamte Parallelansicht, um alle darin enthaltenen Komponenten dieser Baugruppe zu aktivieren.

Im Bereich Platzierung aktivieren Sie die Option ***Kreissymbol*** und übernehmen den Versatzabstand von ***10,5 mm***.

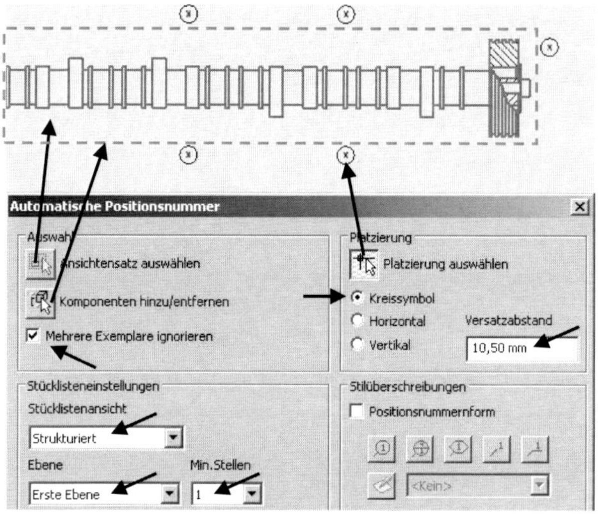

Abb. 342 Das Befehlsfenster: Automatische Positionsnummer

Klicken Sie auf die Option ***Platzierung auswählen***. Die Positionsnummern befinden sich bereits jetzt am Mauszeiger und können (wie in Abb. 342 dargestellt) mit der ***linken Maustaste*** abgelegt werden. Beenden Sie den Befehl abschließend. Um die Lage einer Positionsnummer zu bearbeiten, markieren Sie diese und bewegen sie anschließend an den kleinen grünen Punkten.

6.4.13 Teileliste/ Stückliste

Abb. 343 Der Befehl: Teileliste

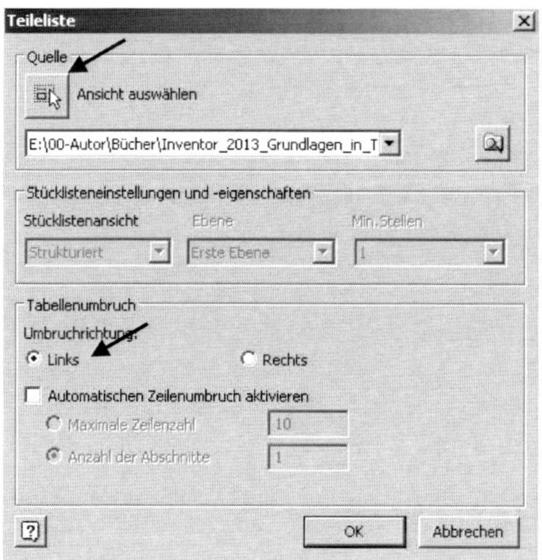

Abb. 344 Das Befehlsfenster: Teileliste

Positionsnummern benötigen eine Legende (Tabelle), in welcher die Komponenten aufgelistet und den einzelnen Positionsnummern zugeordnet werden. Starten Sie den Befehl ***Teileliste***. Die Quelle kann entweder anhand einer der Ansichten oder über die entsprechende Baugruppe definiert werden. Klicken Sie auf das Auswahlfeld ***Ansicht auswählen*** und wählen Sie die zuletzt verwendete Ansicht. Übernehmen Sie die restlichen Einstellungen aus Abb. 344 und platzieren Sie die ***Tabelle*** wie in Abb. 345 dargestellt (über das Schriftfeld).

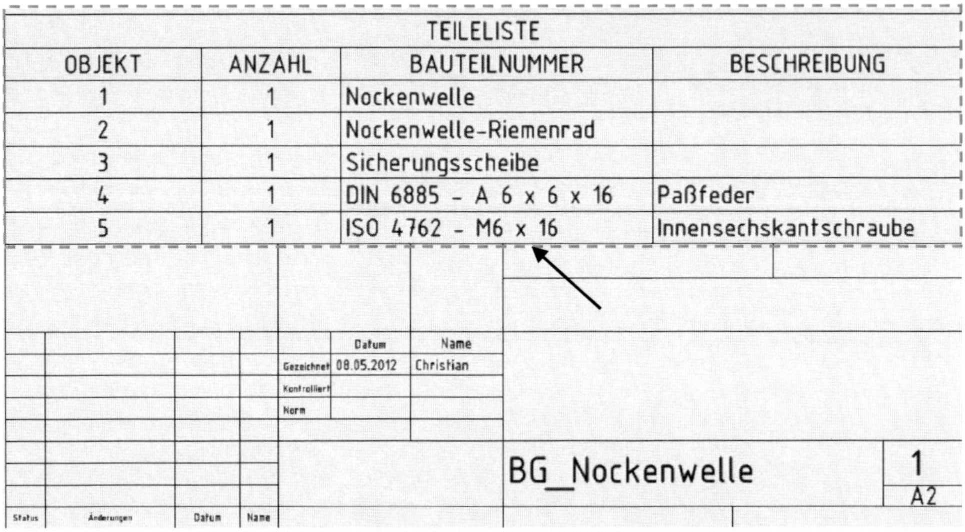

TEILELISTE			
OBJEKT	ANZAHL	BAUTEILNUMMER	BESCHREIBUNG
1	1	Nockenwelle	
2	1	Nockenwelle-Riemenrad	
3	1	Sicherungsscheibe	
4	1	DIN 6885 - A 6 x 6 x 16	Paßfeder
5	1	ISO 4762 - M6 x 16	Innensechskantschraube

Abb. 345 Platzierung der Teileliste oberhalb des Schriftfeldes der Zeichnung

HINWEIS: Der Inhalt einer Teileliste kann durch einen Doppelklick darauf bearbeitet werden. Um die Abmessungen (Höhe x Breite) der Tabelle zu bearbeiten, markieren Sie diese und ziehen die Tabelle anschließend an den grünen Punkten in die gewünschte Größe.

6.4.14 Allgemeiner Text

Abb. 346 Der Befehl: Text

In der abschließenden Übung zum Thema ***Zeichnung erstellen*** soll ein Text erzeugt werden. Texte können entweder als einfache Texte (Befehl A ***Text***) oder als Texte mit Führungslinie (Befehl ↙A ***Führungslinientext***) erzeugt werden.

Starten Sie den Befehl A ***Text*** und platzieren Sie den Startpunkt des Textfeldes auf die in Abb. 347 markierte Position.

Im Befehlsfenster ***Text formatieren*** ändern Sie die Schriftart auf ***Arial***, die Schriftgröße auf ***20 mm*** und tragen im unteren Eingabefenster den Text ***BG_Nockenwelle*** ein. Der Text wird vom Programm erzeugt, sobald der Befehl bestätigt wurde.

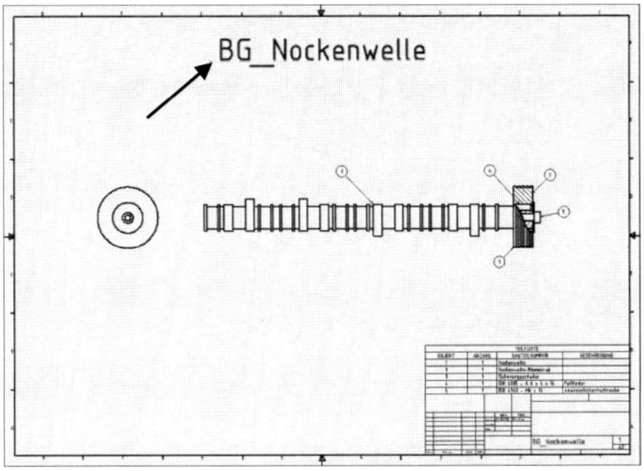

Abb. 347 Startposition des Textfeldes festlegen

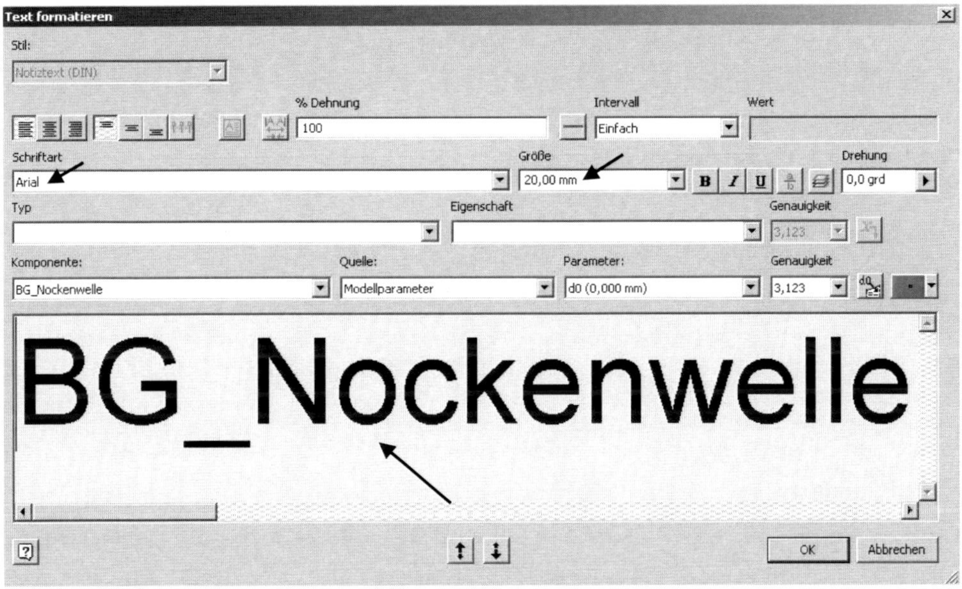

Abb. 348 Befehlsfenster: Text formatieren

Die Zeichnung kann jetzt ***gespeichert*** und ***geschlossen*** werden. Mit dieser letzten Übung soll der Zeichnungsbereich verlassen werden.

Sie haben jetzt die Möglichkeit, weitere Zeichnungen (Bauteile, Baugruppen) zu erstellen, bekannte Befehle zu festigen oder neue Befehle zu testen.

7 PRÄSENTIEREN von BAUGRUPPEN

7.1 Das Register PRÄSENTATION im Überblick

Abb. 349 Die Befehlsgruppe: Erstellen (Register: Präsentation)

OPTIONEN

1) Platzieren einer Baugruppe; Komponentenpositionen organisieren; Ansicht drehen; Explosionsdarstellung animieren

7.2 Explosionsdarstellung

7.2.1 Ansicht erstellen

Abb. 350 Der Befehl: Ansicht erstellen

Mit dem Befehl ***Ansicht erstellen*** importieren Sie eine Baugruppe in die Präsentation.

Abb. 351 Befehlsfenster: Ansicht erstellen

Erstellen Sie eine neue ***Präsentation*** und speichern Sie diese anschließend als ***BG_Nockenwelle.ipn***.

Starten Sie den Befehl ***Ansicht erstellen*** und wählen Sie die Datei ***BG_Nockenwelle.iam*** (Projektordner).

Im neuen Auswahlfenster ***Baugruppe auswählen*** kann die Explosionsmethode ***Manuell*** aktiviert und der Befehl danach bestätigt werden.

7.2.2 Komponentenposition ändern

Abb. 352 Der Befehl: Komponentenpositionen ändern

Mit dem Befehl ***Komponentenposition ändern*** können die Bauteile einer Baugruppe (einzeln oder in Gruppen) in ihrer Lage und Position bearbeitet werden. Das Ergebnis ist eine Explosionsdarstellung mit einer möglichst realistischen Darstellung der Montagereihenfolge (welche danach animiert werden kann).

Starten Sie den Befehl. Im ersten Schritt erwartet das Programm die Platzierung eines für den *Befehl notwendigen Koordinatensystems. Aktivieren Sie die Option Richtung und platzieren Sie das BKS im Anschluss auf die markierte Position in Abb. 353. Als Komponente ist die Schraube zu* wählen.

Aktivieren Sie im Bereich ***Transformation*** die ***lineare Verschiebung*** in Richtung Z-Achse, klicken anschließend auf die Option ***Pfadursprung*** und wählen danach den in Abb. 353 markierten Punkt der Schraube, welche jetzt bei gedrückter linker Maustaste um ca. ***100 mm*** nach Rechts gezogen werden kann. Die Entfernung können Sie im Befehlsfenster ***Komponentenposition ändern*** ablesen (Bereich ***Transformationen***).

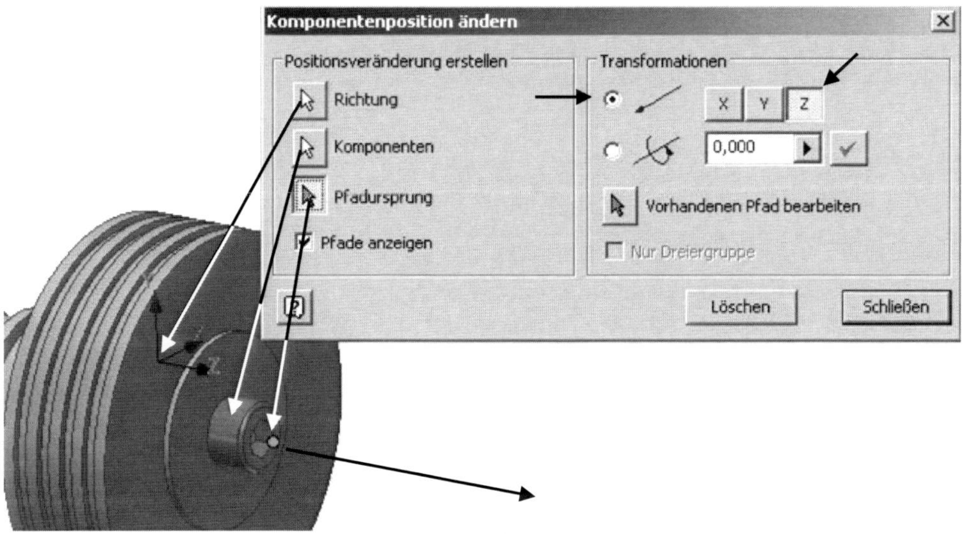

Abb. 353 Position der Schraube ändern

Das manuelle Bewegen der Komponenten (bei gedrückter linker Maustaste) ist die eine Möglichkeit. Die andere Möglichkeit ist, den Wert der Entfernung direkt in den Eingabebereich (Fenster ***Komponentenposition ändern***) einzutragen.

Vor dem Verschieben der nächsten Komponente sollten die aktuellen Einstellungen auf ***Null*** gesetzt werden, da es ansonsten zu einem unbeabsichtigten Verschieben (noch aktivierter Bauteile aus der letzten Verschiebung) kommen könnte. Verwenden Sie hierfür die Option ***Löschen*** (Befehlsfenster ***Komponentenposition ändern***).

Das Programm erwartet die erneute Platzierung des BKS (***Richtung***), welches auf die in Abb. 354 markierte Position gesetzt werden kann. Wählen Sie als Komponente die Sicherungsscheibe, platzieren Sie den Pfadursprung auf die markierte Position (diesmal nur ein kurzer Klick mit der linken Maustaste) und aktivieren Sie die ***lineare Verschiebung*** (in Richtung Z-Achse). Tragen Sie dann den Wert der Verschiebung (***60 mm***) ins Eingabefenster ein und ***bestätigen*** Sie abschließend den Befehl.

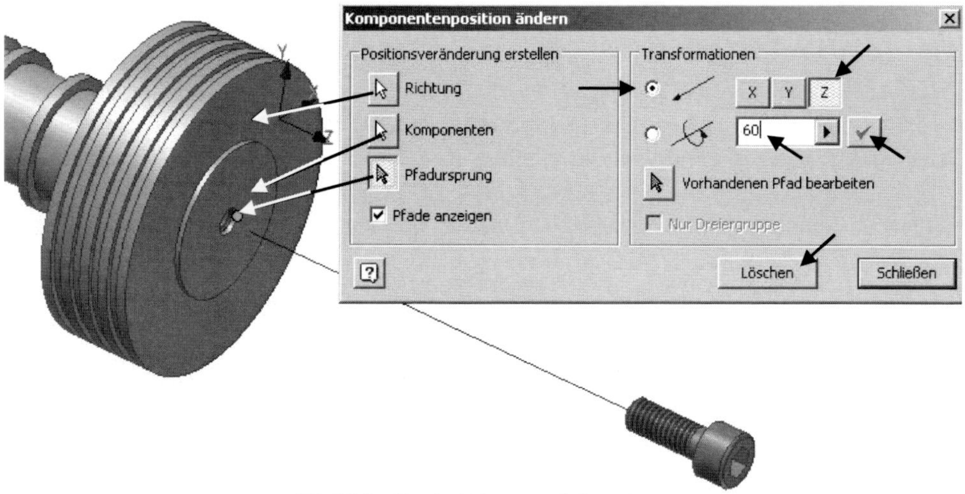

Abb. 354 Position der Sicherungsscheibe ändern

Löschen Sie die Eingaben erneut und verschieben Sie die Komponente ***Nockenwelle-Riemenrad***, ebenfalls in Richtung der ***Z-Achse*** um ***40 mm***.

HINWEIS: Mehrere Komponenten können auch zusammen verschoben werden. Aktivieren Sie für diese Option dann einfach bei gedrückter ***STRG***-Taste die jeweiligen Komponenten nacheinander.

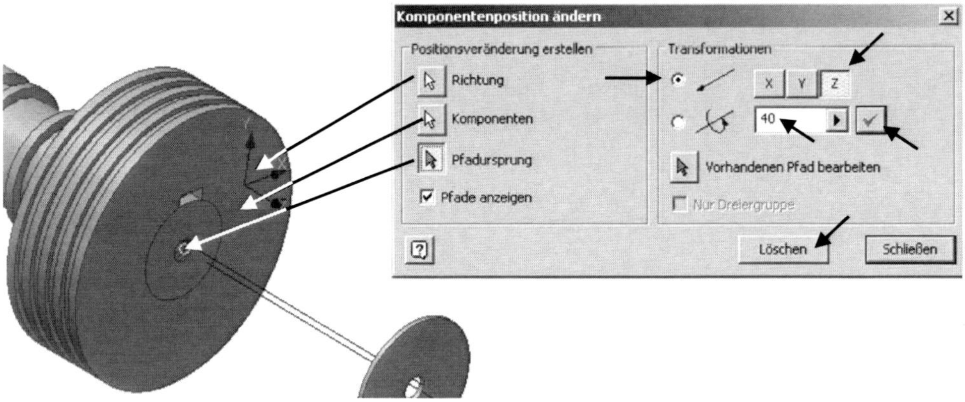

Abb. 355 Position des Riemenrades der Nockenwelle ändern

Löschen Sie die Eingaben. Im letzten Schritt soll die ***Passfeder*** aus der Passfeder-aussparung herausbewegt werden (diesmal um ***50 mm*** in Richtung ***Y-Achse***).

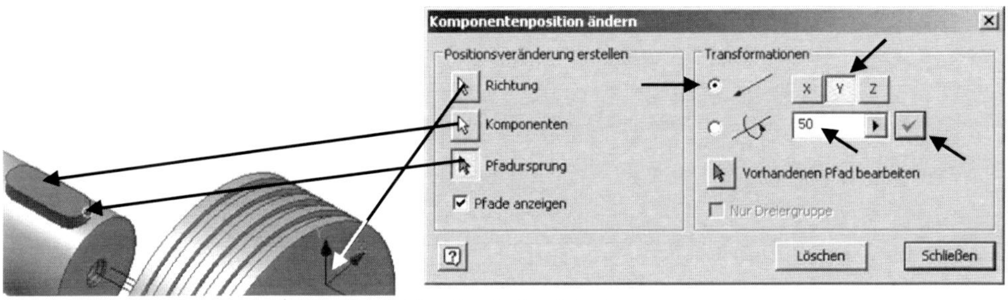

Abb. 356 Position der Passfeder ändern

Die Passfeder ist im Anschluss um ***90°*** um die ***Y-Achse*** zu drehen (

Löschen ist nicht notwendig). Achten Sie auf die aktivierte ***Drehung***. Richtung, Komponente und Pfad müssen nicht neu definiert werden.

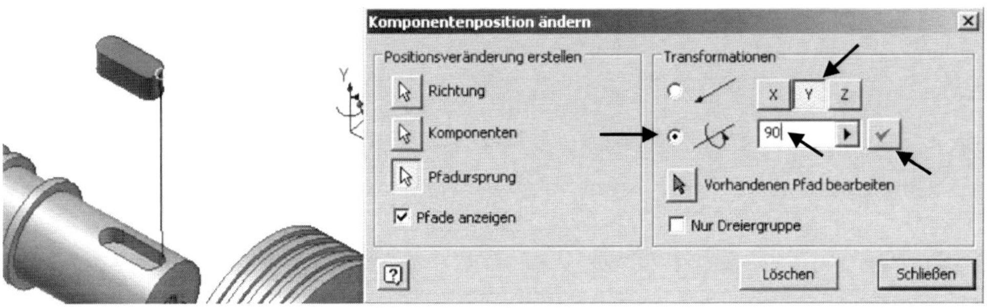

Abb. 357 Drehen der Passfeder

7.2.3 Animieren

Abb. 358 Der Befehl: Animieren

Mit dem Befehl ***Animieren*** können Explosionsdarstellungen anhand der vorgegebenen Bewegungspfade (Befehl ***Komponentenposition ändern***) bewegt und somit eine realistische Darstellung der Montage/ Demontage einer Baugruppe erzeugt werden.

Starten Sie den Befehl, übernehmen Sie die Einstellungen im Bereich ***Parameter*** wie voreingestellt (Intervall ***25***, Wiederholungen ***1***) und ***starten*** Sie die Animation (Abb. 359).

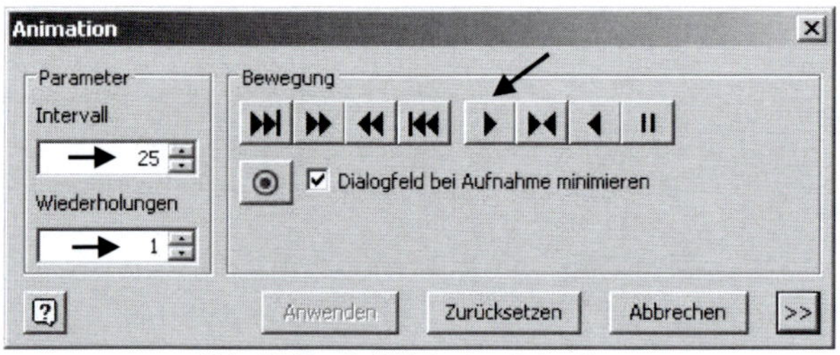

Abb. 359 Das Befehlsfenster: Animation

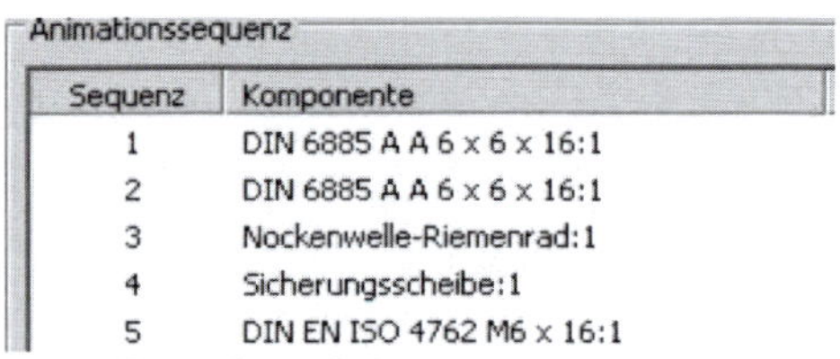
Animationssequenz

Sequenz	Komponente
1	DIN 6885 A A 6 x 6 x 16:1
2	DIN 6885 A A 6 x 6 x 16:1
3	Nockenwelle-Riemenrad:1
4	Sicherungsscheibe:1
5	DIN EN ISO 4762 M6 x 16:1

Abb. 360 Die erweiterten Optionen

In den << ***erweiterten Optionen*** kann die Animationssequenz geändert werden. Durch ein Verschieben der Komponenten (***Nach oben***, ***Nach unten***), wird die Reihenfolge der bewegten Komponenten geändert.

Sollten Sie also einmal in einer etwas größeren Baugruppe eine Komponente zu einem falschen Zeitpunkt bewegt haben, kann der Fehler hier korrigiert werden.

> ***HINWEIS***: Die Option ***Aufnahme*** ermöglicht eine Aufzeichnung der Animation. Das erzeugte Video kann als WMV- oder AVI-Datei gespeichert werden.

Mit dem letzten Befehl verlassen wir den Bereich Präsentation. ***Speichern*** und ***schließen*** Sie die Datei.

8 RENDERN eines BILDES

8.1 Inventor Studio

Abb. 361 Der Befehl: Inventor Studio

Öffnen Sie die Baugruppe ***BG_4_Takt_Motor.iam*** und wechseln Sie dann ins Register ***Umgebungen***. Starten Sie in der Befehlsgruppe ***Beginnen*** den Befehl ***Inventor Studio***.

8.1.1 Das Register RENDERN im Überblick

Abb. 362 Das Register: Rendern

OPTIONEN

1) Rendern eines Bildes oder einer Animation
2) Bearbeiten der Umgebungsvariablen (Beleuchtung, Kamera, Szene)
3) Bearbeiten der Animationseinstellungen
4) Parameter
5) Beendet Inventor Studio

8.1.2 Rendern

Mit dem Befehl ***Bild rendern*** können Bauteile und Baugruppen als hoch qualitatives Bild exportiert werden. In der folgenden Übung soll die Hauptbaugruppe gerendert werden.

Um die Nockenwelle sichtbar zu machen, markieren Sie im Modellbaum den ***Ventildeckel*** und entfernen dessen Sichtbarkeit (***rechte Maustaste*** > ***Sichtbarkeit***).

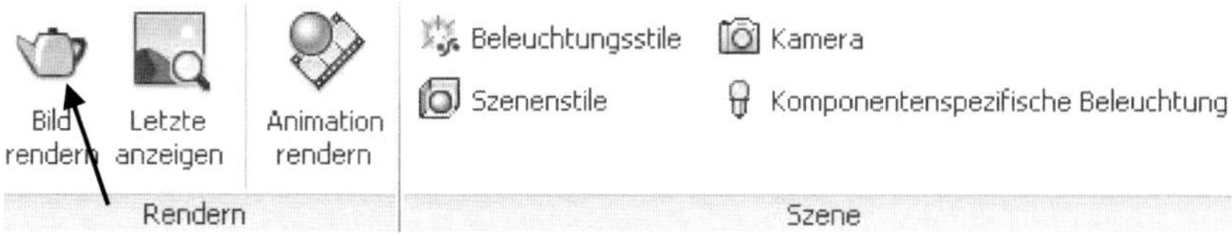

Abb. 363 Der Befehl: Bild rendern

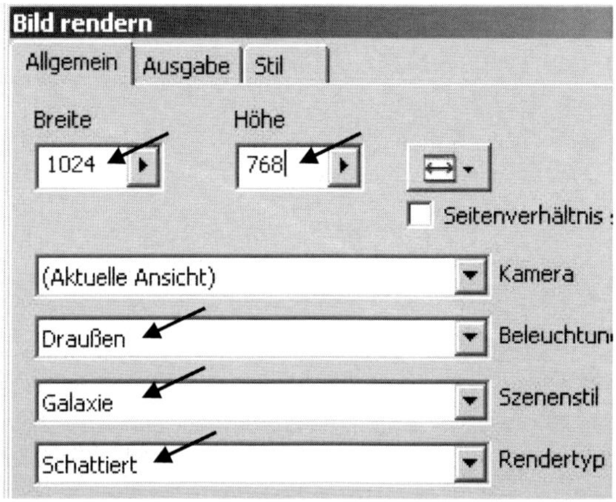

Abb. 364 Das Befehlsfenster: Bild rendern

Drehen Sie die Ansicht so, dass der Motor in etwa die in Abb. 365 dargestellte Position erreicht und das Ansichtsfenster möglichst großflächig ausfüllt.

Starten Sie den Befehl ***Bild rendern***. Im Reiter ***Allgemein*** ist die ***Breite*** auf ***1024*** und die ***Höhe*** auf ***768*** Pixel zu ändern. Übernehmen Sie auch die restlichen Einstellungen der Abb. 364.

Wechseln Sie ins Register ***Ausgabe***, ändern Sie dort den Antialias auf ***Höchstes Anti-Aliasing*** und bestätigen Sie den Befehl anschließend durch Rendern ***Rendern***.

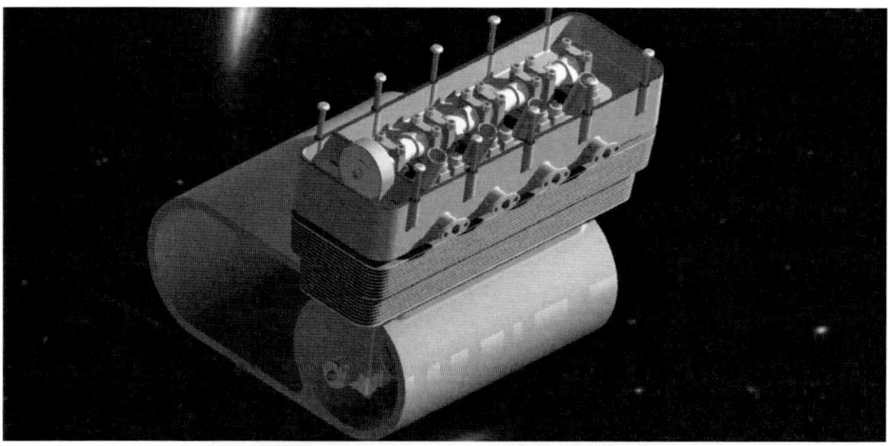

Abb. 365 Die gerenderte Baugruppe: BG_4_Takt_Motor.iam

Speichern Sie die Grafik, testen Sie weitere Einstellungen und ***schließen*** Sie die Baugruppe anschließend.

9 Der Bereich BLECHBEARBEITUNG

9.1 Das Register BLECH im Überblick

OPTIONEN

1) Neue Skizze erstellen
2) Skizze in Blechkörper konvertieren
3) Vorhandene Bleche bearbeiten
4) Ebenen, Achsen, Punkte erzeugen
5) Muster (rechteckig, polar, gespiegelt) erstellen
6) Blechstandards bearbeiten
7) Blechabwicklungen erstellen
8) Parameter
9) Abstände, Winkel, Konturen messen

9.2 Die Blechwanne

Ein Blech ist ein Bauteil. Am Anfang steht die 2D-Skizze, aus welcher ein Volumenkörper (Blechkörper) durch diverse Befehle erzeugt werden kann. Dieser Blechkörper kann anschließend mit verschiedenen Befehlen bearbeitet werden.

Die folgende Übung soll eine kleine Einführung in den Blechbereich darstellen. Für den Motor wird eine Blechwanne erstellt, welche zum Beispiel während Montagearbeiten (zum Auffangen von Flüssigkeiten) unter den Motor geschoben werden könnte.

Erstellen Sie eine ***neue*** Datei, wählen Sie im Auswahlfeld ***Neue Datei erstellen*** (Bereich ***Bauteil***) die Vorlage ***Blech.ipt*** (Abb. 366) und ***speichern*** Sie das Bauteil unter der Bezeichnung ***Blechwanne.ipt***.

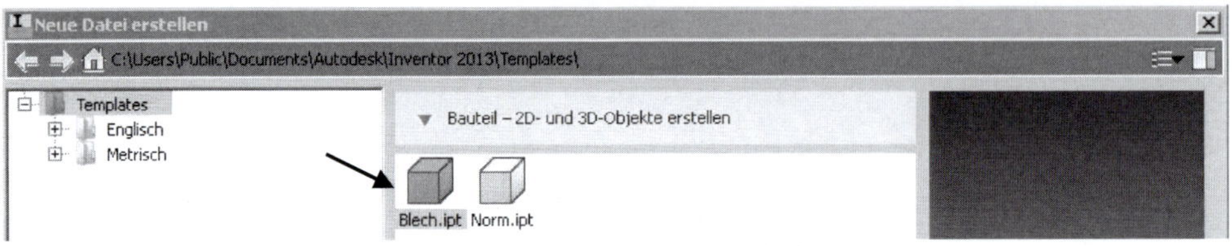

Abb. 366 Erstellen einer neuen Blechdatei

9.2.1 2D-Skizze

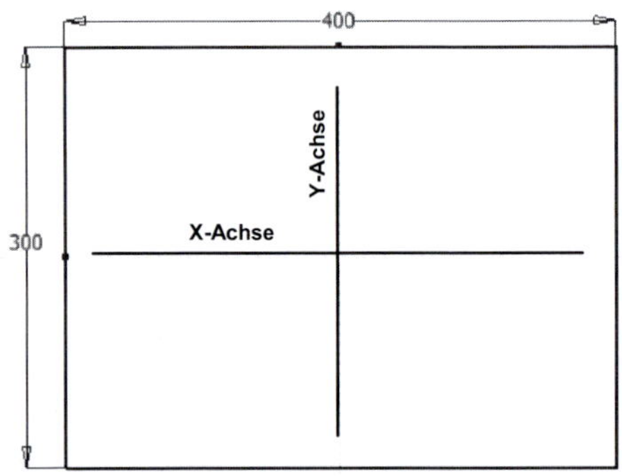

Abb. 367 Achsen projizieren, Rechteck zeichnen

Erstellen Sie eine neue ***2D-Skizze*** auf ***der XY-Ebene***, ***projizieren*** Sie anschließend die drei Achsen und zeichnen Sie das in Abb. 367 dargestellte ***Rechteck*** (300 x 400 mm).

Verwenden Sie alle notwendigen ***Abhängigkeiten***, um das Rechteck symmetrisch zu X- und Y-Achse zu positionieren, und verlassen Sie den Skizzenbereich danach.

9.2.2 Fläche extrudieren

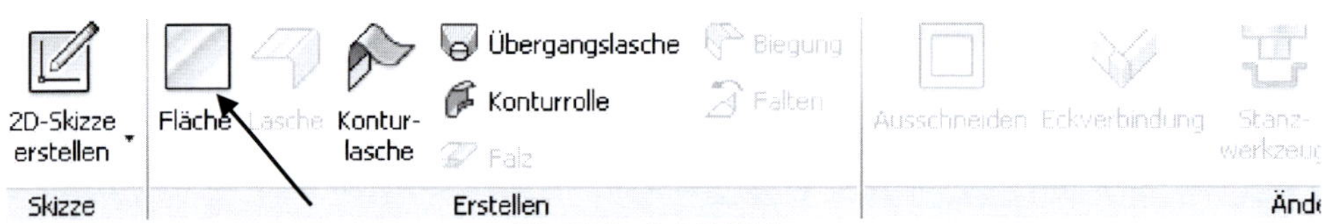

Abb. 368 Der Befehl: Fläche

Der Befehl ***Fläche*** kann grundlegend mit dem Befehl ***Extrusion*** aus dem Bereich 3D-Modellierung (Bauteil) verglichen werden. Einer geschlossenen Kontur aus einer 2D-Skizze, wird Material hinzugefügt, um daraus einen Volumenkörper (Blechkörper) zu erzeugen.

Das Rechteck aus der vorherigen Skizze soll so in einen Blechkörper konvertiert werden. Starten Sie den Befehl, wählen Sie das ***Rechteck*** (Reiter ***Form***) als Profil und bestätigen Sie daraufhin den Befehl.

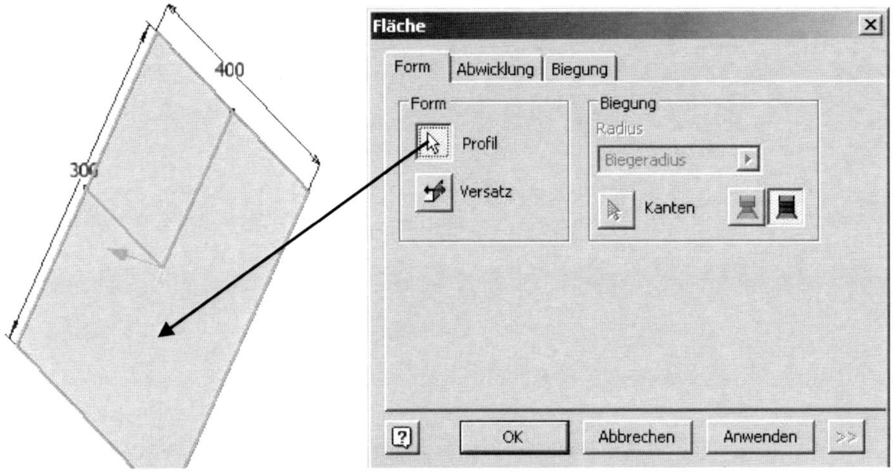

Abb. 369 Erzeugen einer (Blech-) Fläche aus dem Rechteck der 2D-Skizze

9.2.3 Blechstandards

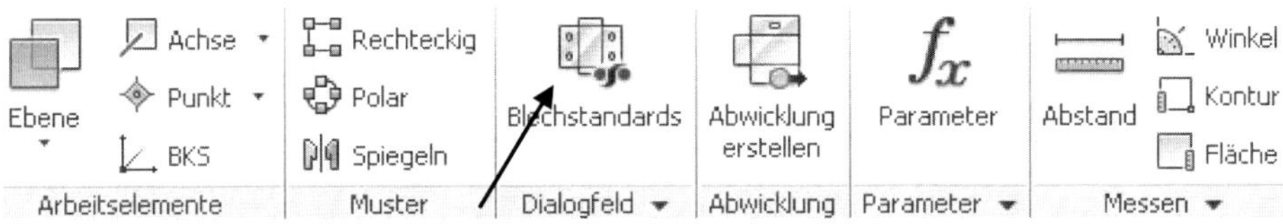

Abb. 370 Der Befehl: Blechstandards

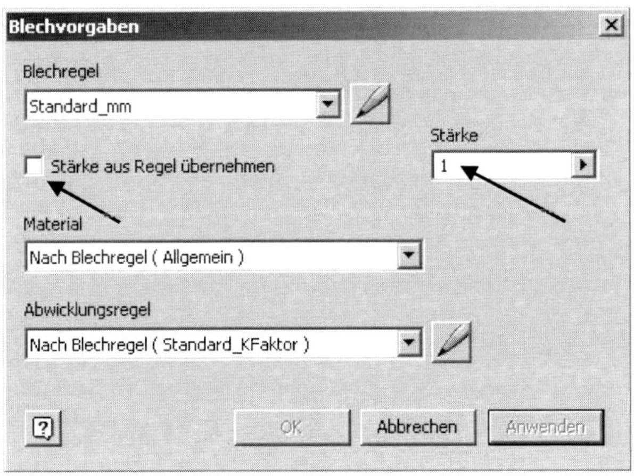

Abb. 371 Das Befehlsfenster: Blechvorgaben

Im Gegensatz zum Befehl Extrusion wird die ***Materialstärke*** des Blechs nicht im Befehl definiert. Im Blechbereich arbeitet man mit allgemeinen Blechstärken, welche in den ***Blechstandards*** definiert sind. Starten Sie den Befehl, entfernen Sie den Haken bei ***Stärke aus Regel übernehmen*** und ändern Sie den Wert im Feld ***Stärke*** auf ***1 mm*** (Abb. 371). Die neue Standard-Blechdicke kann im Anschluss bestätigt werden.

9.2.4 Laschen

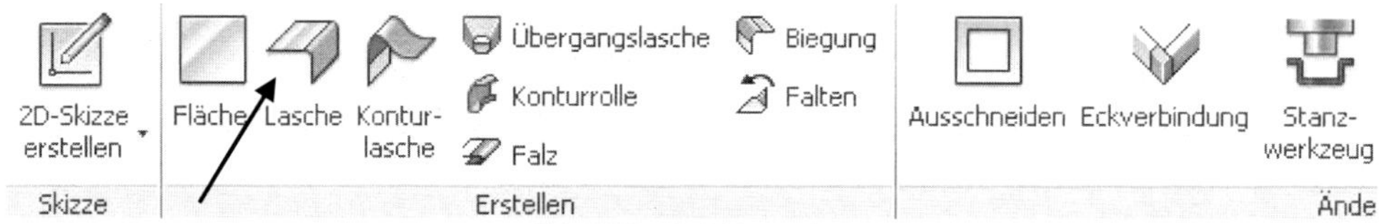

Abb. 372 Der Befehl: Lasche

Mit einer ***Lasche*** kann einem Blech Material hinzugefügt werden, ohne dafür eine neue 2D-Skizze erzeugen zu müssen. Die Laschen erfordern lediglich ein vorhandenes Blech. In der folgenden Übung soll den vier Seiten der vorhandenen Fläche jeweils eine Lasche hinzugefügt werden.

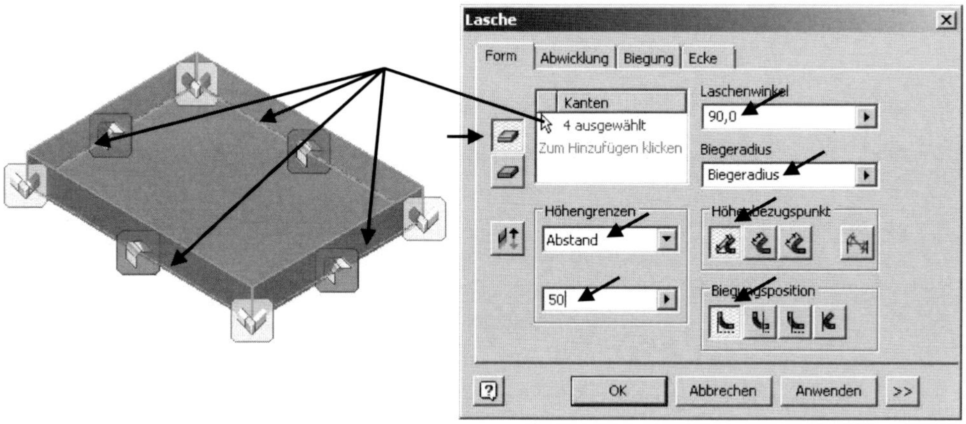

Abb. 373 Neue Laschen an den Kanten der vorhandenen Blechfläche erzeugen

Starten Sie den Befehl. Wählen Sie im Reiter ***Form*** die vier markierten Kanten der Blechfläche (Abb. 373) und aktivieren Sie die Option ***Kantenauswahlmodus***. Wählen Sie dann im Bereich ***Höhengrenzen*** die Option Abstand (Wert ***50 mm***) und tragen Sie einen Laschenwinkel von ***90°*** ein. Übernehmen Sie die restlichen Einstellungen der Abbildung und bestätigen Sie den Befehl anschließend.

9.2.5 Falzen

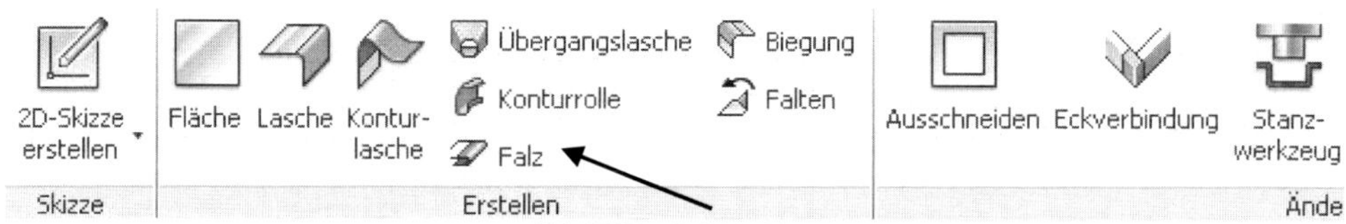

Abb. 374 Der Befehl: Falz

Die Enden der neuen Laschen sollen gefalzt werden. In der Praxis werden solche Maßnahmen getroffen, um z. B. einer Verletzungsgefahr an den Blechkanten vorzubeugen.

Starten Sie den Befehl ***Falz***, wählen Sie die Optionen ***Schleife***, ***Biegeradius*** und als Winkel den Wert ***190°***. Als Kante soll eine der Außenkanten der neuen Laschen gewählt werden. Bestätigen Sie den Befehl mit Anwenden ***Anwenden***.

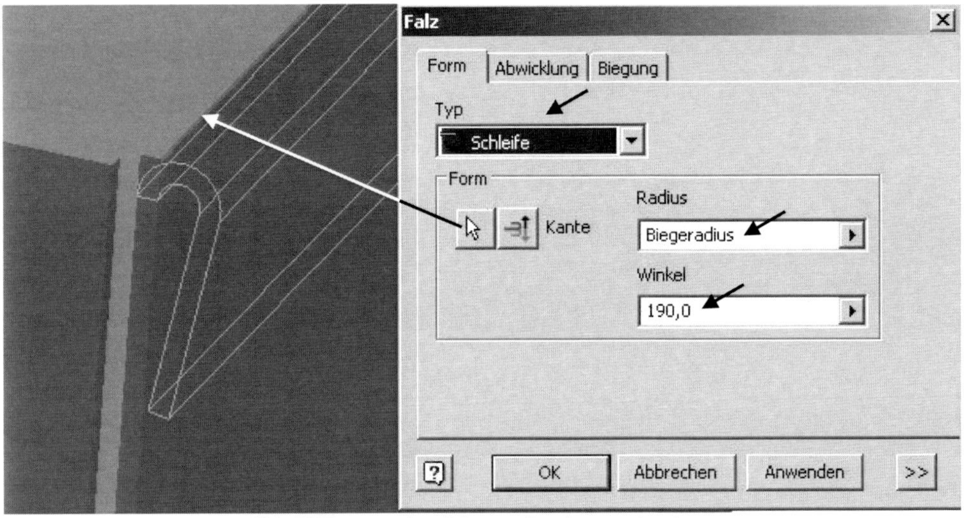

Abb. 375 Erzeugen eines Falzes an einer der neuen Laschen

Beachten Sie, dass mit diesem Befehl immer nur einzelne Kanten gefalzt werden können. Der Befehl muss also für die restlichen drei Außenkanten (einzeln) wiederholt werden.

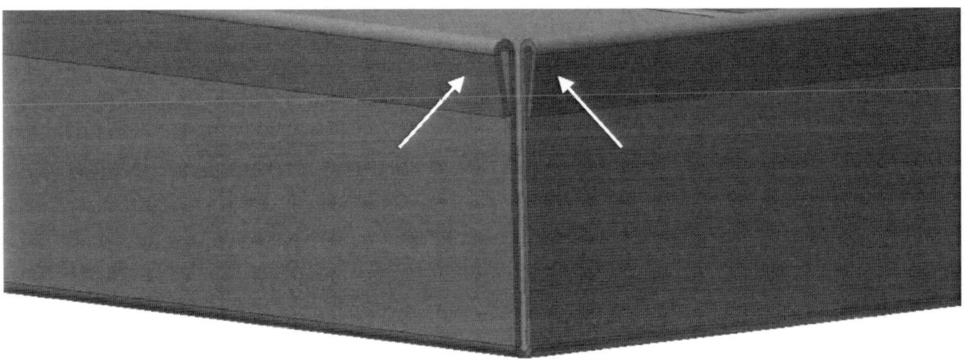

Abb. 376 Darstellung zweier gefalzter Kanten (Eckbereich)

10 SCHWEISSKONSTRUKTION

10.1 Das Register SCHWEISSEN im Überblick

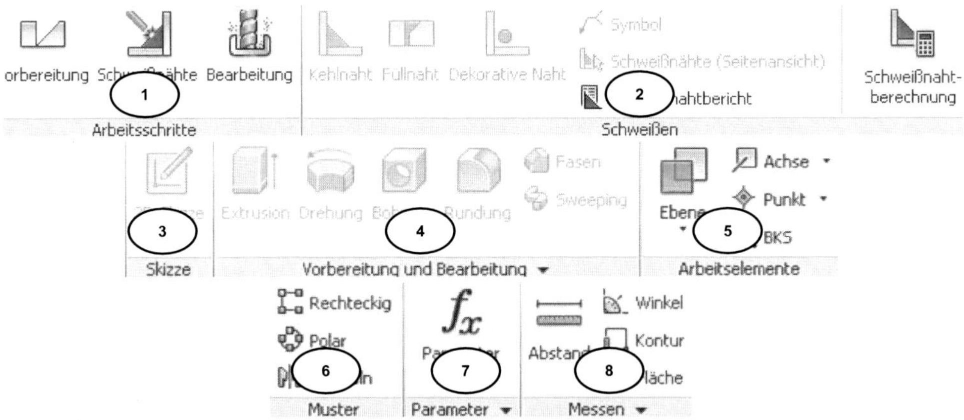

Abb. 377 Das Register: Schweißen

OPTIONEN

1) Schweißnähte erzeugen und bearbeiten
2) Auswahl und Berechnung der Schweißnaht
3) Skizzen erstellen
4) Erzeugen und Bearbeiten von Volumenkörpern
5) Ebenen, Achsen, Punkte erstellen
6) Muster (rechteckig, polar, gespiegelt) erzeugen
7) Parameter
8) Abstände, Winkel, Konturen, Flächen messen

10.2 Schweißbaugruppe erzeugen

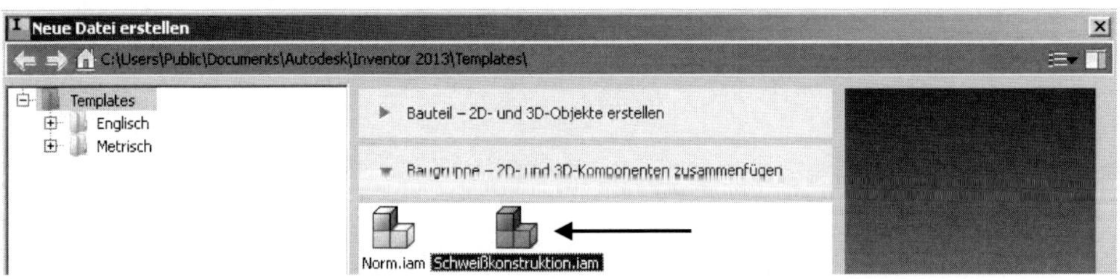

Abb. 378 Erstellen einer neuen Schweißbaugruppe (Schweißkonstruktion.iam)

Erstellen Sie eine neue ***Datei*** im Baugruppen-Typ ***Schweißkonstruktion.iam***.

Speichern Sie diese Datei als ***Blechwanne-geschweißt.iam***. Das Programm öffnet die Baugruppe im Register ***Schweißen***. Neben einigen bereits bekannten Befehlen aus den Bereichen ***Bauteil*** (3D-Modelllierung) und ***Baugruppe*** (Zusammenfügen) finden Sie hier die neuen Befehlsgruppen ***Arbeitsschritte*** und ***Schweißen***.

Abb. 379 Der Befehl: Schweißnähte

Wechseln Sie ins Register ***Zusammenfügen*** und ***platzieren*** Sie das Blechteil ***Blechwanne.ipt*** in der Baugruppe. Zurück im Register ***Schweißen*** kann der Befehl ***Schweißnähte*** gestartet werden.

10.2.1 Kehlnaht

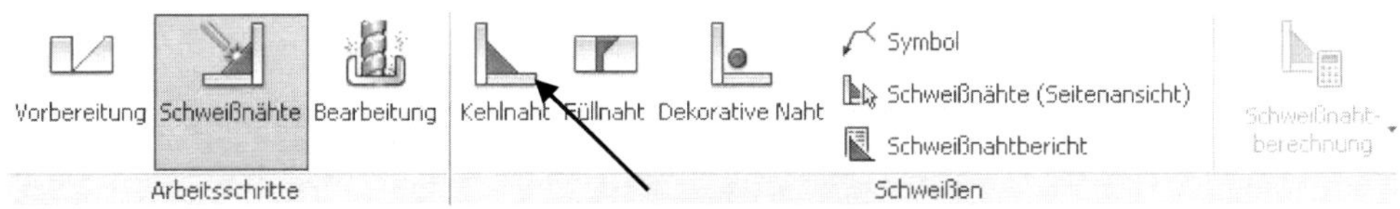

Abb. 380 Der Befehl: Kehlnaht

Das Programm gibt im Anschluss einige Befehle der Befehlsgruppe ***Schweißen*** frei. Starten Sie den Befehl ***Kehlnaht*** und wählen Sie eine der vier Ecken Ihres Blechteils aus (an denen sich zwei Laschen treffen), um diese miteinander zu verschweißen. Übernehmen Sie alle Werte und Einstellungen aus Abb. 381 und bestätigen Sie den Befehl abschließend. Wiederholen Sie dieses Vorgehen an den restlichen drei Ecken des Blechteils.

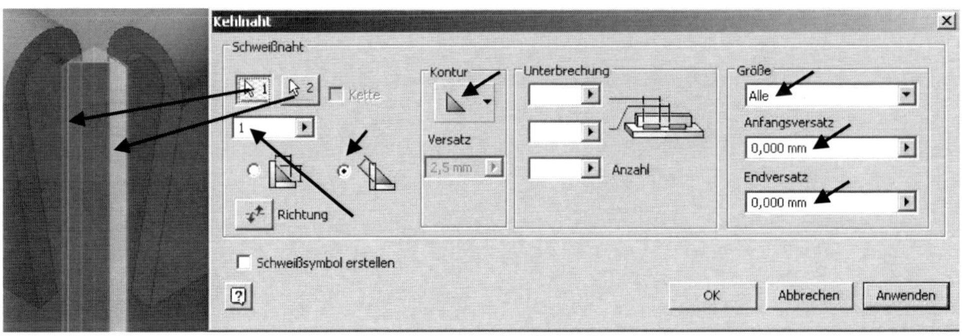

Abb. 381 Erzeugen einer Kehlnaht

10.3 Schweißnahtbericht

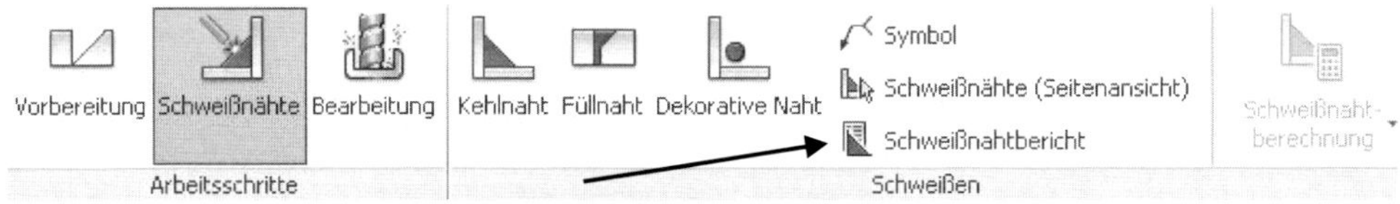

Abb. 382 Der Befehl: Schweißnahtbericht

Schweißen ist eine sehr kostenintensive Bearbeitungsmethode, da sie in der Praxis oft von Hand durchgeführt werden muss und somit viel Zeit für Vor- und Nacharbeit erfordert.

Um die Kostenkalkulation einer Schweißbaugruppe möglichst präzise gestalten zu können, werden genaue Angaben über Längen, Flächen, Volumen und Massen der einzelnen Schweißnähte benötigt. Hier bietet das Programm eine einfache Lösung.

Starten Sie den Befehl ***Schweißnahtbericht***, aktivieren Sie im Fenster ***Schweißnahtbericht*** die Option ***Alle Unterbaugruppen einbeziehen*** und gehen Sie dann auf ***Weiter***.

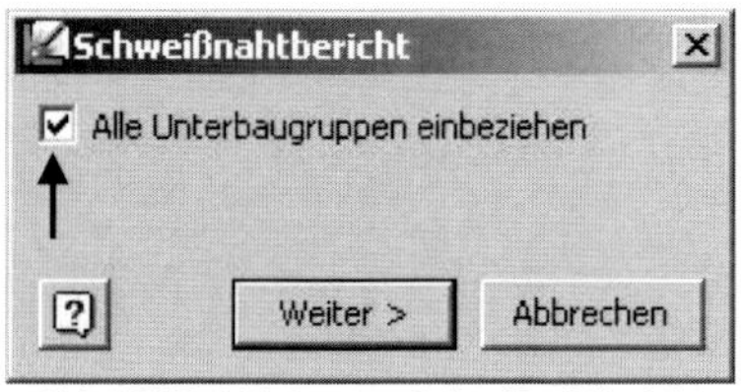

Abb. 383 Befehlsfenster: Schweißnahtbericht

Speichern Sie die Berechnungstabelle als ***Schweißnahtbericht.xls*** in Ihren Projektordner. Dort kann diese anschließend mit einem geeigneten Programm (MS Excel, OpenOffice) geöffnet werden. Die Tabelle enthält die neu erzeugten Kehlnähte, mit allen für die Kostenkalkulation notwendigen Berechnungsgrundlagen (Länge, Masse, Fläche, Volumen).

ID	Typ	Länge	Maßeinheit	Masse	Maßeinheit	Fläche	Maßeinheit	Volumen	Maßeinheit
Kehlnaht 1	Kehlnaht	47,468	mm	1,84E-04	kg	277,645	mm^2	67,992	mm^3
Kehlnaht 3	Kehlnaht	47,468	mm	1,84E-04	kg	277,645	mm^2	67,992	mm^3
Kehlnaht 4	Kehlnaht	47,468	mm	1,84E-04	kg	277,645	mm^2	67,992	mm^3

Abb. 384 Auszug aus dem tabellarischen Schweißnahtbericht

Die Schweißbaugruppe kann jetzt ***gespeichert*** und ***geschlossen*** werden.

Mit dieser Übung verlassen wir den Bereich ***Schweißbaugruppe*** und wechseln zur Arbeit mit ***parametrischen Abhängigkeiten***.

11 PARAMETRISCHE ABHÄNGIGKEITEN

11.1 Parameter - Grundlagen

Alle bisher erzeugten Skizzen, Bauteile und Baugruppen wurden mit festen Werten (Konstanten) bemaßt. Eine andere Möglichkeit der Konstruktion ist das Arbeiten mit ***Variablen***. Wenn konstante Maße durch Gleichungen (Variablen) ersetzt werden, entstehen kleine Prozessketten. Diese können verwendet werden, um z. B. wiederkehrende, logische Schritte vom Programm automatisch berechnen zu lassen.

In der folgenden Übung soll eine Basisskizze mit einigen Konturen und konstanten Bemaßungen parametrisiert werden. Diese Konturen sollen aus der Skizze heraus exportiert und in eigenständige Bauteile konvertiert werden. Hier soll die Möglichkeit aufgezeigt werden, wie verschiedene Bauteile aus einer Skizze heraus exportiert und über diese gesteuert werden können.

11.2 Parametrisieren und Ableiten von Konturen einer Skizze

11.2.1 Basisskizze

Öffnen Sie im ***Downloadordner*** die Datei ***Uebung-Parameter.ipt***. ***Speichern*** Sie die Datei als ***Parameter-Basisskizze.ipt*** in Ihren Projektordner (nicht in den Downloadordner!).

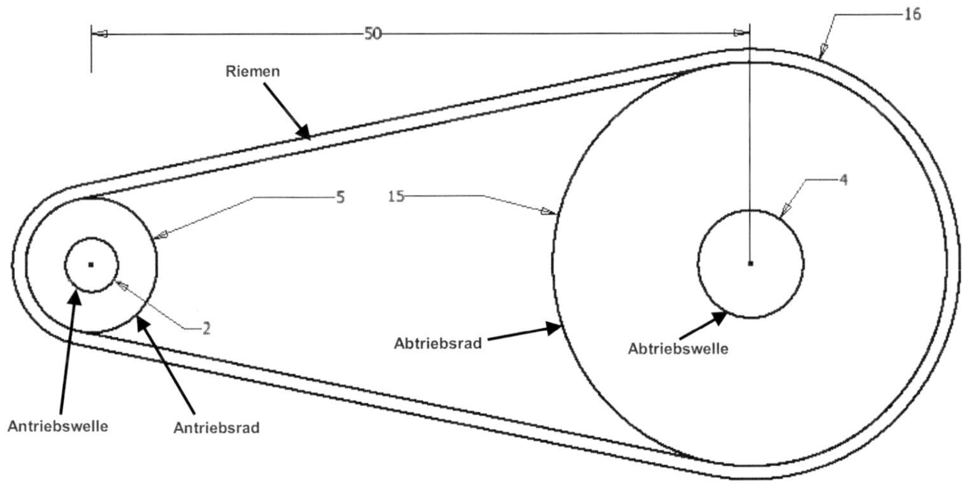

Abb. 385 Konturen der Basisskizze

Die Datei enthält eine ***Skizze1*** mit einem vereinfacht dargestellten Riementrieb (Antriebswelle, Antriebsrad, Riemen, Abtriebsrad, Abtriebswelle), welcher bereits bemaßt wurde. Die Maße müssen im ersten Schritt durch Gleichungen ersetzt werden.

11.2.2 Parameter bearbeiten

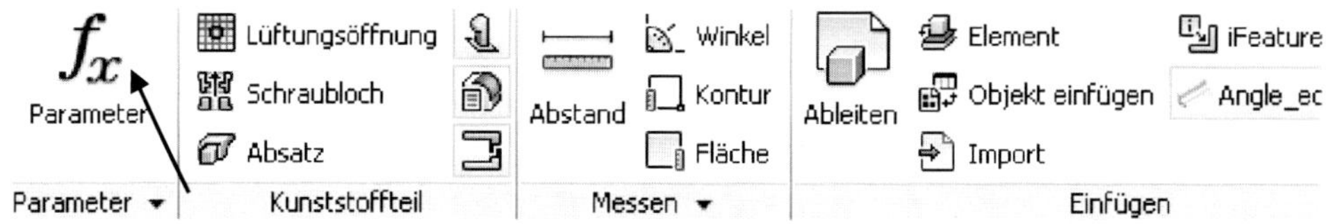

Abb. 386 Der Befehl: Parameter

Starten Sie den Befehl *fx* ***Parameter***. In der ersten Spalte (***Parametername***) finden Sie die ***Modellparameter***. Hier wurde jedem Skizzenmaß eine Kurzbezeichnung zugewiesen.

In der dritten Spalte (***Gleichung***) finden Sie die entsprechenden Werte. Beide Spalten sollen in den folgenden Schritten bearbeitet werden.

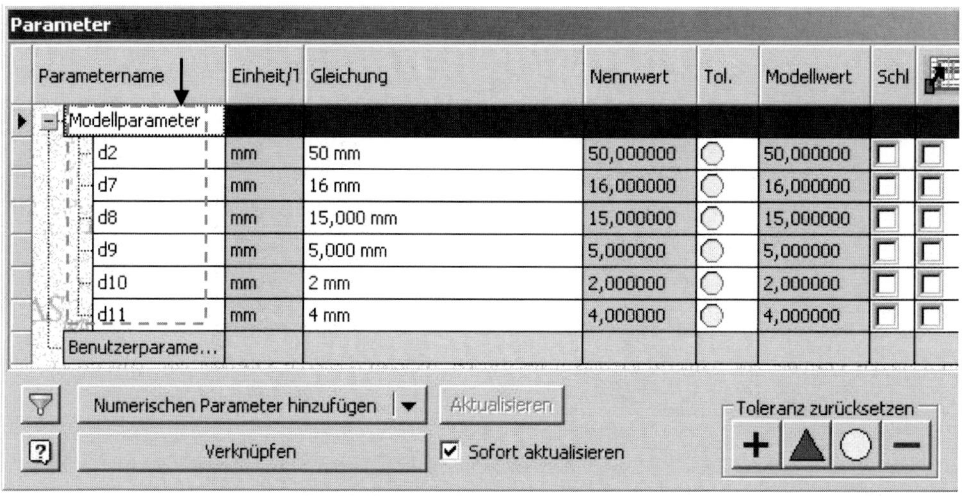

Abb. 387 Modellparameter (Ausgangssituation)

Ändern Sie zuerst die ***Modellparameter***, wie in der folgenden Tabelle dargestellt.

***Parametername* - Ausgangszustand**	***Parametername - Neue Bezeichnung***
d2	Abstand
d7	Radius_Riemen
d8	Radius_Abtriebsrad
d9	Radius_Antriebsrad
d10	Radius_Abtriebswelle
d11	Radius_Antriebswelle

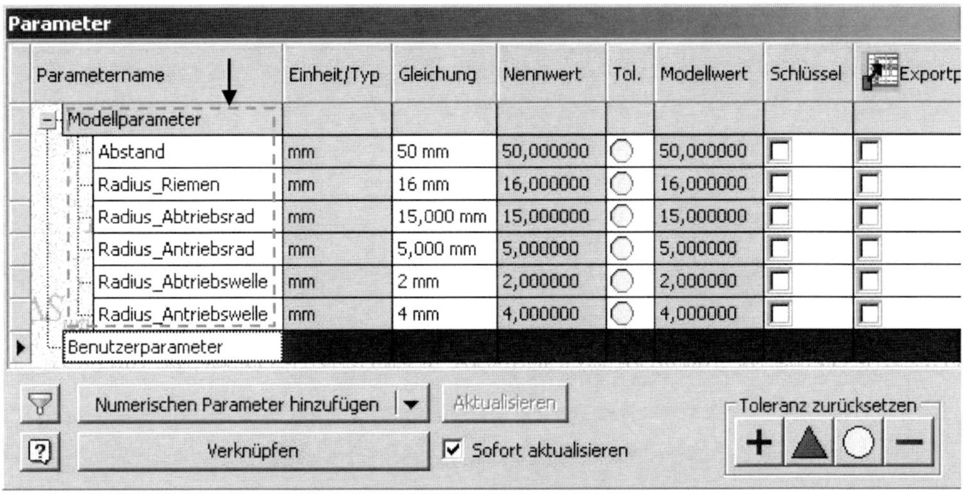

Parametername	Einheit/Typ	Gleichung	Nennwert	Tol.	Modellwert	Schlüssel	Exportp
Modellparameter							
Abstand	mm	50 mm	50,000000		50,000000		
Radius_Riemen	mm	16 mm	16,000000		16,000000		
Radius_Abtriebsrad	mm	15,000 mm	15,000000		15,000000		
Radius_Antriebsrad	mm	5,000 mm	5,000000		5,000000		
Radius_Abtriebswelle	mm	2 mm	2,000000		2,000000		
Radius_Antriebswelle	mm	4 mm	4,000000		4,000000		
Benutzerparameter							

Abb. 388 Modellparameter (mit geänderten Parameternamen)

Die Konturen der 2D-Skizze sollen später in eigenständige Bauteile konvertiert und dort in Volumenkörper extrudiert werden. Auch die Extrusionshöhe dieser Volumenkörper soll parametrisch von der Basisskizze abhängig sein. Hierfür werden weitere Parameter benötigt.

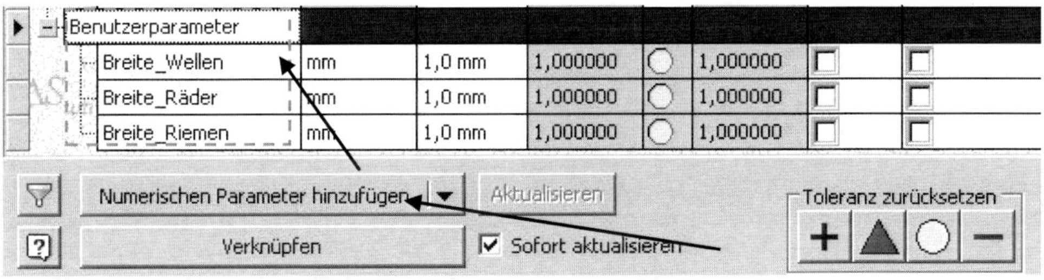

Benutzerparameter							
Breite_Wellen	mm	1,0 mm	1,000000		1,000000		
Breite_Räder	mm	1,0 mm	1,000000		1,000000		
Breite_Riemen	mm	1,0 mm	1,000000		1,000000		

Abb. 389 Numerische Benutzerparameter hinzufügen

Starten Sie den Befehl Numerischen Parameter hinzufügen ***Numerischen Benutzerparameter hinzufügen*** und tragen Sie in der neuen Zeile (Spalte ***Parametername***) die Bezeichnung ***Breite_Wellen*** ein (Abb. 389).

Starten Sie den Befehl zwei weitere Male und tragen Sie die Bezeichnungen ***Breite_Räder*** und ***Breite_Riemen*** ein. Nachdem die Parameternamen geändert wurden, können die ***Gleichungen*** erstellt werden. Beginnen Sie mit den zuletzt erzeugten ***Benutzerparametern***.

Übernehmen Sie die in der folgenden Tabelle dargestellten Änderungen schrittweise und setzen Sie die ***Haken*** in der Spalte ***Exportparameter*** (Abb. 390).

Parametername	**Gleichung**
Abstand	10 oE * Radius_Antriebsrad
Radius_Riemen	(0,5 oE * Radius_Abtriebswelle) + Radius_Abtriebsrad
Radius_Abtriebsrad	2,5 oE * Radius_Abtriebswelle
Radius_Antriebsrad	2,5 oE * Radius_Antriebswelle
Radius_Antriebswelle	2 mm
Radius_Abtriebswelle	2 oE * Radius_Antriebswelle
Breite_Wellen	Radius_Abtriebsrad * 2 oE
Breite_Räder	Radius_Abtriebsrad
Breite_Riemen	Radius_Abtriebsrad - 1 mm

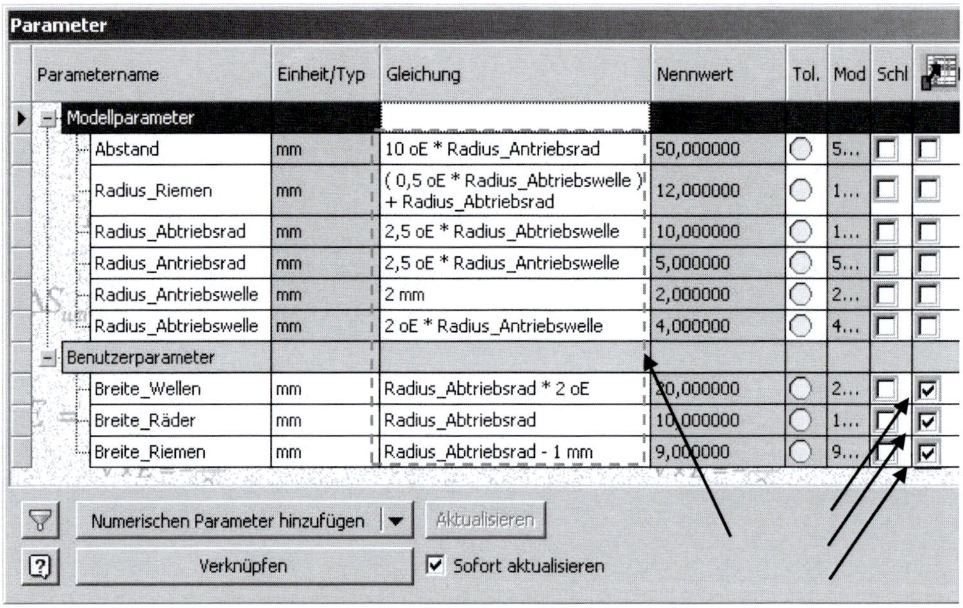

Abb. 390 Bearbeiten der Gleichungen; Exportparameter aktivieren

Der Wert des Modellparameters ***Radius_Antriebswelle*** (2 mm) bleibt unverändert. Er soll später als Referenzwert die restlichen Werte steuern. Kontrollieren Sie noch einmal alle Eingaben aus Abb. 390. Achten Sie auf die aktivierten Exportparameter ***Breite_Wellen***, ***Breite_Räder*** und ***Breite_Riemen***.

Beenden Sie das Eingabefenster ***Parameter*** mit ***Fertig*** und öffnen Sie die ***Skizze1*** (Modellbaum) im Anschluss per Doppelklick.

11.2.3 Bauteil erstellen

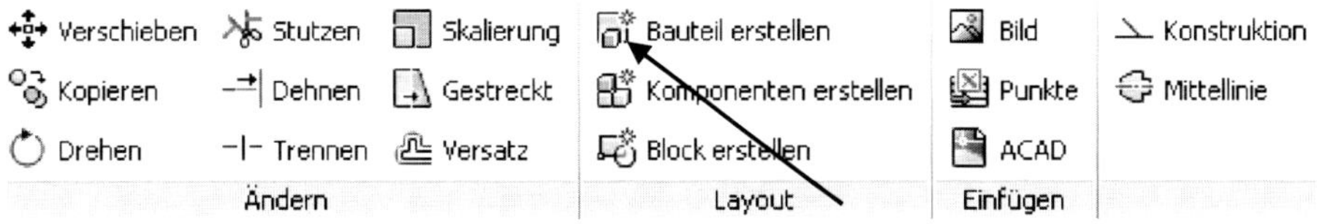

Abb. 391 Der Befehl: Bauteil erstellen

Der Befehl *Bauteil erstellen* (Skizzenbereich) ermöglicht den Export von Skizzenkonturen als eigenständige Bauteile.

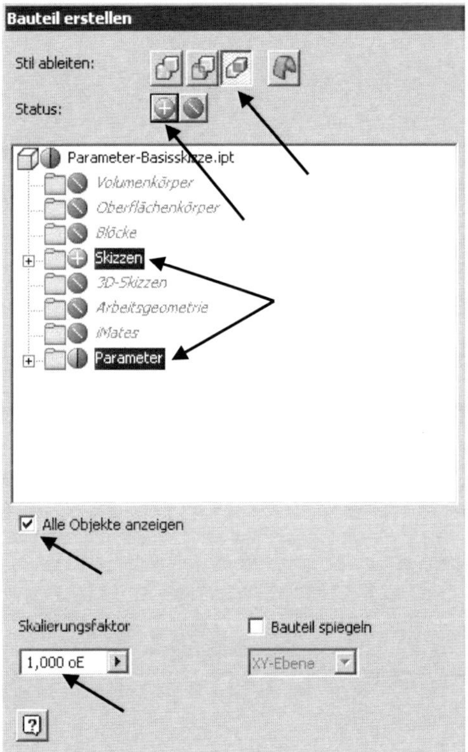

Abb. 392 Bauteil erstellen (Auszug)

In der folgenden Übung soll die ***Skizze1*** (samt parametrischer Abhängigkeiten) exportiert und als vollwertiges Bauteil gespeichert werden. Dieser Vorgang soll insgesamt drei Mal durchgeführt und die drei resultierenden Bauteile in einer gemeinsamen Baugruppe platziert werden.

Starten Sie den Befehl ***Bauteil erstellen*** und aktivieren Sie im ersten Schritt den Stil ***Jeden Volumenkörper als Volumenkörper erhalten*** (Abb. 392).

Markieren Sie im Auswahlfenster (bei gedrückter ***STRG***-Taste) ***Skizzen*** und ***Parameter*** und ***leiten*** Sie diese ab (***Status***). Die Zwischenabfrage kann mit ***OK*** bestätigt werden. Aktivieren Sie ***Alle Objekte anzeigen*** und übernehmen Sie den ***Skalierungsfaktor*** von ***1***.

Im rechten Bereich des Befehlsfensters können danach die in Abb. 393 dargestellten Werte übernommen werden.

HINWEIS: Achten Sie darauf, neben der ***Skizze*** auch die ***Parameter*** ***abzuleiten***.

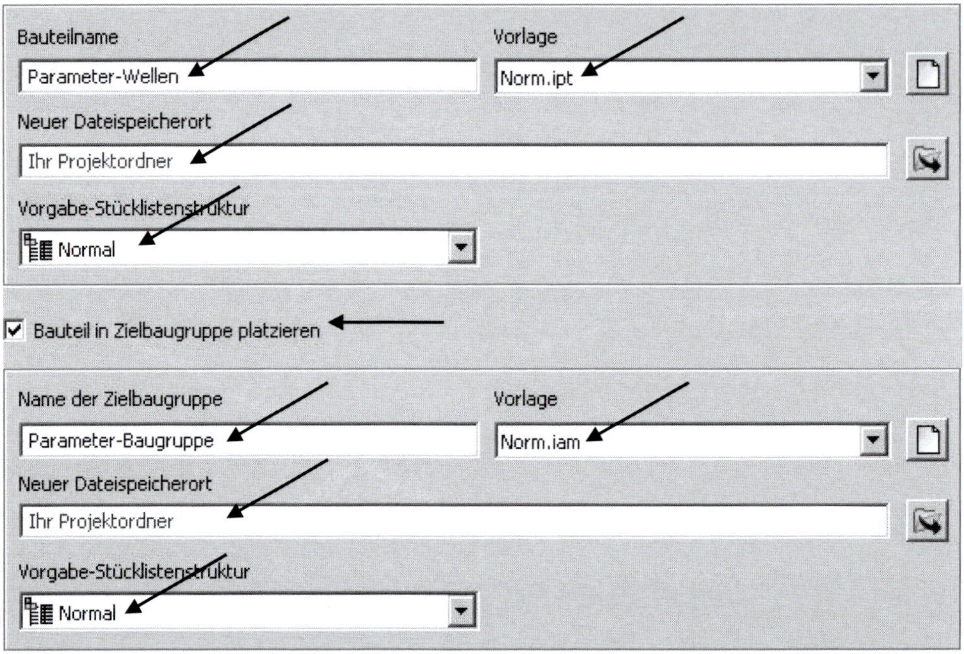

Abb. 393 Bauteil erstellen (Bauteil- und Baugruppendaten eintragen, Bauteil: Parameter-Wellen)

Das erste Bauteil, welches erzeugt werden soll, trägt die Bezeichnung ***Parameter-Wellen***. Tragen Sie diese im Feld ***Bauteilname*** ein und übernehmen Sie auch die restlichen Werte und Einstellungen aus Abb. 393. Bestätigen Sie den Befehl durch Anwenden ***Anwenden***. Einige der Einstellungen können so für die folgenden beiden Bauteile übernommen werden, Komplikationen bei der Erstellung der Baugruppe werden dadurch vermieden.

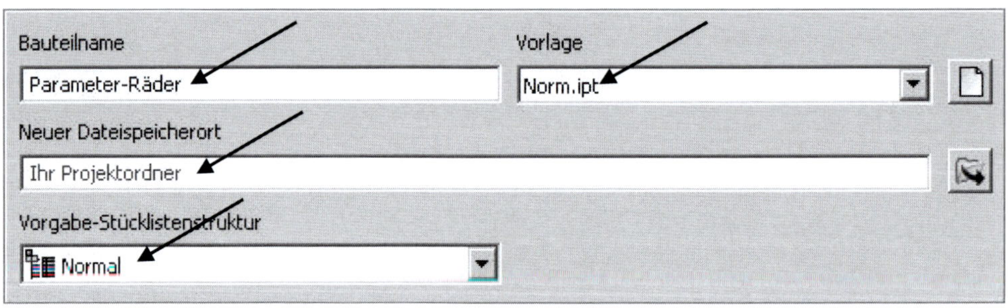

Abb. 394 Bauteil erstellen (Bauteil- und Baugruppendaten eintragen, Bauteil: Parameter-Räder)

Wiederholen Sie dieses Vorgehen zwei weitere Male. Achten Sie darauf, den Befehl nach dem zweiten Bauteil ebenfalls durch Anwenden ***Anwenden*** zu bestätigen. Verwenden Sie die Bauteilnamen ***Parameter-Räder*** (Abb. 394) und ***Parameter-Riemen*** (Abb. 395).

Für jedes Bauteil ist es erforderlich, ***Skizzen*** und ***Parameter*** neu ***abzuleiten***. Außer dem ***Bauteilnamen*** sollten alle Einstellungen mit denen des ersten Bauteils (***Parameter-Wellen***) übereinstimmen.

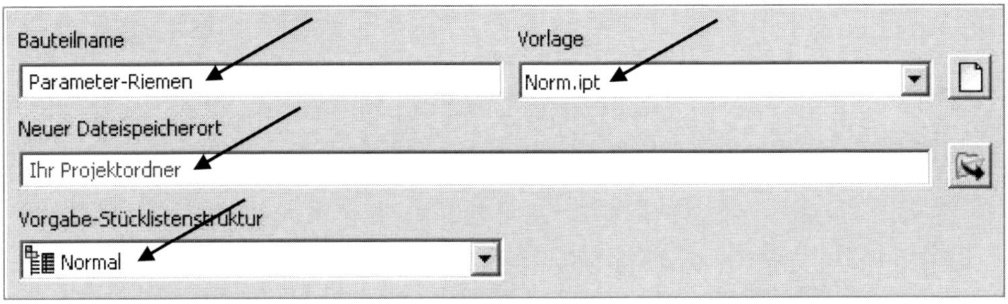

Abb. 395 Bauteil erstellen (Bauteil- und Baugruppendaten eintragen, Bauteil: Parameter-Riemen)

Nach der Erstellung des letzten Bauteils kann der Befehl durch Abbrechen ***Abbrechen*** beendet werden. Das Programm öffnet im Hintergrund die neue Baugruppe ***Parameter-Baugruppe.iam***, welche im unteren Bereich des Zeichnungsfensters angezeigt wird (Abb. 396). Klicken Sie mit der ***linken Maustaste*** darauf, um sie zu öffnen.

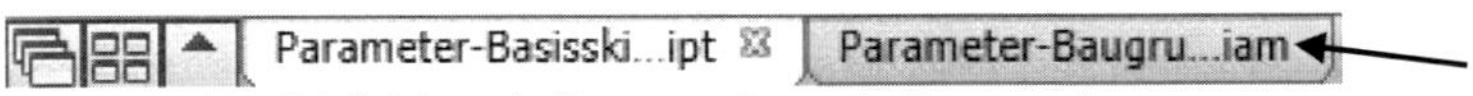

Abb. 396 Aktivieren der Baugruppe: Parameter-Baugruppe.iam

Speichern Sie die Baugruppe, um diese samt der drei neuen Bauteile (***Parameter-Wellen.ipt***, ***Parameter-Räder.ipt***, ***Parameter-Riemen.ipt***) zu sichern.

Abb. 397 Modellbaum der neuen Baugruppe

In der neuen Baugruppe finden Sie im Modellbaum die drei neuen Bauteile:

- ***Parameter-Welle.ipt***
- ***Parameter-Räder.ipt***
- ***Parameter-Riemen.ipt***

Im Zeichenbereich finden Sie die drei dazugehörigen (abgeleiteten) Skizzen (da diese übereinander liegen, ist nur eine Skizze sichtbar).

In der folgenden Übung sollen die drei Bauteile anhand der ebenfalls abgeleiteten Exportparameter extrudiert und somit in Volumenkörper konvertiert werden.

11.3 Parametrische Extrusion

Öffnen Sie das erste Bauteil ***Parameter-Wellen.ipt*** im Modellbaum (***rechte Maustaste*** > ***Bearbeiten***) und starten Sie dort den Befehl ***Extrusion***.

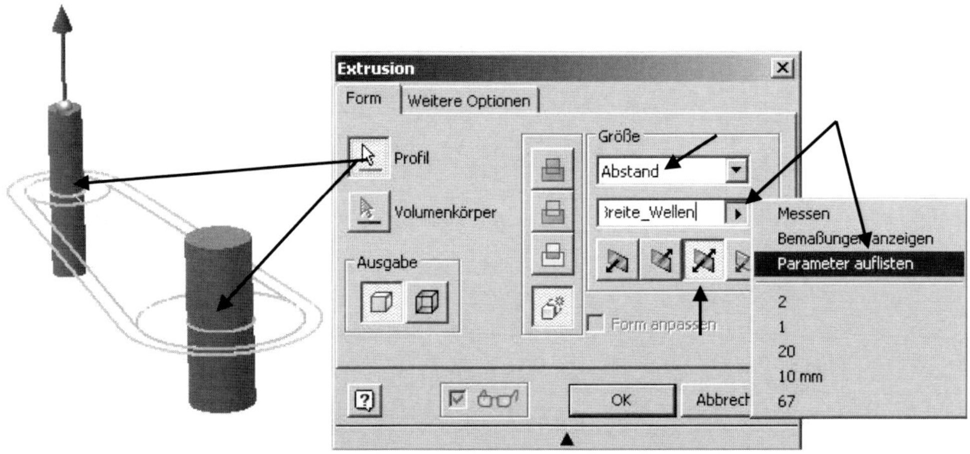

Abb. 398 Parametrisches Extrudieren der Wellen (Vereinigung)

Abb. 399 Auswahl des Parameters: Breite-Wellen

Als ***Profil*** sind die in Abb. 398 markierten ***Kreise*** zu wählen, im Feld ***Größe*** die Option ***Abstand*** und die ***Richtung Symmetrisch***.

Da hier mit einem Exportparameter aus der Basisskizze gearbeitet werden soll, klicken Sie im Eingabereich des Wertes für den ***Abstand*** auf das kleine ***Dreieck*** und wählen die Option ***Parameter auflisten***. Im Fenster ***Parameter*** den Wert ***Breite_Wellen*** aktivieren und den Extrusionsbefehl bestätigen.

Die Bearbeitung des Bauteils ***Parameter-Wellen.ipt*** kann jetzt ***beendet*** werden. Zurück in der Baugruppe, kann im Modellbaum das Bauteil ***Parameter-Räder.ipt*** geöffnet werden.

Starten Sie auch hier den Befehl ***Extrusion***, wählen Sie als ***Profil*** die beiden in Abb. 400 markierten ***Kreisringe***, aktivieren Sie die ***Größe Abstand*** und die ***Richtung Symmetrisch***. Als Wert für den ***Abstand*** ist ***Breite_Räder*** zu verwenden. Sobald alle Eingaben übernommen und der Befehl bestätigt wurde, kann der Modellbereich wieder ***verlassen*** werden.

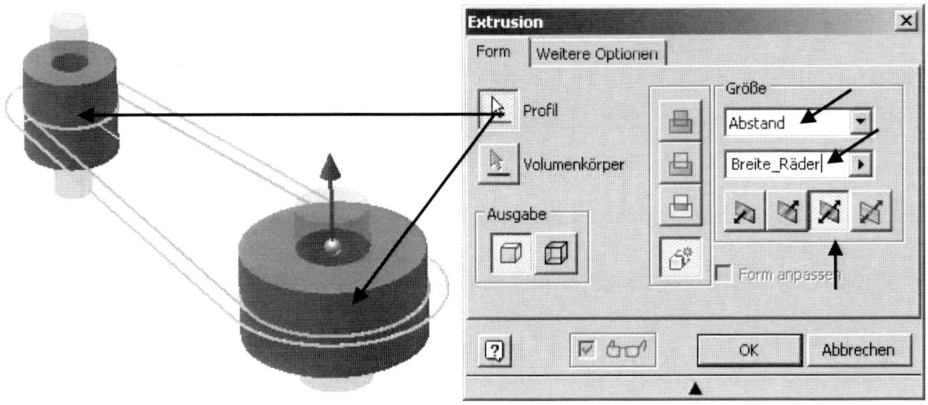

Abb. 400 Parametrisches Extrudieren der Räder (Vereinigung)

Im letzten Schritt soll das Bauteil ***Parameter-Riemen.ipt*** erzeugt werden. Bearbeiten Sie das Bauteil ***Parameter- Riemen.ipt***, erzeugen Sie eine ***symmetrische*** ***Extrusion*** der ***markierten Kontur*** (Abb. 401) und verwenden Sie den Parameter ***Breite_Riemen***.

Bestätigen Sie den Befehl und ***verlassen*** Sie den Modellbereich anschließend.

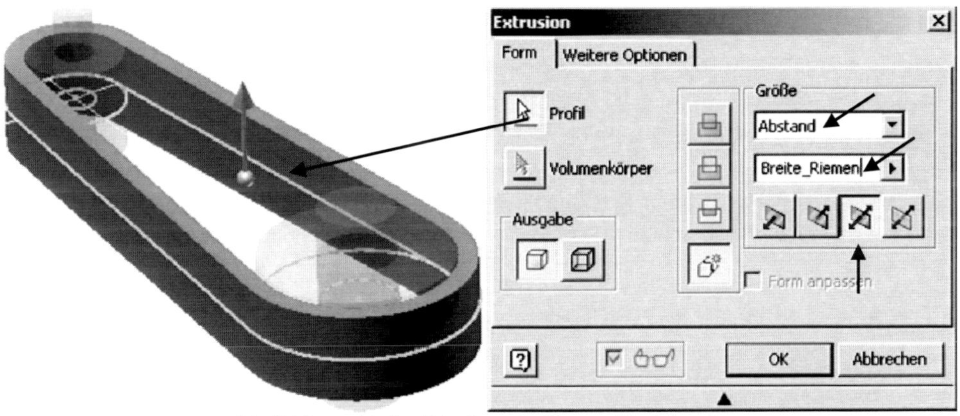

Abb. 401 Parametrisches Extrudieren des Riemens (Vereinigung)

Sowohl die geometrische Grundform der drei Bauteile als auch die Extrusionshöhen sind vom Bauteil ***Parameter-Basisskizze.ipt*** abhängig. Änderungen an diesem Bauteil übertragen sich auch auf die abgeleiteten Bauteile.

Die Skizze des Bauteils ***Parameter-Basisskizze.ipt*** (somit auch die drei abgeleiteten Bauteile) soll in der folgenden Übung von einer externen Tabelle abhängig gemacht und von dieser gesteuert werden.

11.4 Parametrische Steuerung der Baugruppe
11.4.1 Farben ändern

Abb. 402 Farbeinstellungen ändern

Um die Auswirkungen der parametrischen Änderungen besser sichtbar zu machen, sollten die einzelnen Bauteile farblich gekennzeichnet werden. Neben der Möglichkeit, einem Bauteil ein Material zuzuweisen, kann dieses auch mit einer Farbe versehen werden.

Markieren Sie im Modellbaum das Bauteil ***Parameter-Wellen.ipt*** und wählen Sie in der oberen Befehlsleiste des Programms die Farbe ***Rot*** (Abb. 402). Wiederholen Sie diesen Befehl für die Bauteile ***Parameter-Räder.ipt*** (***Gelb***) und ***Parameter-Riemen.ipt*** (***Grün***).

11.4.2 Fenster nebeneinander anordnen

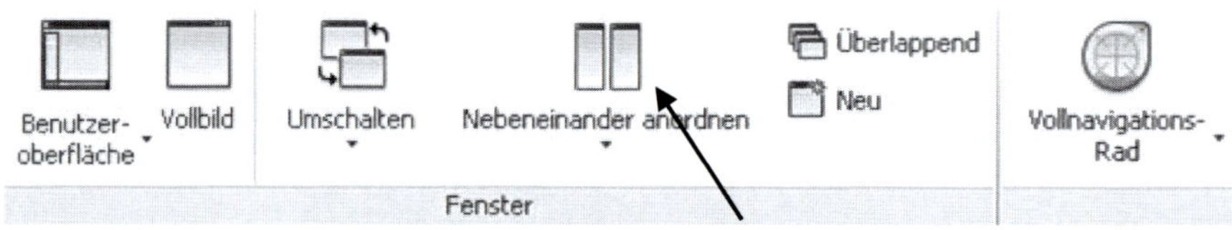

Abb. 403 Fenster nebeneinander anordnen

Beide Dateien (***Parameter-Basisskizze.ipt***, ***Parameter-Baugruppe.iam***) sollen nebeneinander dargestellt werden. Wechseln Sie ins Register ***Ansicht*** und wählen Sie dort in der Befehlsgruppe ***Fenster*** den Befehl ***Nebeneinander anordnen***.

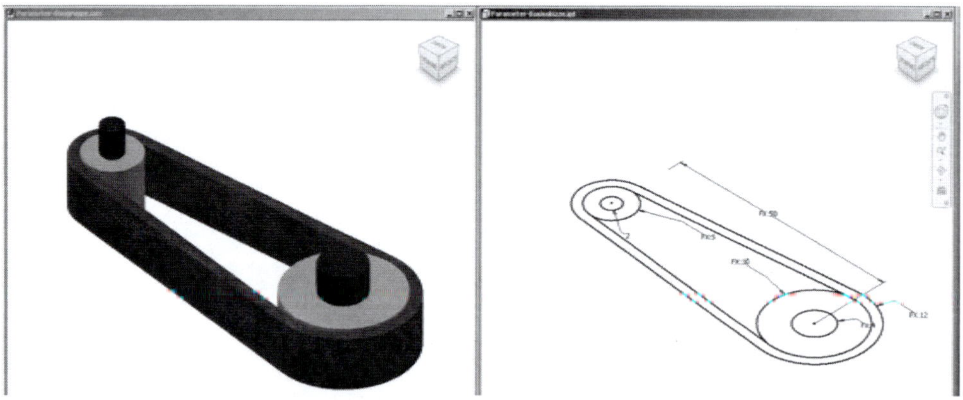

Abb. 404 Beide Dateien werden nebeneinander dargestellt

11.4.3 Ändern des Ausgangswertes

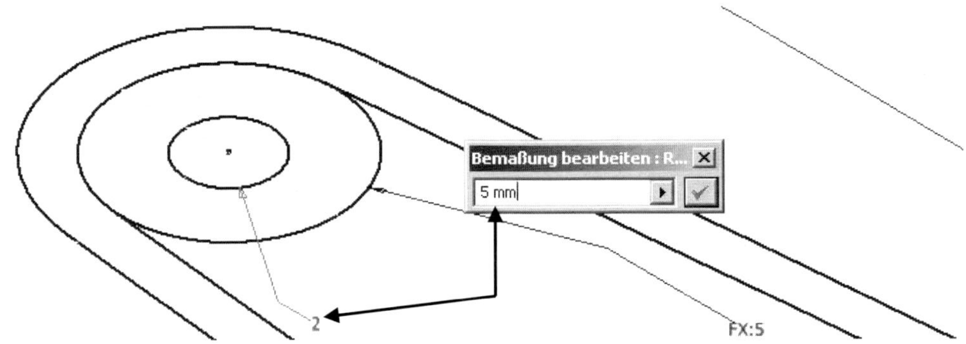

Abb. 405 Bearbeiten des Ausgangswertes (Bezugswert) in der Basisskizze

Doppelklicken Sie im Zeichenbereich der Datei ***Parameter-Basisskizze.ipt*** das Maß ***2 mm*** (Radius Antriebswelle) und ändern Sie dieses auf ***5 mm*** (Abb. 405). Nachdem die Änderung ***bestätigt*** wurde, regeneriert sich die Skizze automatisch.

Abb. 406 Erforderliche lokale Aktualisierung der Baugruppe

Klicken Sie anschließend mit der linken Maustaste in den Zeichenbereich der Datei ***Parameter-Baugruppe.iam***. Die Änderung der Basisskizze wird nicht automatisch übernommen und muss manuell aktualisiert werden. Dies wird durch ein kleines Blitzsymbol (***Lokale Aktualisierung***) angezeigt (Abb. 406).

Klicken Sie darauf, und die Baugruppe passt sich den Änderungen der referenzierten Basisskizze an. Wiederholen Sie diese Übung mit den folgenden Werten: ***10 mm***, ***20 mm*** und ***30 mm***.

Antriebswelle R = 10mm **Antriebswelle R = 20mm** **Antriebswelle R = 30mm**

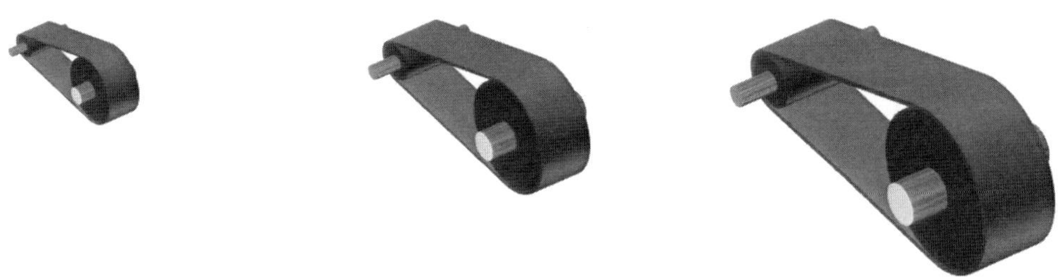

Abb. 407 Testen der parametrischen Änderung

11.5 Parametrische Steuerung mit externen Datenquellen

Die gesamte Baugruppe ist jetzt von einem gesteuerten Wert abhängig (***Radius_Antriebswelle***). Auch dieser (konstante) Wert kann gesteuert werden.

Das Programm bietet die Möglichkeit, parametrische Werte mit einer externen Datei (Inventor-Datei oder Excel-Tabelle) zu verknüpfen. In der folgenden Übung soll der Wert des Modellparameters ***Radius_Antriebswelle*** aus einer externen Tabelle entnommen werden.

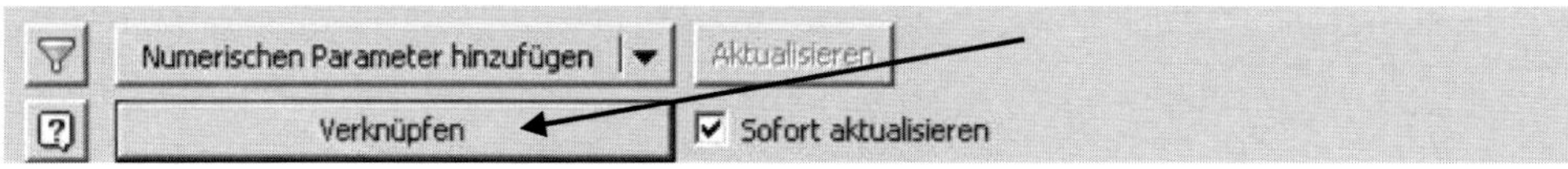

Abb. 408 Parameter mit einer externen Tabelle verknüpfen

Klicken Sie mit der linken Maustaste in den Zeichenbereich der Datei ***Parameter-Basisskizze.ipt*** und starten Sie hier den Befehl f_x ***Parameter***. Aktivieren Sie die Option ***Verknüpfen*** (unterer Bereich des Befehlsfensters). Im neuen Auswahlfenster (***Öffnen***) wählen Sie im ***Downloadordner*** die Tabelle ***Uebung-Parameter.xls*** aus. Tragen Sie in die ***Startzelle*** den Wert ***A1*** ein und aktivieren Sie dann die Option ***Verknüpfen*** (Abb. 409). Bestätigen Sie die Eingaben durch ***Öffnen***.

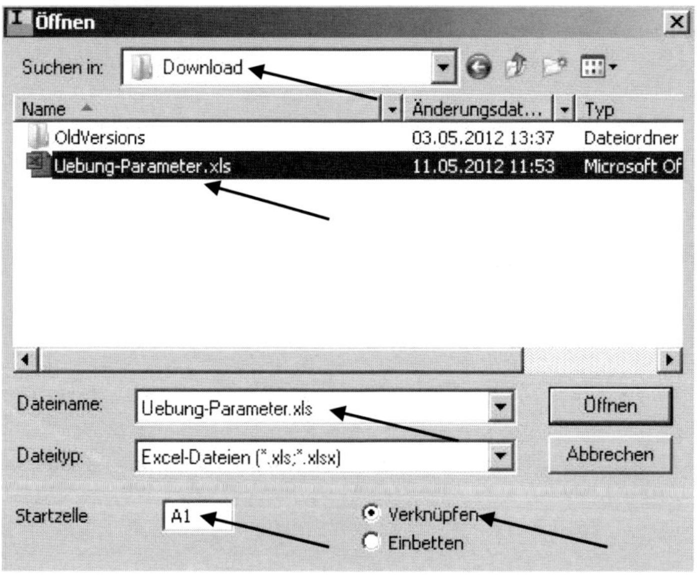

Abb. 409 Ausgangswert der Basisskizze mit einer externen Tabelle verknüpfen

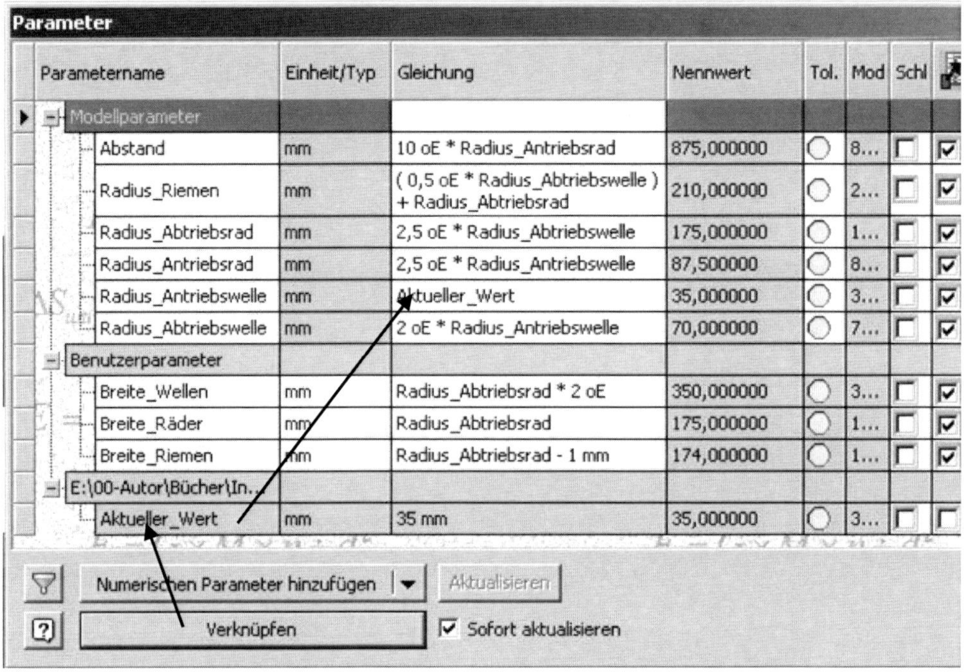

Abb. 410 Radius_Antriebswelle mit dem neuen Wert der Excel-Tabelle verknüpfen

Zurück im Eingabefenster ***Parameter*** finden Sie im unteren Bereich der Tabelle eine neue Zeile ***Aktueller_Wert***. Diese Bezeichnung bezieht das Programm aus der verknüpften Tabelle (Zelle A1), ebenso den Wert ***35 mm*** (Zelle A2). Ändern Sie die Gleichung des Parameters ***Radius_Antriebswelle*** auf ***Aktueller_Wert*** (Abb. 410).

Starten Sie den ***Arbeitsplatz*** an Ihrem PC und öffnen Sie die Tabelle ***Uebung_Parameter.xls*** in Ihrem ***Downloadordner*** (nur möglich, wenn ein Tabellenbearbeitungsprogramm bei Ihnen installiert ist). Ändern Sie den Wert der Zelle ***A2*** auf ***50 mm*** und ***speichern*** Sie die Tabelle anschließend. Wechseln Sie zu ***Inventor***(R) und ***aktualisieren*** Sie die Ansicht der Baugruppe. Die Änderungen sollten jetzt sichtbar werden.

11.5.1 Speichern mehrerer Dateien

Derzeit sind zwei Dateien im Programm geöffnet (***Parameter-Basisskizze.ipt***, ***Parameter-Baugruppe.iam***). Das Programm bietet die Möglichkeit, mehrere Dateien gleichzeitig zu sichern. Öffnen Sie das ***Hauptmenü*** und wählen Sie dort in der Auswahl ***Speichern*** die Option ***Alle speichern***. Das Programm sichert alle geöffneten Dateien.

Schließen Sie anschließend beide Dateien.

12 PACK AND GO

Das gesamte Projekt ***4-Takt-Motor*** soll in der letzten Übung als komplettes Paket gespeichert werden. Hier bietet das Programm die Möglichkeit, alle Baugruppen, Bauteile, Strukturen und Abhängigkeiten eines Projektes in einem Schritt zu sammeln und in einen Ordner zu kopieren.

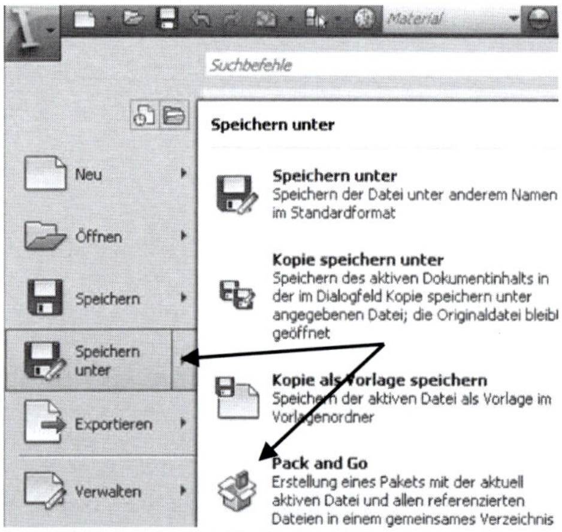

Abb. 411 Starten des Befehls: Pack and Go

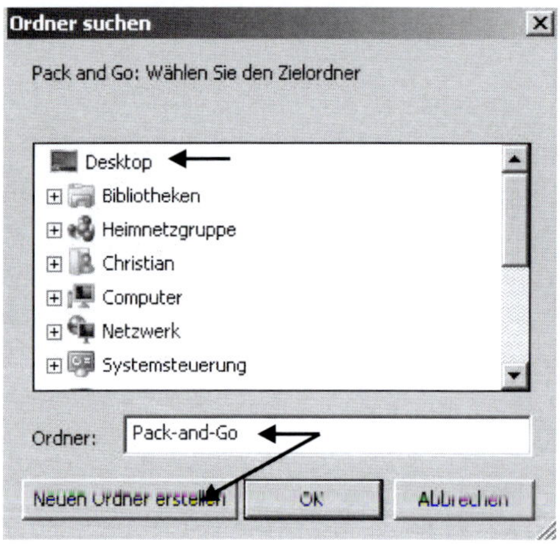

Abb. 412 Neuen Zielordner erstellen

Öffnen Sie die Hauptbaugruppe ***4-Takt-Motor.iam***.

Starten Sie im Hauptmenü (Befehlsauswahl ***Speichern unter***) den Befehl ***Pack and Go*** (Abb. 411).

Im neu geöffneten Befehlsfenster ***Pack and Go*** legen Sie zuerst einen ***Zielordner*** fest, welcher nicht innerhalb des Projektordners liegen darf. Erstellen Sie einen neuen Ordner (eventuell auf Ihrem Desktop) und nennen Sie diesen ***Pack-and-Go***.

Das Programm erwartet die Vorgabe der ***Projektdatei*** (Referenzierte Dateien finden, Abb. 413). Suchen Sie im Projektordner die Datei ***Inventor-2013-4-Takt-Motor.ipj***.

Klicken Sie anschließend auf ***Jetzt suchen***, und das Programm berechnet alle benötigten Bauteile und Baugruppen sowie den erforderlichen Speicherplatz.

Im nächsten Schritt sollen die fehlenden Zeichnungsdateien und die Präsentation hinzugefügt werden.

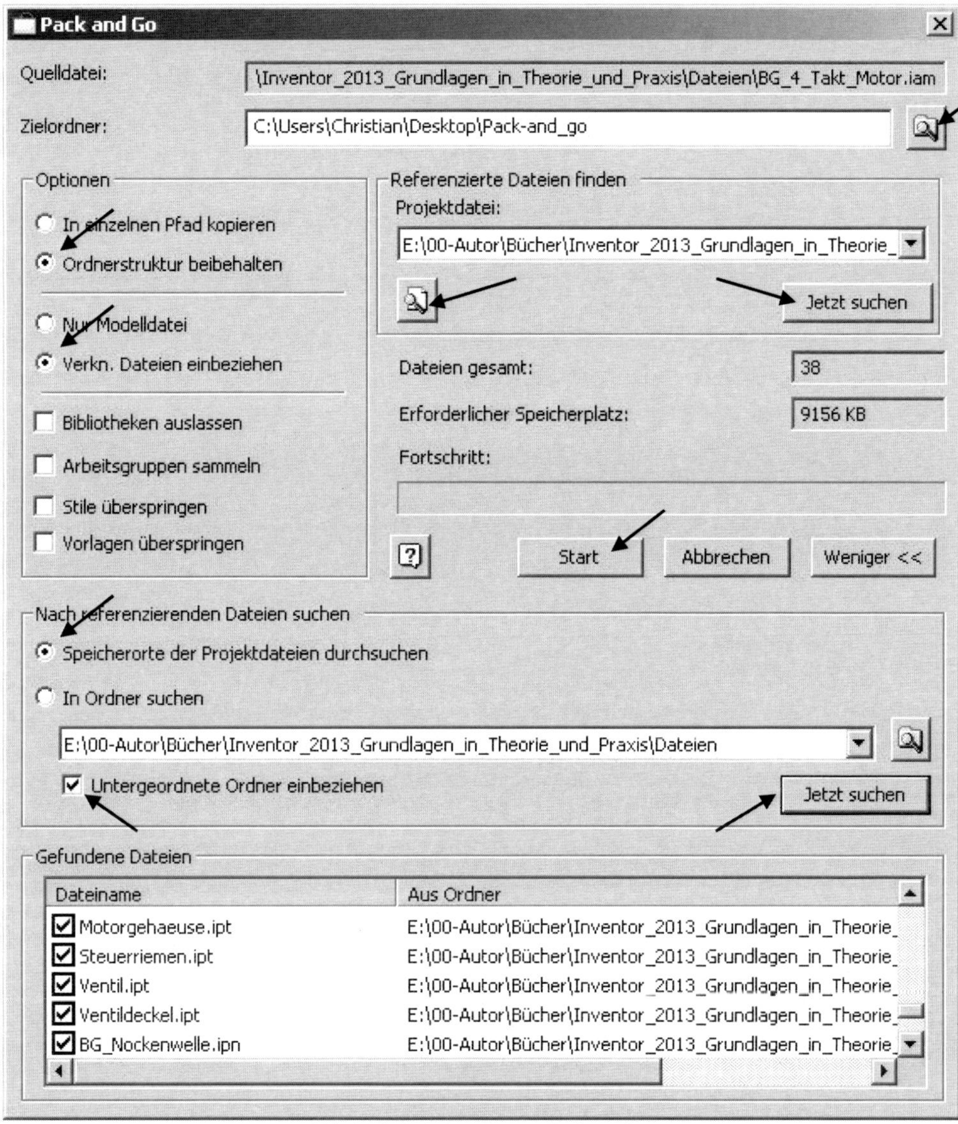

Abb. 413 Befehlseinstellungen: Pack and Go

Aktivieren Sie im Eingabefeld ***Nach referenzierten Dateien suchen*** die Optionen ***Speicherorte der Projektdateien durchsuchen*** sowie ***Untergeordnete Ordner einbeziehen*** und klicken Sie im daran Anschluss auf 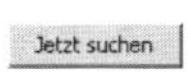

Jetzt suchen.

Im neuen Fenster ***Pack and Go: Gefundene Referenzdateien*** sollten jetzt vier gefundene Dateien (Zeichnungen und Präsentation) aufgelistet werden. Aktivieren Sie diese Dateien und klicken Sie auf Hinzufügen ***Hinzufügen***.

Zurück im Befehlsfenster ***Pack and Go***, finden Sie im unteren Bereich eine Liste aller gefundenen Dateien. Prüfen Sie hier noch einmal die Vollständigkeit, aktivieren Sie anschließend die Optionen ***Ordnerstruktur beibehalten*** sowie ***Verknüpfte Dateien einbeziehen*** und Start ***starten*** Sie den Befehl.

Das Befehlsfenster kann danach durch Fertig ***Fertig*** beendet werden. Öffnen Sie den neu erzeugten Ordner in Ihrem Arbeitsplatz. Ihre Bauteile und Baugruppen finden Sie im Ordner ***Workspaces***. Die Textdatei ***packngo.log*** enthält eine Auflistung aller zusammengefassten Daten.

Der komplette Ordner kann jetzt auf einen anderen PC kopiert werden. In ***Inventor***(R) kann das vollständige Projekt dann problemlos durch Öffnen der Projektdatei ***BG_4_Takt_Motor.ipj*** weiterbearbeitet werden.

13 SCHLUSSWORT

Der Autor des Buches hofft, dass Sie bei der Arbeit mit dem Programm und dem Übungsprojekt viel Spaß hatten.

Der Inhalt des Buches wurde sorgfältig geprüft. Leider können Fehler nicht ausgeschlossen werden.

Wenn Ihnen während der Arbeit mit dem Buch Fehler auffallen sollten, oder wenn Sie Ideen zur Verbesserung des Inhaltes haben, ist Ihnen der Autor für jeden Hinweis per E-Mail dankbar.

Konstruktive Anmerkungen können jederzeit an ***schlieder@ingenieurbuero-schlieder.de*** gesendet werden.

Vielen Dank.

Auszug aus dem Aufbaukurs KONSTRUKTION

Die folgenden Seiten zeigen Auszüge aus dem Buch:

- ***Autodesk® Inventor® 2013 - Aufbaukurs KONSTRUKTION***

Inventor® verfügt im Baugruppenbereich über einen Reiter ***Konstruktion*** welcher im Grundlagenbuch nicht behandelt wird.

Die Befehle in diesem Reiter wurden an die speziellen Bedürfnisse der Konstruktion im Maschinenbau angepasst. Sie sind teilweise sehr komplex und erfordern ein gewisses Grundwissen zum Programm.

Der ***Aufbaukurs KONSTRUKTION*** erweitert das Übungsbeispiel 4-Takt-Motor um viele neue Komponenten.

Die folgenden Befehle werden in diesem Buch behandelt:

- ***Druckfeder-Generator***
- ***Gehrungen erzeugen***
- ***Gestell-Generator***
- ***Kegelräder-Generator***
- ***Keilwellen-Generator***
- ***Lager-Generator***
- ***Rollenketten-Generator***
- ***Schraubenverbindungs-Generator***
- ***Stirnräder-Generator***
- ***Wellen-Generator***
- ***Zahnriemen-Generator***
- ***Zugfeder-Generator***

Weitere Informationen zum Buch erhalten Sie auf der Website:

- ***www.Ingenieurbuero-Schlieder.de***

LEICHT VERSTÄNDLICH - KOMPLEXES ÜBUNGSBEISPIEL

Christian Schlieder

Autodesk® Inventor® 2013

Aufbaukurs KONSTRUKTION

Viele praktische Übungen am Konstruktionsobjekt GETRIEBE

Konstruieren von Druckfedern, Gehrungen, Gestellen, Kegelrädern, Keilwellen, Lagern, Rollenketten, Stirnrädern, Schraubenverbindungen, Wellen, Zahnriemen und Zugfedern mit dem Inventor®-Konstruktionstool

INHALTSVERZEICHNIS

1 Der Umgang mit dem Buch

1.1 Zielgruppe & Aufbau des Buches

Dieses Buch ist ein Aufbaukurs für Fortgeschrittene, die mit den Grundlagen von *Autodesk® Inventor® 2013* bereits vertraut sind. Das Programm verfügt im Baugruppenbereich über ein Register *Konstruktion* welches zur Berechnung und Konstruktion, speziell im Maschinenbau verwendeter Komponenten dient. In einem komplexen Übungsbeispiel wird der Leser theoretische Grundlagen einiger Befehle aus diesem Register erlernen und anschließend praktisch umsetzen.

Das verwendete Übungsbeispiel baut auf das Grundlagenbuch *Autodesk® Inventor® 2013 – Grundlagen in Theorie und Praxis* auf, in welchem ein vereinfachter 4-Takt-Motor erstellt wurde. Dieser Motor wird im vorliegenden Buch um ein komplettes Getriebe erweitert.

In diesem Buch werden die folgenden Befehle des Reiters *Konstruktion* behandelt:

- *Druckfeder-Generator*
- *Gehrungen erzeugen*
- *Gestell-Generator*
- *Kegelräder-Generator*
- *Keilwellen-Generator*
- *Lager-Generator*
- *Rollenketten-Generator*
- *Schraubenverbindungs-Generator*
- *Stirnräder-Generator*
- *Wellen-Generator*
- *Zahnriemen-Generator*
- *Zugfeder-Generator*

Das Übungsbeispiel bietet genügend Möglichkeiten, die Befehlsketten sporadisch zu verlassen und eigene Versuche mit den Befehlen zu starten.

1.2 Digitales Zubehör zum Buch

Um die Übungen aus diesem Buch durchführen zu können, benötigen Sie vorgefertigte Übungsdateien, welche auf der folgenden Website kostenlos heruntergeladen werden können:

- *http://www.Ingenieurbuero-Schlieder.de*

Erstellen Sie auf Ihrem PC an einem geeigneten Speicherort einen neuen Ordner *Getriebekonstruktion*. Speichern Sie die heruntergeladene Datei in diesem Ordner und entpacken diese dort (ZIP-Datei). Starten Sie *Autodesk® Inventor® 2013*, öffnen Sie die Projektdatei *Konstruktion.ipj* (Projektordner) und anschließend die Baugruppe *4-Takt-Motor.iam.*

2 Komplettierung des Kurbeltriebes

2.1 Theoretische Grundlagen zum Zahnriemenantrieb

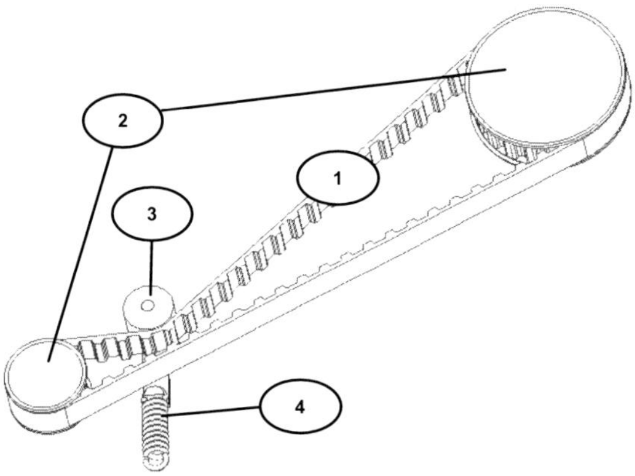

Abb. 1 Zahnriemen mit Spannrolle und Zugfeder (schematische Darstellung)

Die Nockenwelle des Motors soll durch die Drehbewegung der Kurbelwelle angetrieben werden. Diese Verbindung kann durch Zahnriemen-, Ketten- oder Zahnradantriebe realisiert werden. Häufig werden Zahnriemenantriebe verwendet. Diese sind, bedingt durch ihren Aufbau (Kunststoffgewebe mit innenliegenden Zugdrähten aus Metall), geräuscharm während des Betriebes und kostengünstig in ihrer Herstellung.

Der Zahnriemen (1) wird über Zahnräder geführt (2). Um ihn konstant auf Spannung zu halten, wird er mit einer zusätzlichen Spannrolle (3) bestückt, welche von einer Zugfeder (4) gespannt wird. Zahnriemen müssen nicht gewartet werden, unterliegen allerdings regelmäßigen Austausch-Intervallen.

2.2 Konstruktion eines Zahnriemenantriebes

2.2.1 Befehlsgrundlagen ZAHNRIEMEN-GENERATOR

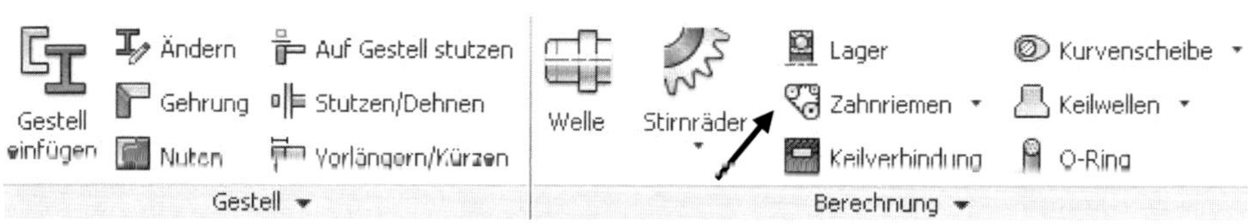

Abb. 2 Der Zahnriemen-Generator

Mit dem *Zahnriemen-Generator* können Zahnriemenantriebe (bestehend aus Zahnriemen, Riemenscheiben und Spannrollen) berechnet und konstruiert werden.

Das Inhaltscenter beinhaltet eine Auswahl an Riementypen, welche entsprechend der zugehörigen Norm bearbeitet werden können. Der Zahnriemenantrieb kann auf bereits vorhandene geometrische Elemente bezogen werden, die Darstellung kann als Skizze, Volumenkörper oder detailliert erfolgen.

2.2.1.1 Reiter KONSTRUKTION

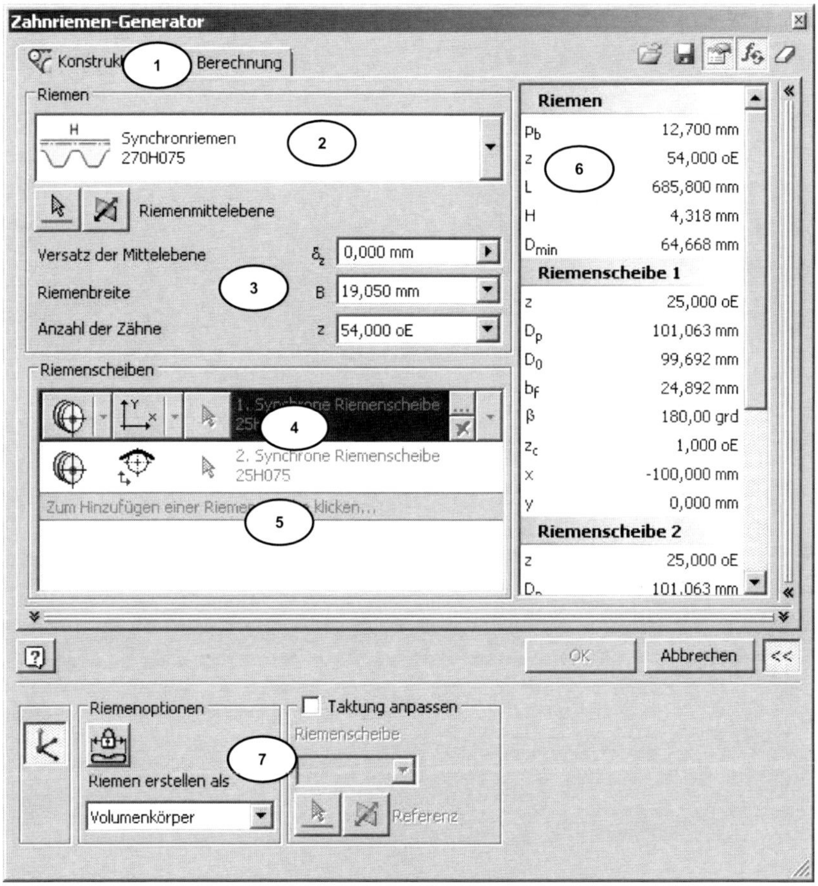

Abb. 3 Der Zahnriemen-Generator (Reiter: Konstruktion)

INHALT

Der Reiter *Konstruktion* ermöglicht die Auswahl eines vordefinierten Riemens aus dem Inhaltscenter, welcher anschließend bearbeitet werden kann. Riemenscheiben und Spannrollen können hinzugefügt oder bearbeitet werden, die Zusammenstellung kann anschließend als Vorlage exportiert, bzw. eine externe Vorlage importiert werden.

OPTIONEN

1) Reiter: Konstruktion/ Berechnung
2) Riementyp
3) Riemenmittelebene, Versatz der Mittelebene, Riemenbreite und Anzahl der Zähne
4) Riemenscheiben/ Spannrollen bearbeiten
5) Riemenscheiben/ Spannrollen hinzufügen
6) Berechnungsergebnisse
7) Riementrieb als Skizze, Volumenkörper oder detailliert darstellen

2.2.1.2 Reiter BERECHNUNG

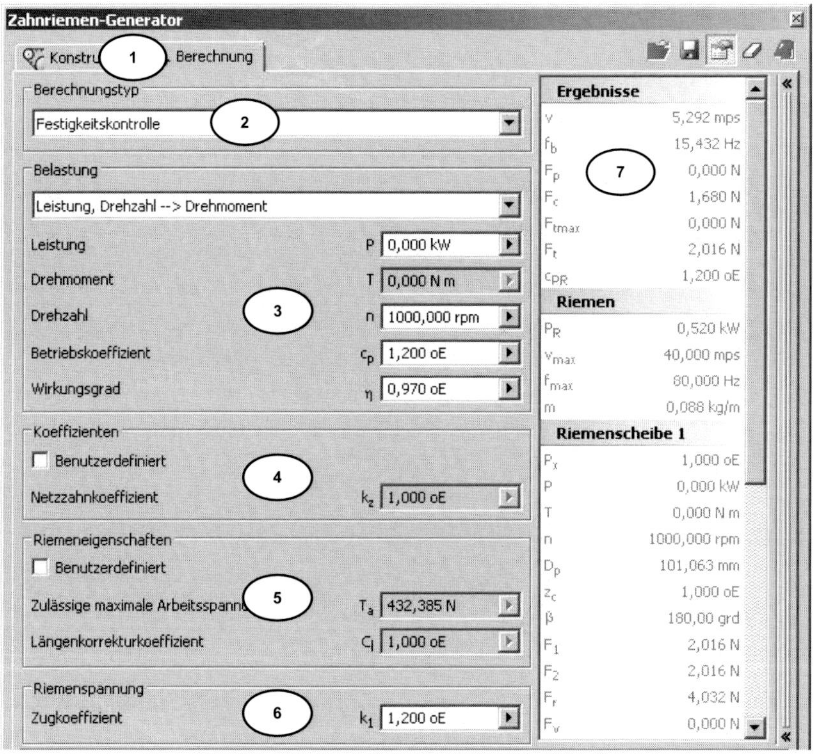

Abb. 4 Der Zahnriemen-Generator (Reiter: Berechnung)

INHALT

Der Reiter *Berechnung* ermöglicht die Auswahl von Berechnungstyp, Belastung, Koeffizienten, Riemeneigenschaften und Riemenspannung.

1) Reiter: Konstruktion/ Berechnung
2) Berechnungstyp
3) Belastung
4) Koeffizienten
5) Riemeneigenschaften
6) Riemenspannung
7) Berechnungsergebnisse

2.2.2 Zahnriemenantrieb zwischen Nocken-und Kurbelwelle erzeugen

Die Projektdatei *Konstruktion.ipj* (Projektordner) sollte bereits aktiviert und die Baugruppe *4-Takt-Motor.iam* geöffnet sein. Wechseln Sie ins Baugruppen-Register *Konstruktion* und starten Sie in der Befehlsgruppe *Berechnung* den Befehl *Zahnriemen.*

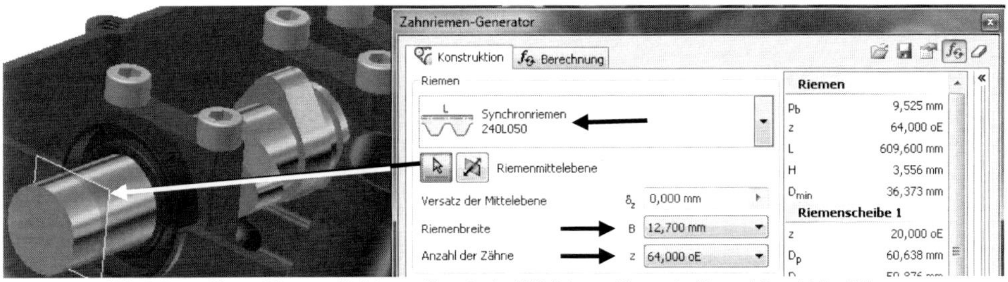

Abb. 5 Auswahl von Riemenmittelebene, Versatz der Mittelebene, Riemenbreite und Anzahl der Zähne

Ändern Sie im Register *Konstruktion* die Form des Riemens auf *Synchronriemen L* (hierfür bitte auf das *Riemensymbol* klicken), wählen Sie eine *Riemenbreite* von *12,7 mm* und *64 Zähne* (Abb. 5). Der Zahnriemen-Generator bietet die Möglichkeit, Riemen und Riemenscheiben auf bereits vorhandene geometrische Elemente der Baugruppe zu platzieren.

Nockenwelle und Kurbelwelle sollen als Referenzen verwendet werden. Vorab muss der Riemenkonstruktion allerdings eine Referenzebene (*Riemenmittelebene*) zugewiesen werden. Wählen Sie hierfür die in Abb. 5 markierte kleine Ebene, welche sich auf der Nockenwelle befindet.

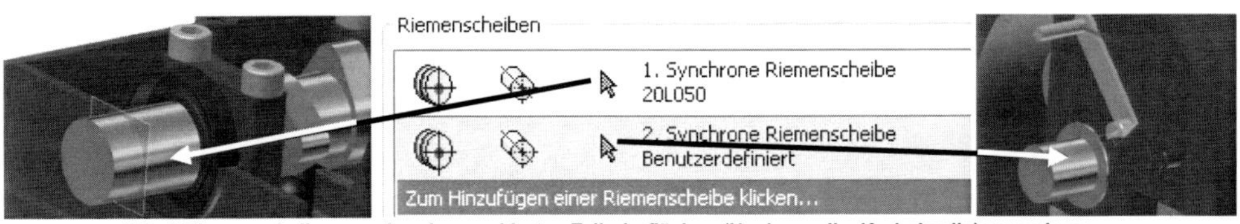

Abb. 6 Riemenscheiben werden den markierten Zylinderflächen (Nockenwelle, Kurbelwelle) zugewiesen

Nach der Definition der Mittelebene können die Riemenscheiben ihren Referenzen zugewiesen werden. Im Auswahlfeld *Riemenscheiben* sollten bereits zwei Riemenscheiben voreingestellt sein. Achten Sie darauf, dass in beiden Zeilen die Optionen Komponente *Komponente* und Feste Position *Feste Position über ausgewählte Geometrie* eingestellt sind.

Abb. 7 Öffnen der Eigenschaften der ersten Riemenscheibe

Verwenden Sie die Pfeile, um den beiden Riemenscheiben als Referenzen die markierten Zylinderflächen (Nockenwelle, Kurbelwelle) aus Abb. 6 zuzuweisen. Die erste Riemenscheibe soll der markierten Zylinderfläche der Nockenwelle, die zweite Riemenscheibe der Zylinderfläche der Kurbelwelle zugewiesen werden.

HINWEIS: Sollte es Probleme dabei gegeben die Referenzen der Riemenscheiben auszuwählen (der Pfeil bleibt grau hinterlegt und lässt sich nicht aktivieren), aktivieren Sie zuerst die Option Vorhanden *Vorhanden*, wählen dann die Referenzen und aktivieren anschließend die Option Komponente *Komponente*.

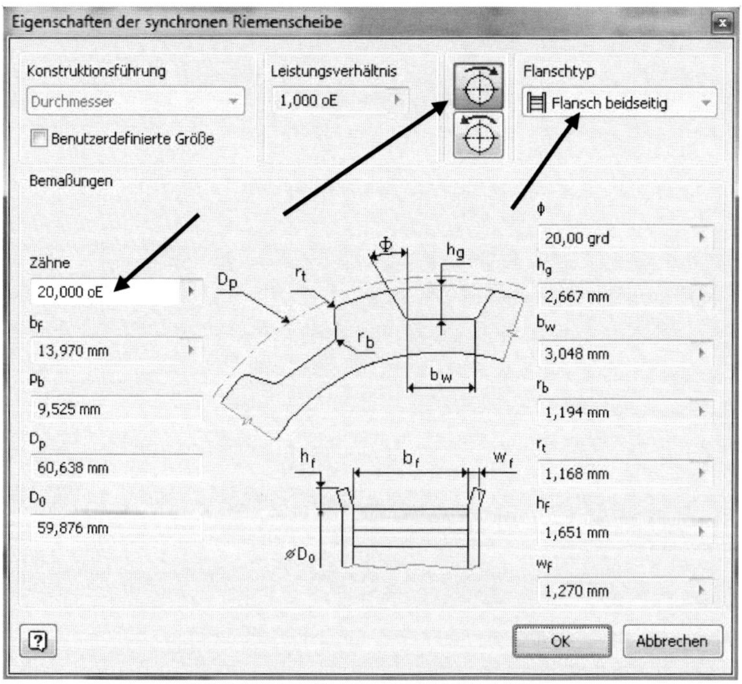

Abb. 8 Eigenschaften der ersten Riemenscheibe

Aktivieren Sie die Zeile des ersten Riemenrades und öffnen Sie die [...] *Eigenschaften* (Abb. 7). Ein neues Bearbeitungsfenster öffnet sich, in welchem die in Abb. 8 dargestellten Änderungen übernommen und mit [OK] *OK* bestätigt werden können.

> ***HINWEIS***: Änderungen in den grau hinterlegten Eingabefeldern sind erst nach Aktivierung der Option *Benutzerdefinierte Größe* möglich.

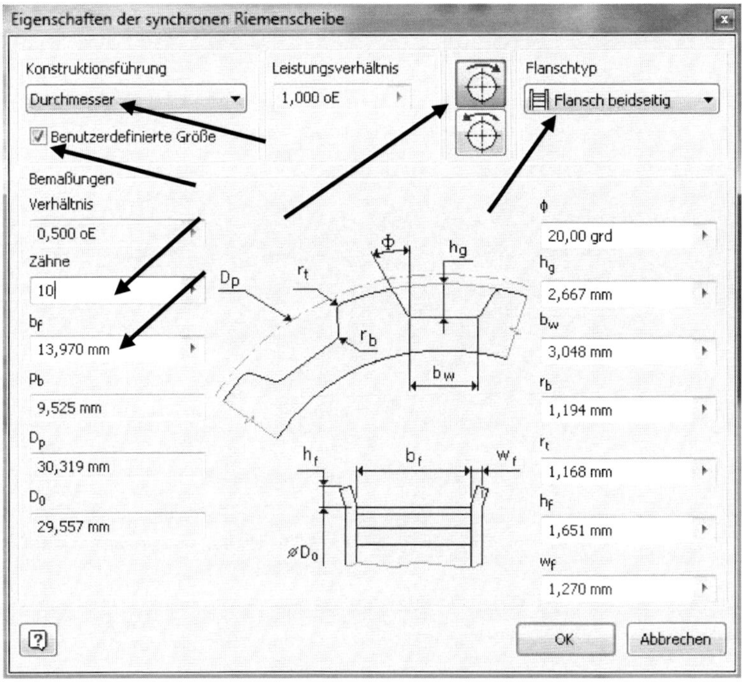

Abb. 9 Eigenschaften der zweiten Riemenscheibe

Im Anschluss sind die Eigenschaften der zweiten Riemenscheibe zu bearbeiten. Übernehmen Sie hierfür die Werte aus Abb. 9. Zahnriemen müssen ausreichend fest montiert werden, um ein Rutschen des Riemens über die Riemenscheiben zu verhindern. Aufgrund der Materialeigenschaften eines Zahnriemens kann sich dieser mit der Zeit längen, was ein Rutschen des Riemens über die Zähne des Zahnrades zur Folge haben könnte.

Um den Zahnriemen dauerhaft zu spannen, werden häufig automatische Riemenspanner verwendet. Im folgenden Schritt soll den beiden vorhandenen Riemenscheiben eine Spannrolle in Form einer flachen Riemenscheibe hinzugefügt werden. Klicken Sie hierfür auf die in Abb. 10 markierte Option *Zum Hinzufügen einer Riemenscheibe klicken…* und wählen Sie die *Flache Riemenscheibe (metrisch).*

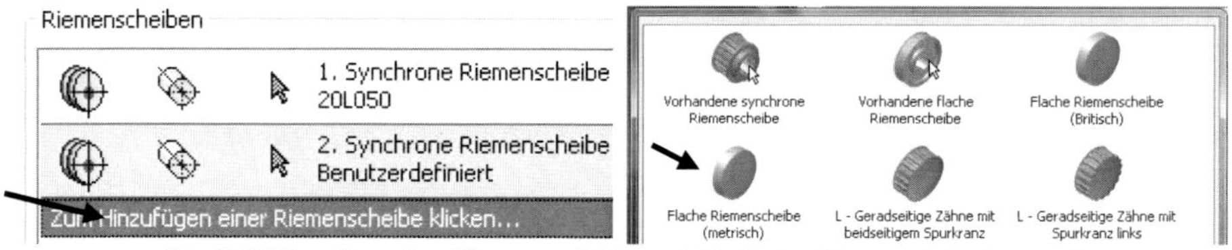

Abb. 10 (L) Hinzufügen eines Elementes; (R) Auswahl der flachen Riemenscheibe (metrisch)

Aktivieren Sie in der neuen Zeile die Optionen *Komponente* sowie *Richtungsorientierte verschiebbare Position* und als *Richtungsreferenz* die in Abb. 11 markierte Ebene am Bauteil *Führung-Spannrolle-Zahnriemen*.

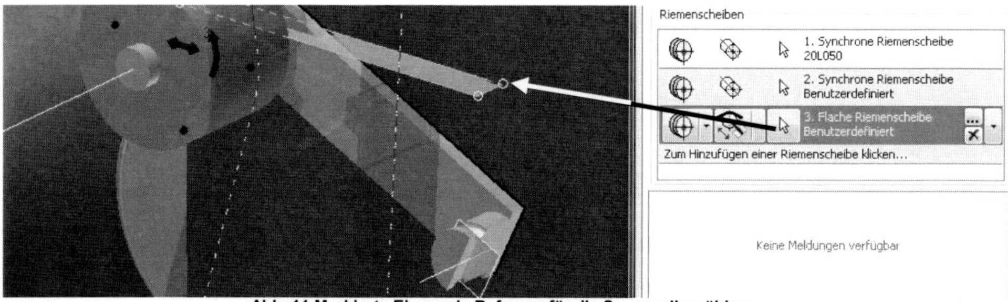

Abb. 11 Markierte Ebene als Referenz für die Spannrolle wählen

HINWEIS: Zahnriemenantriebe unterliegen strengen Berechnungsvorschriften. Um dem Programm zu ermöglichen, die Riemenlänge unter Beachtung dieser Vorschriften korrekt zu errechnen, ist es notwendig, eine der drei Riemenscheiben mit einem zusätzlichen Freiheitsgrad zu versehen.

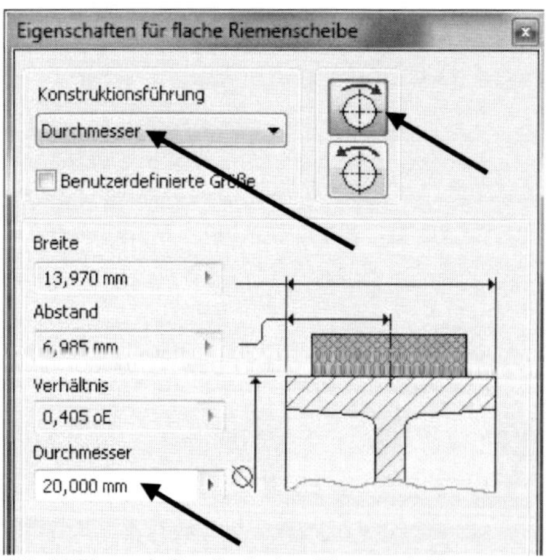

Abb. 12 Eigenschaften der flachen Riemenscheibe

Die Option *Richtungsorientierte verschiebbare Position* gibt der flachen Riemenscheibe die Möglichkeit, sich entlang der definierten Ebene zu bewegen. Hierdurch kann die Position der Riemenscheibe auf der Ebene frei verschoben, die Zahnriemenlänge korrekt berechnet und der Zahnriemenantrieb fehlerfrei erzeugt werden.

Öffnen Sie die *Eigenschaften* der flachen Riemenscheibe und übernehmen Sie alle Werte und Einstellungen aus Abb. 12.

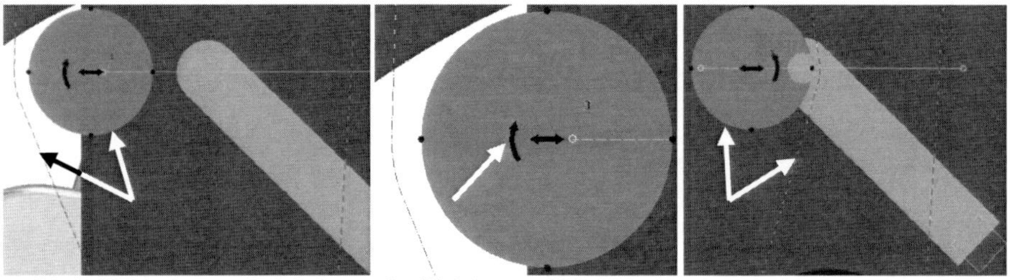

Abb. 13 (L) Zahnriemen außerhalb Spannrolle; (M) Gebogener Pfeil; (R) Position des Zahnriemens wurde korrigiert

Auf der Spannrolle befinden sich ein gebogener Pfeil und weitere Markierungen (Punkte, Doppelpfeile). Jede dieser Markierungen ermöglicht ein manuelles Ändern der geometrischen Eigenschaften (parallel zu den Auswahloptionen im Befehlsfenster).

Die Punkte zum Beispiel ändern den Durchmesser der Spannrolle, der Doppelpfeil die Position auf der Referenzebene und der gebogene Pfeil die Position des Riemens (bezogen auf die Spannrolle). Klicken Sie auf den *gebogenen Pfeil* (Abb. 13/ M), um die Spannrolle außerhalb des Zahnriemens zu platzieren.

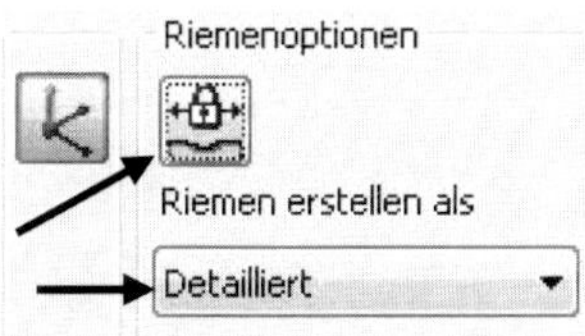

Abb. 14 Erweiterte Riemenoptionen

Das korrigierte Ergebnis sollte dann wie in Abb. 13/ R dargestellt angezeigt werden. Achten Sie darauf, im unteren Bereich des Reiters *Konstruktion* die *Riemenlängensperre* zu *deaktivieren* und die Option *Detailliert* zu *aktivieren* (Abb. 14).

Wechseln Sie in den Reiter Berechnung *Berechnung* und starten Sie dort den Befehl Berechnen *Berechnen.*

HINWEIS: Sollten nach der Berechnung Fehlermeldungen angezeigt werden, bestätigen Sie diese und berechnen den Riemen trotzdem. Leider reagiert das Programm auf kleine Abweichungen oft sehr sensibel. Die Berechnung erfolgt trotzdem.

Die Abfrage nach dem Speicherort der neuen Komponenten (Zahnriemen, Riemenräder, Spannrolle) kann durch *OK* Bestätigt werden. Ein neuer Ordner *Konstruktions-Assistent* wird automatisch in Ihrem Projektordner erzeugt (innerhalb des Ordners *4-Takt-Motor* im Projektordner), um darin die neuen Komponenten zu sichern. Speichern Sie die gesamte Baugruppe und achten Sie beim Abfragefenster *Speichern* darauf, die Option *Ja für alle* zu aktivieren.

Nachdem der gesamte Zahnriemenantrieb generiert wurde, soll die Spannrolle mit einem Spannrollenhalter verbunden werden.

2.2.3 Befehlsgrundlagen ZUGFEDER-KOMPONENTEN-GENERATOR

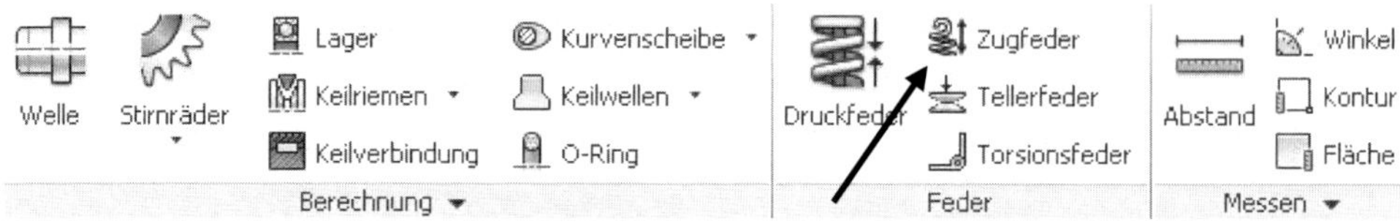

Abb. 15 Der Zugfeder-Komponenten-Generator

Der *Zugfeder-Komponenten-Generator* dient zur Berechnung und Konstruktion von Zugfedern. Im Gegensatz zum vorherigen Befehl kann die Feder nicht auf bereits vorhandene geometrische Elemente der Baugruppe bezogen werden. Die Feder muss konstruiert und anschließend manuell mit Abhängigkeiten versehen werden.

2.2.3.1 Reiter KONSTRUKTION

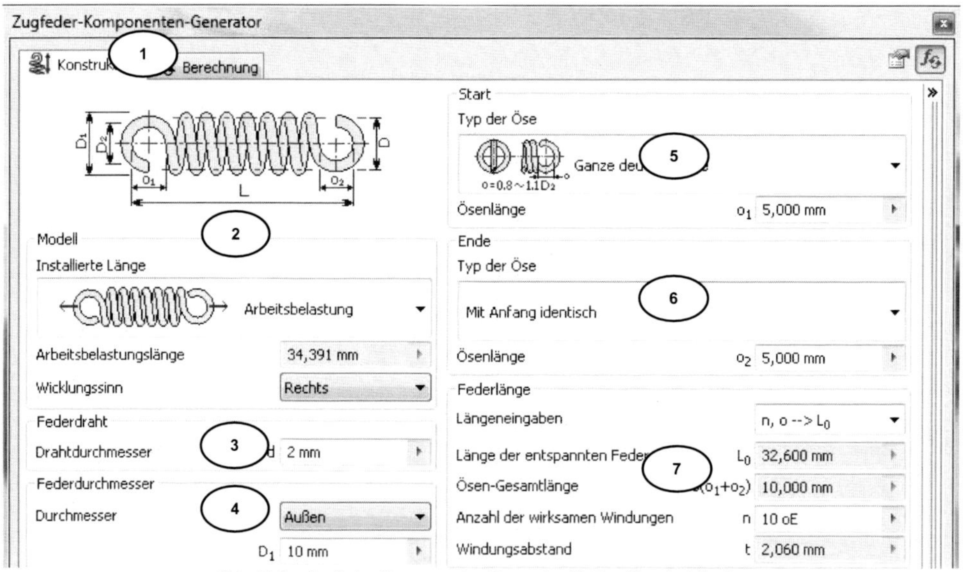

Abb. 16 Der Zugfeder-Komponenten-Generator (Reiter: Konstruktion)

INHALT

Im Reiter *Konstruktion* können Darstellung der Feder (Belastungszustand, Wirkungssinn), Drahtdurchmesser, Ösentyp und Federlänge definiert werden.

OPTIONEN

1) Reiter: Konstruktion/ Berechnung
2) Darzustellende Belastung
3) Durchmesser Federdraht
4) Durchmesser Feder
5) Typ der ersten Öse
6) Typ der zweiten Öse
7) Federlänge

2.2.3.2 Reiter BERECHNUNG

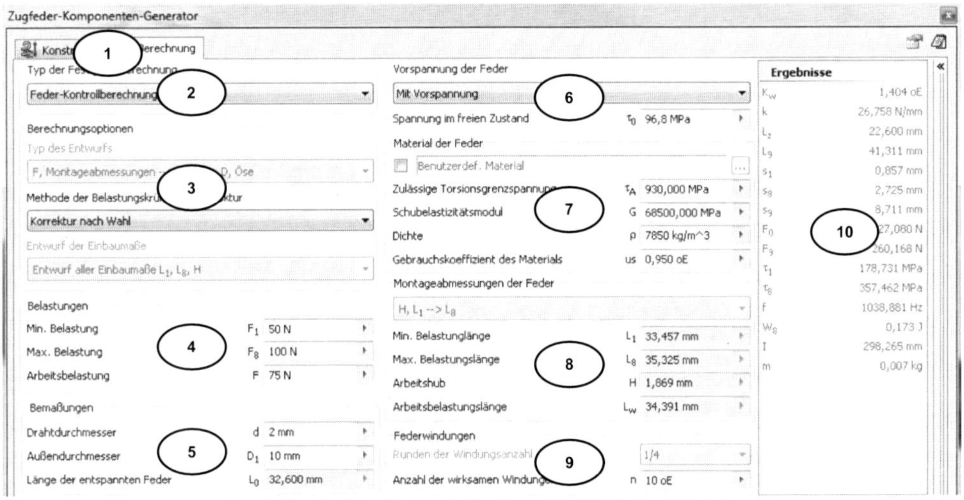

Abb. 17 Der Zugfeder-Komponenten-Generator (Reiter: Berechnung)

INHALT

Im Reiter *Berechnung* werden der Typ der Festigkeitsberechnung definiert (Zugfederentwurf, Feder-Kontrollberechnung, Berechnung der Arbeitskräfte), sowie Belastungen, Bemaßungen, Vorspannungen, Material, Windungen und Montageabmessungen der Feder festgelegt.

OPTIONEN

1) Reiter: Konstruktion/ Berechnung
2) Typ der Festigkeitsberechnung
3) Berechnungsoptionen
4) Belastungen
5) Bemaßungen
6) Vorspannung der Feder
7) Federmaterial
8) Montageabmessungen der Feder
9) Federwindungen
10) Berechnungsergebnisse

2.2.4 Spannrolle des Zahnriemens mit einer Zugfeder beaufschlagen

Ein Zahnriemen kann aufgrund der äußeren Einwirkungen seine geometrischen Abmessungen verändern. Das bedeutet eine Änderung des Riemenumfangs.

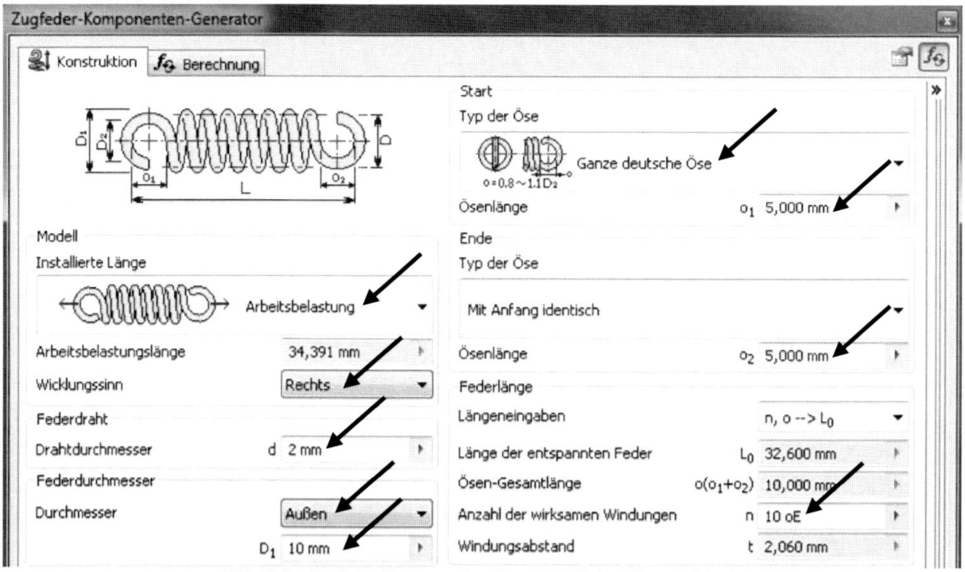

Abb. 18 Der Zugfeder-Komponenten-Generator (Reiter: Konstruktion)

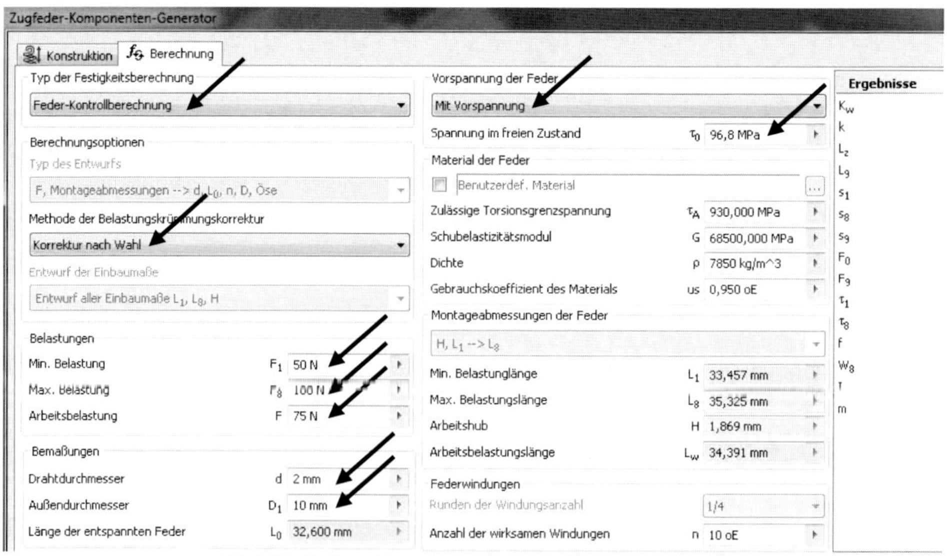

Abb. 19 Der Zugfeder-Komponenten-Generator (Reiter: Berechnung)

Der Zahnriemen in unserem Übungsbeispiel wird bereits durch eine flache Spannrolle konstant gespannt, welche in der folgenden Übung mit einer Zugfeder versehen werden soll. Starten Sie den Befehl *Zugfeder* und übernehmen Sie alle Werte und Einstellungen aus den Abb. 19 und 20. Bestätigen Sie den Befehl anschließend mit Berechnen *Berechnen* und OK *OK*.

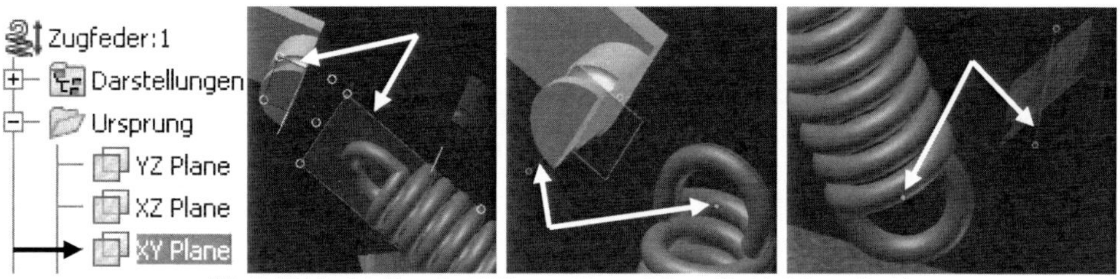

Abb. 20 (Abhängigkeiten v.L.n.R) Ebene + Ebene; Achse + Punkt; Achse + Punkt

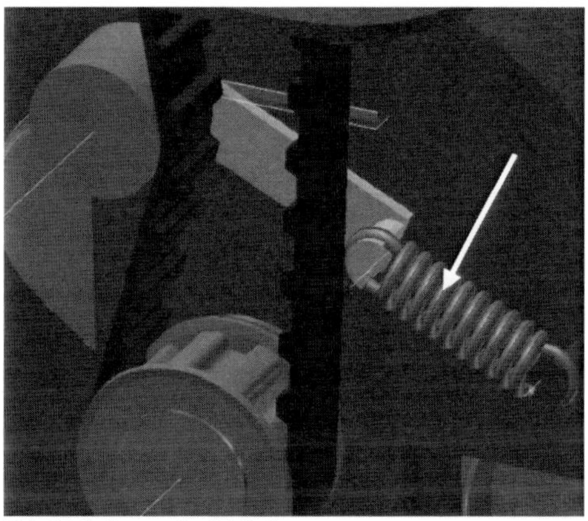

Abb. 21 Feder wurde platziert

Die Feder hängt jetzt am Mauszeiger und muss platziert werden. Verwenden Sie die in Abb. 20 dargestellten drei *Abhängigkeiten* (Register *Zusammenfügen*).

Die *Zugfeder* ist mit den Bauteilen *Motorgehäuse* und *Führung-Spannrolle-Zahnriemen* zu verbinden. Platzieren Sie hierfür die XY-Ebene der Zugfeder (Ordner Ursprung, Abb. 20/ 1), auf die markierte Ebene des Bauteils Führung-Spannrolle-Zahnriemen (Abb. 20/ 2).

Die Mittelpunkte der Federösen können anschließend auf die markierten Achsen gelegt werden (Abb. 20/ 3, 4). Nachdem die Zugfeder an ihrer korrekten Position platziert wurde, kann die Konstruktion des Zahnriemenantriebes abgeschlossen werden.

HINWEIS: Um ein Konstruktionselement aus dem Reiter *Konstruktion* zu bearbeiten, klicken Sie mit der rechten Maustaste auf das entsprechende Element und wählen die Option *Mit Konstruktions-Assistent bearbeiten*. Um es zu löschen, muss die Option *Konstruktions-Assistent-Komponente löschen* gewählt werden.

Speichern Sie die gesamte Baugruppe. Achten Sie unbedingt darauf, im Abfragefenster für alle Bauteile und Baugruppen die Option Ja für alle *Ja für alle* zu aktivieren.

2.3 Konstruktion einer Druckfeder

Abb. 22 Erzeugen eines Halbschnittes

In der folgenden Übung soll zwischen den Bauteilen *Ventil* und *Zylinderkopf* eine Druckfeder erzeugt werden. Diese wird das Ventil konstant gegen die Nockenwelle pressen.

Wie auch bei den Konstruktionselementen Zahnriemen und Zugfeder, wird diese Feder als starres (unflexibles) Konstruktionselement ausgeführt. Vor der nächsten Übung soll ein Schnitt erzeugt werden. Wechseln Sie hierfür ins Register *Ansicht*, starten Sie den Befehl *Halbschnitt* (Befehlsgruppe *Darstellung*) und wählen Sie die in Abb. 22 markierte Fläche des Zylinderkopfes. Bestätigen Sie die Auswahl mit der rechten Maustaste und der Option *Weiter* und anschließend der rechten Maustaste und der Option *OK*. Kehren Sie danach ins Register *Konstruktion* zurück.

2.3.1 Befehlsgrundlagen DRUCKFEDER-GENERATOR

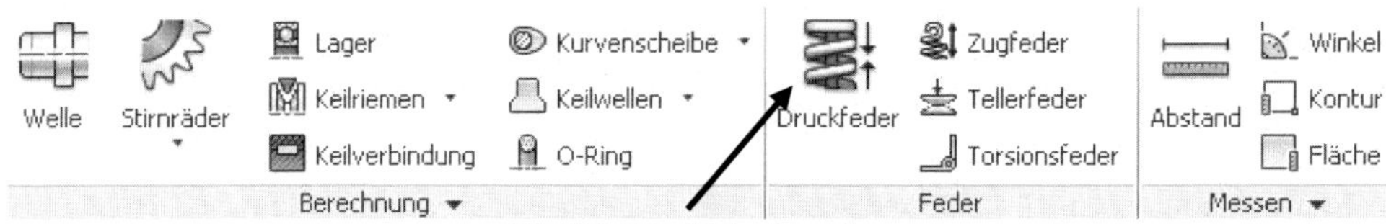

Abb. 23 Der Druckfeder-Generator

Der *Druckfeder-Generator* berechnet und konstruiert Druckfedern. Im Gegensatz zum *Zugfeder-Komponenten-Generator* kann die Druckfeder bereits während des Befehls auf vorhandenen geometrischen Elementen der Baugruppe platziert werden. Eine nachträgliche Platzierung von Abhängigkeiten ist daher nicht notwendig.

2.3.1.1 Reiter KONSTRUKTION

INHALT

Der Reiter *Konstruktion* bietet eine Platzierung der Druckfeder, die Auswahl der installierten Länge und die Definition der geometrischen Federeigenschaften (Federanfang, Federende, Federlänge und Federdurchmesser) an.

Konstruktion einer Druckfeder

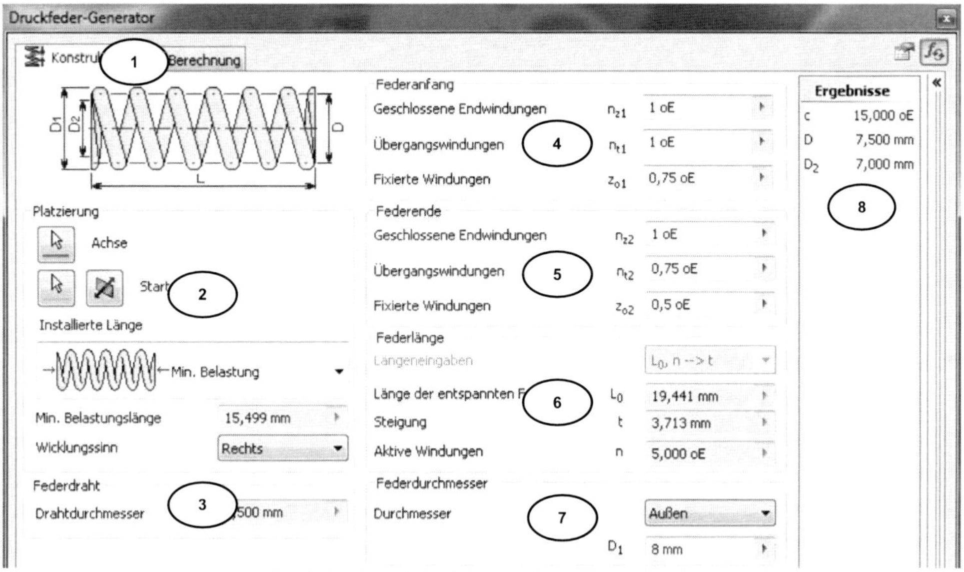

Abb. 24 Der Druckfeder-Generator (Reiter: Konstruktion)

OPTIONEN

1) Reiter: Konstruktion/ Berechnung
2) Platzierung (Achse, Ebene), Federbelastung
3) Federdrahtdurchmesser
4) Federanfang
5) Federende
6) Federlänge
7) Federdurchmesser
8) Berechnungsergebnisse

2.3.1.2 Reiter BERECHNUNG

INHALT

Im Reiter *Berechnung* werden Berechnungstyp, Berechnungsoptionen, Federmaterial und Federbelastung festgelegt.

OPTIONEN

1) Reiter: Konstruktion/ Berechnung
2) Berechnungstyp
3) Berechnungsoptionen
4) Belastung
5) Bemaßungen
6) Windungen
7) Federmaterial
8) Kontrolle auf Ausknicken
9) Dauerbelastung
10) Montageabmessungen der Feder

Konstruktion einer Druckfeder

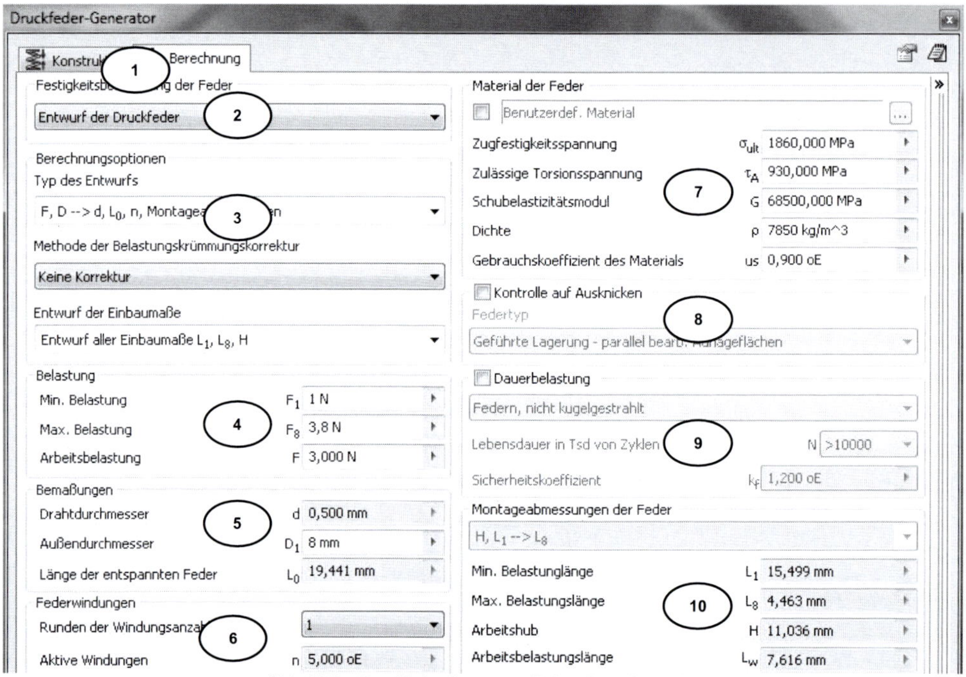

Abb. 25 Der Druckfeder-Generator (Reiter: Berechnung)

2.3.2 *Druckfeder zwischen Ventil und Zylinderkopf erzeugen*

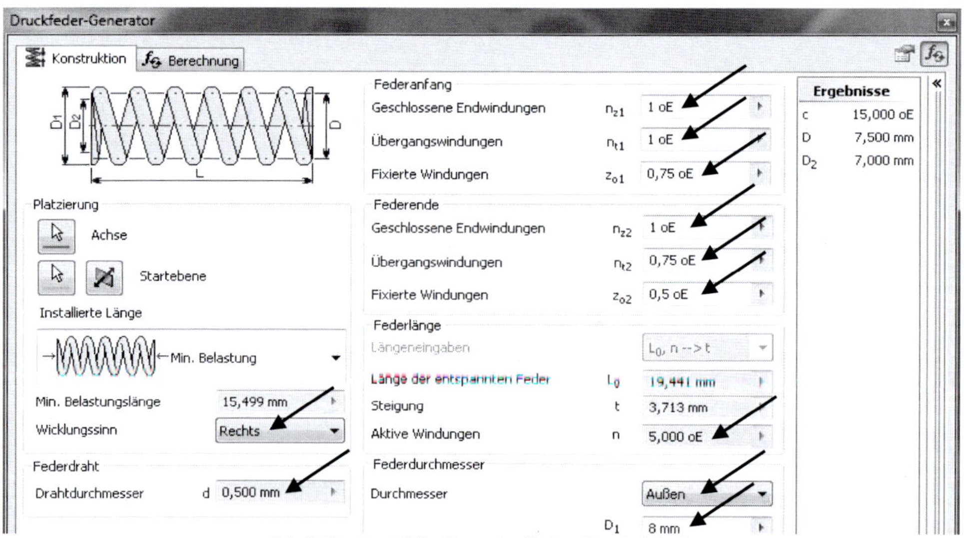

Abb. 26 Der Druckfeder-Generator (Reiter: Konstruktion)

Konstruktion einer Druckfeder

Abb. 27 Platzierung der Druckfeder (Achse, Startebene)

Starten Sie den Befehl *Druckfeder*. Im Reiter *Konstruktion* ist im Bereich *Platzierung* als *Achse* die in Abb. 27 markierte Zylinderfläche des Ventilschafts zu wählen. Als *Startebene* soll die markierte Oberfläche des Zylinderkopfes gewählt werden.

Übernehmen Sie die restlichen Werte und Einstellungen der beiden Reiter *Konstruktion* und *Berechnung* aus den Abb. 26 und 28.

HINWEIS: Der Wert für die *minimale Belastungslänge* errechnet sich automatisch anhand der Eingaben im Reiter *Berechnung*.

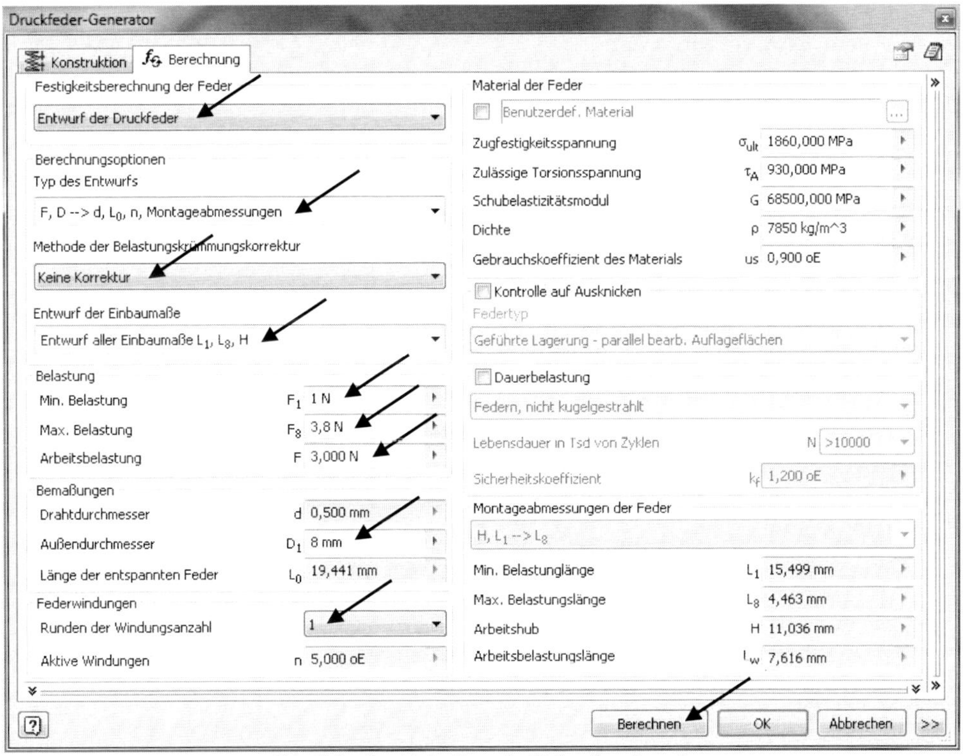

Abb. 28 Der Druckfeder-Generator (Reiter: Berechnung)

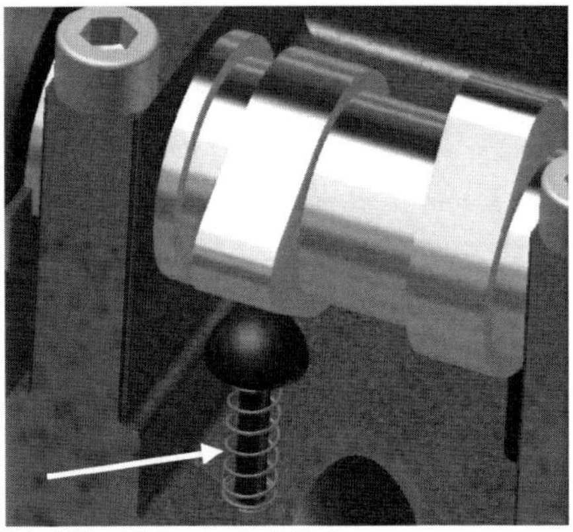
Abb. 29 Druckfeder wurde platziert

Nachdem alle Werte übernommen wurden, kann die Berechnen *Berechnung* gestartet und der Befehl mit OK *OK* bestätigt werden. Der Schnitt kann ebenfalls Schnitt beenden *beendet* werden.

Kopieren Sie die Druckfeder (*Strg+C*) und fügen Sie sie weitere Male in die Baugruppe ein (*Strg+V*), bis jedes Ventil mit einer Feder versehen wurde. Die *Abhängigkeiten* zum Befestigen der Federn sind analog der ersten Feder zu setzen.

3 Getriebekonstruktion

3.1 Theoretische Grundlagen zum Getriebeaufbau

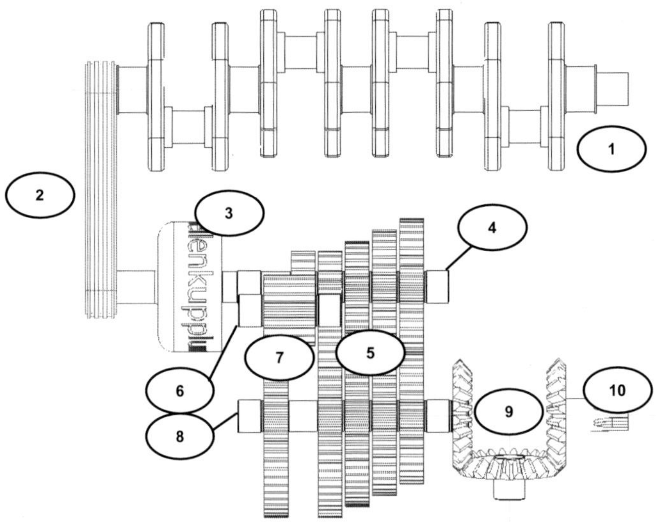

Abb. 30 Getriebeaufbau (schematische Darstellung)

Der Kraftfluss erfolgt von der Kurbelwelle (1) über ein Verbindungselement (2) zum Getrieberaum. Die Kupplung (3) leitet diesen weiter zur Antriebswelle (4). In unserem Übungsbeispiel verwenden wir ein Ziehkeilgetriebe, bei welchem alle Zahnradpaare ständig im Eingriff sind (5). Die Zahnräder der Antriebswelle sind fest mit dieser verbunden, die Zahnräder der Abtriebswelle (8) sind frei drehbar. Die Abtriebswelle ist hohl und führt einen Keil (Ziehkeil).

Er wird durch eine Rollenkette bewegt, welche axial durch die Welle läuft. Je nach Position des Keils werden Zahnrad und Abtriebswelle miteinander verbunden. Beim Rückwärtsgang wird der Kraftfluss von der Antriebswelle über eine Rücklaufwelle (6) auf die Abtriebswelle übertragen. Dabei ändert sich die Drehrichtung. Die Abtriebswelle leitet den Kraftfluss dann zum Kegelradgetriebe (9) weiter.

3.2 Lagerung der Wellen

3.2.1 Lagerhalterungen importieren

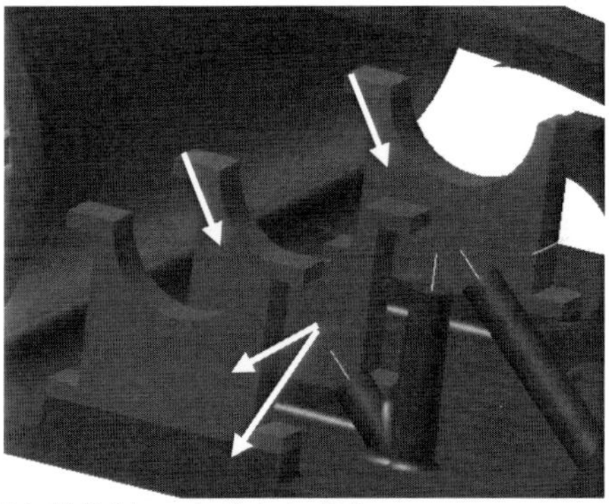

Abb. 31 Platzieren der Zwischenhalter

Der Aufbau des Getriebes erfordert im ersten Schritt den Import einiger Bauteile aus dem Projektordner.

Platzieren Sie das Bauteil *Antriebswelle-Zwischenhalter.ipt* (Projektordner) insgesamt drei Mal in der Baugruppe und *positionieren* Sie diese wie in Abb. 31 dargestellt. Achten Sie darauf, die neuen Bauteile sauber und bündig auf die hierfür vorgesehenen Sockel zu setzten.

3.2.2 Befehlsgrundlagen LAGER-GENERATOR

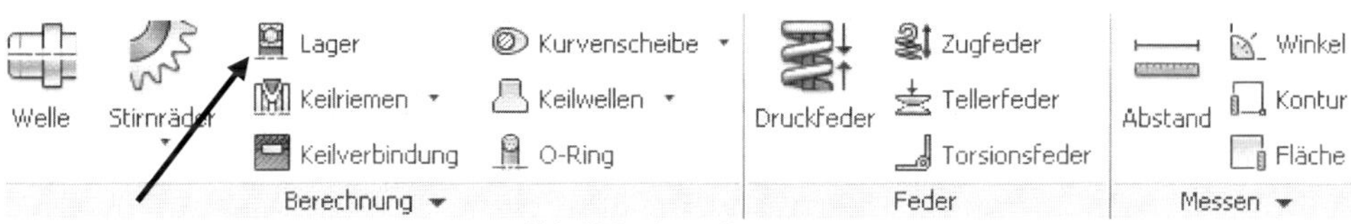

Abb. 32 Der Lager-Generator

Mit dem *Lager-Generator* können verschiedene Lagertypen berechnet und konstruiert werden. Diese können entsprechend einer Norm oder Kategorie ausgewählt und anhand bereits vorhandener geometrischer Elemente der Baugruppe positioniert werden.

3.2.2.1 Reiter KONSTRUKTION

INHALT

Im Reiter *Konstruktion* können Typ, Größe und Position des Lagers bestimmt werden.

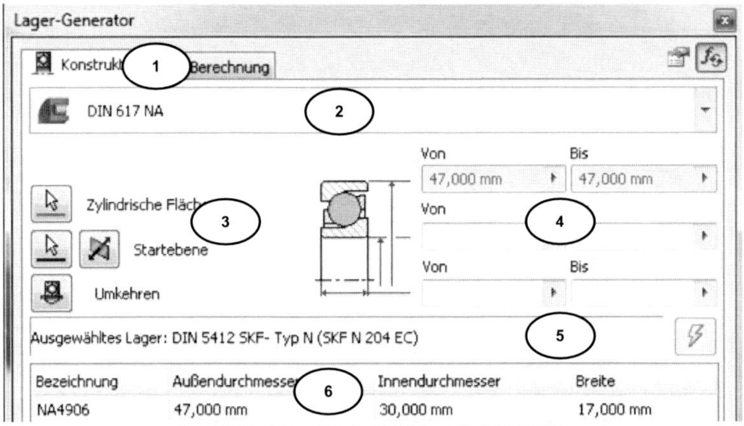

Abb. 33 Der Lager-Generator (Reiter: Konstruktion)

OPTIONEN

1) Reiter: Konstruktion/ Berechnung
2) Lagertyp
3) Platzierung
4) Abmessungen
5) Lager regenerieren
6) Verfügbare Lagergrößen

3.2.2.2 Reiter BERECHNUNG

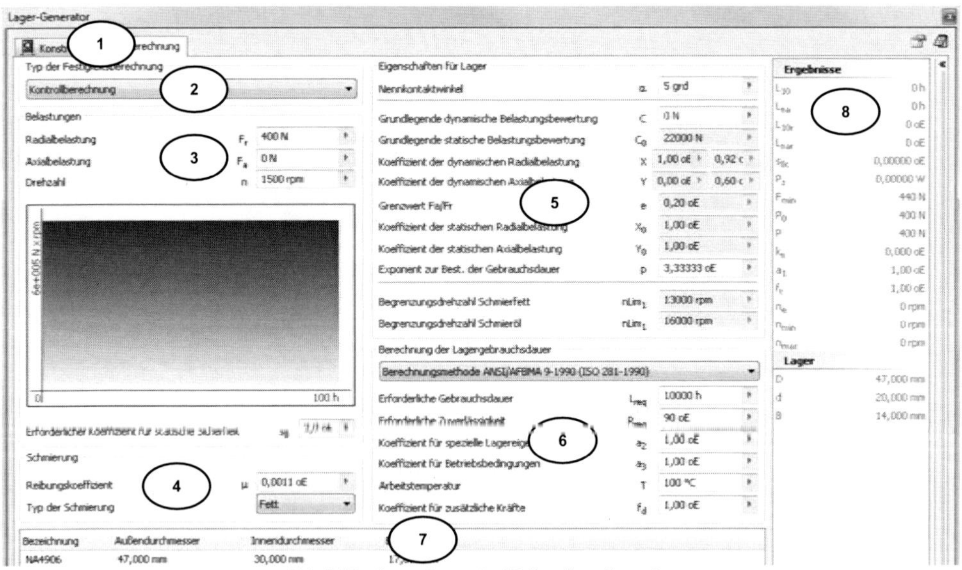

Abb. 34 Der Lager-Generator (Reiter: Berechnung)

Christian Schlieder

Autodesk
Authorised Author

Autodesk® Inventor® 2013

Aufbaukurs KONSTRUKTION

Viele praktische Übungen am Konstruktionsobjekt GETRIEBE

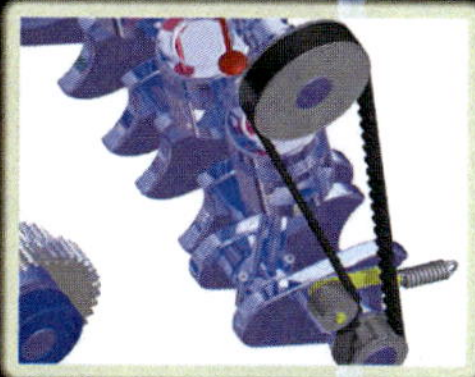

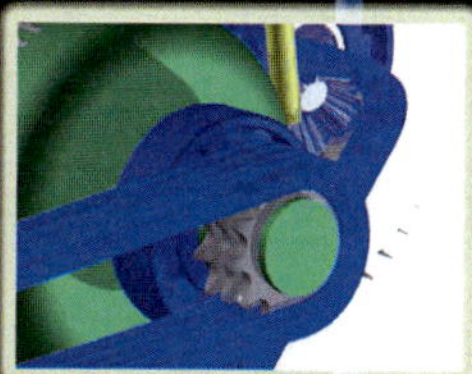

Dieses Buch ist ein Aufbaukurs für Fortgeschrittene, die mit den Grundlagen von Autodesk® Inventor® 2013 bereits vertraut sind. Das Programm verfügt im Baugruppenbereich über ein Register Konstruktion, welches zur Berechnung und Konstruktion von speziell im Maschinenbau verwendeten Komponenten dient. In einem komplexen Übungsbeispiel erlernt der Leser theoretische Grundlagen einiger Befehle aus diesem Register, die er anschließend praktisch umsetzt.

Das verwendete Übungsbeispiel baut auf das Grundlagenbuch „Autodesk® Inventor® 2013 – Grundlagen in Theorie und Praxis“ auf, in welchem ein vereinfachter 4-Takt-Motor erstellt wurde. Dieser Motor wird im vorliegenden Buch um ein komplettes Getriebe erweitert.

In diesem Buch werden folgende Befehle behandelt:

- Druckfeder-Generator
- Gehrungen erzeugen
- Gestell-Generator
- Kegelräder-Generator
- Keilwellen-Generator
- Lager-Generator
- Rollenketten-Generator
- Schraubenverbindungs-G.
- Stirnräder-Generator
- Wellen-Generator
- Zahnriemen-Generator
- Zugfeder-Generator

ISBN 978-3-8482-0368-0

9 783848 203680

INDEX

*

A

B

B

D

D

E

F

F

G

H

I

K

K

L

M

N

O

P

P

R

S

S

T

U

V

W

Z